Hochbaukonstruktionen

Rechnungsbeispiele aus der Praxis

Von

Richard John

Dipl. Ing., Stadtbaurat a. D., Salzburg

Mit 181 Textabbildungen und 47 Tafeln

Wien

Springer-Verlag

1952

ISBN 978-3-7091-7588-0   ISBN 978-3-7091-7587-3 (eBook)
DOI 10.1007/978-3-7091-7587-3

Vorwort.

In diesem Buch wird an Hand zahlreicher, sorgfältig ausgewählter Beispiele gezeigt, wie die verschiedensten Bauaufgaben praktisch gelöst werden können. Die Materie ist so gestaltet, daß das Buch gleichzeitig dem Studierenden als Lernbehelf und dem im Beruf stehenden Baufachmann als Nachschlagewerk dienen kann.

Der erste Teil behandelt den Balkenträger auf zwei und mehreren Stützen mit verschiedenen Belastungen. Darin sind auch die Grundlagen für die Berechnungen des zweiten Teiles enthalten. Viele Aufgaben sind sowohl rechnerisch als auch zeichnerisch gelöst, da die zeichnerische Lösung eine bequeme Überprüfung der Berechnung ermöglicht.

Im zweiten Teil werden verschiedene Konstruktionsaufgaben aus der Hochbaupraxis gelöst, wobei die im ersten Teil angegebenen Verfahren zur Anwendung kommen. In fast allen Beispielen werden auf Grund der auftretenden Belastungen die maximalen Momente errechnet, worauf die Bemessung der Baukonstruktionen folgt. Die Beispiele im zweiten Teil behandeln Aufgaben aus dem Hoch-, Stahl- und Eisenbetonbau. Dabei wurde besonders beim durchlaufenden Balken auf die Bestimmung der Schnittpunkte der Momentenparabeln mit der Trägerachse Wert gelegt, damit im Eisenbetonbau die Stellen der Stabaufbiegungen ermittelt werden können. Ebenso wurden die zulässigen Durchbiegungen und die Ermittlung der auftretenden Spannungen behandelt.

Der dritte Teil enthält ausschließlich Tafeln, die verschiedenen Werken entnommen sind. So verdanke ich die Erlaubnis zur Wiedergabe der Tafeln 16 bis 20 aus dem Werk R. SALIGER, Praktische Statik, 1947, dem freundlichen Entgegenkommen der Verlagsbuchhandlung Franz Deuticke, Wien, und die Übernahme der Tafeln 21 sowie 35 bis 47 aus dem Beton-Kalender der Genehmigung des Verlages Wilhelm Ernst & Sohn, Berlin-Wilmersdorf. Beiden Verlagen möchte ich an dieser Stelle für ihre verständnisvolle Unterstützung herzlichen Dank sagen. Die Tafeln haben den Zweck, dem Studierenden bzw. dem Baufachmann alle jene Angaben in bequemer Form zu vermitteln, die die Grundlagen der Berechnungen bilden.

Dieses Buch ist kein Lehrbuch der Baustatik, wie es deren viele gibt, sondern will allen jenen, die sich mit der Berechnung von Baukonstruktionen als Lernende oder Praktiker zu befassen haben, eine verläßliche Stütze sein. Zuletzt möchte ich dem Springer-Verlag meinen herzlichsten Dank dafür aussprechen, daß er in dieser schweren Zeit die Herausgabe des Buches ermöglichte.

Salzburg, im April 1952.

Richard John.

Inhaltsverzeichnis.

Inhaltsverzeichnis. V

Seite

Dritter Teil.

Anhang.

Erster Teil.

Lösungen von Grundaufgaben zur Bestimmung von Stützendrücken und Momenten am frei-aufliegenden und durchlaufenden Träger.

A. Allgemeines.

Bei der statischen Berechnung von Trägern geht man von dem Grundsatze aus, daß ein Träger nur dann im Gleichgewicht sich befindet, wenn die Summen aller lotrechten und waagrechten angreifenden Kräfte, sowie die Summe aller Momente bezüglich eines beliebigen Drehpunktes gleich Null sind. Daher sind zur Berechnung von Trägern nachstehende Aufstellungen erforderlich:

    a) Bestimmung der rechnungsmäßigen Stützweite „l“;
    b) die Belastung des Trägers nach Richtung, Art und Größe;
    c) Kenntnis der Auflagerkräfte bzw. Stützendrücke;
    d) Lage des gefährdeten Querschnittes;
    e) Ermittlung des größten Biegemomentes;
    f) Berechnung des zugehörigen Widerstandsmomentes;
    g) Ermittlung des erforderlichen Querschnittes.

Zu a: Als Stützweite wird die um $^1/_{20}$ vergrößerte Lichtweite eingeführt.

Zu b: Die Richtungen der auf einen Träger einwirkenden Kräfte sind fast immer bekannt, ebenso ihre Größen, sowie die Art der Belastungen. Man wird daher nach Festlegung der Stützweite sofort an die Aufstellung der Belastungen gehen. Diese können als gleichmäßig verteilte Lasten (Gleichlasten), als Einzelkräfte oder auch zusammen auftreten. Ferner muß man zwischen Nutz- bzw. Verkehrslasten und Eigengewichten der Tragkonstruktionen selbst unterscheiden. Die ersteren bezeichnen wir im Laufe unserer Berechnungen mit „p“, die letzteren mit „g“, die Summe beider Belastungen mit „q“, Einzellasten mit „P“.

Zu c: Die Auflagerkräfte bzw. Stützendrücke kann man nach der Ermittlung der Belastungen sofort feststellen, doch benötigt man auch manchmal zunächst die Aufstellung von Stützmomenten, aus welchen man dann die Auflagerkräfte bestimmen kann, z. B. beim durchlaufenden Träger.

Zu d: Die Lage des gefährdeten Querschnittes ist nicht immer sofort erkennbar. Seine Lage ist an jener Stelle, wo das Biegemoment den größten Wert erreicht, also ein Maximum wird. An dieser Stelle wechseln auch die Querkräfte das Vorzeichen. Die Lage des gefährdeten Querschnittes ist sofort bestimmbar, wenn die Querkräfte bekannt sind. Die Entfernung des gefährdeten Querschnittes von einem Auflager kann sowohl rechnerisch als auch graphisch ermittelt werden. Die Querkraft am Auflager entspricht der Größe des Auflagerdruckes.

Zu e: Die Stelle des größten Biegemomentes erhält man dort, wo die Querkraft das Vorzeichen wechselt. Vielfach kann man das größte Biegemoment bei einer bestimmten Laststellung sofort durch Anwendung einer für diesen Fall festgelegten Formel ermitteln, ohne vorher die Auflagerkräfte zu kennen. Ist aber die Anwendung einer allgemeinen Formel nicht möglich, wie z. B. bei unsymmetrischen Belastungen, so wird man die Größe der Auflagerkräfte bestimmen müssen.

Zu f: Hat man mit Hilfe des gefährdeten Querschnittes das größte Biegemoment ermittelt, so ist noch das Widerstandsmoment in dem betreffenden Querschnitte zu bestimmen. Dabei ist aber auch zu beachten, daß ein solches Biegemoment einen negativen Wert erreichen kann. Z. B. beim durchlaufenden Träger.

Zu g: Der zu f erforderliche Querschnitt kann entweder frei nach Bedarf angenommen werden und ist dann nur noch die zulässige Inanspruchnahme des Baustoffes nachzuprüfen, ob sie nicht überschritten wird. Man kann aber auch die Inanspruchnahme des Baustoffes zuerst festlegen und dann daraus den erforderlichen Querschnitt errechnen. Er kann aus Tabellen entnommen werden (s. dritter Teil).

B. Allgemeine Berechnungsbeispiele.

1. Beispiel. Bei einem auf zwei Stützen frei aufliegenden Träger mit lotrechten Einzellasten sind die Auflagerkräfte, der gefährdete Querschnitt und das größte Biegemoment zu bestimmen (Abb. 1).

Allgemeiner Berechnungsvorgang:

Die Lage des gefährdeten Querschnittes ist nicht sofort erkennbar, daher ist es erforderlich, zunächst die Auflagerkräfte zu bestimmen. Nach dem Momentensatze muß die Summe aller Momente bezüglich eines beliebigen Drehpoles gleich Null sein.

Wir wählen den Punkt B, in welchem das Moment Null ist, zum Drehpol. Zur Bestimmung der Auflagerkraft A lautet die allgemeine Formel:

$$A = \frac{1}{l} \Sigma P \cdot b$$

und für B (1)

$$B = \frac{1}{l} \Sigma P \cdot a;$$

für unseren Fall angewendet, erhalten wir:

$$A = \frac{1}{l}\,(P_1 \cdot b_1 + P_2 \cdot b_2 + P_3 \cdot b_3),$$

$$B = \frac{1}{l}\,(P_1 \cdot a_1 + P_2 \cdot a_2 + P_3 \cdot a_3);$$

$$l = 6{,}0\ \text{m}, \quad a_1 = 1{,}0\ \text{m}, \quad a_2 = 2{,}5\ \text{m}, \quad a_3 = 4{,}0\ \text{m},$$

$$P_1 = 3{,}7\ \text{t}, \quad P_2 = 5\ \text{t}, \quad P_3 = 3\ \text{t};$$

somit ist:

$$A = \frac{1}{6}\,(3{,}7 \cdot 5 + 5 \cdot 3{,}5 + 3 \cdot 2) =$$
$$= 7\ \text{t} = 7000\ \text{kg},$$

$$B = \frac{1}{6}\,(3{,}7 \cdot 1 + 5 \cdot 2{,}5 + 3 \cdot 4) =$$
$$= 4{,}7\ \text{t} = 4700\ \text{kg}.$$

Probe:

$$P_1 + P_2 + P_3 = A + B = 11\,700\ \text{kg}$$

Bestimmung der Lage des gefährdeten Querschnittes mit Zuhilfenahme der Querkräfte. Die Querkraft am Auflager ist gleich der Auflagerkraft. Die Bestimmung der Querkräfte ist aus der Abb. 1 zu entnehmen. An Stelle der Kraft P_1 beträgt die Querkraft:

$$A - P_1 = 7 - 3{,}7 = 3{,}3\ \text{t},$$

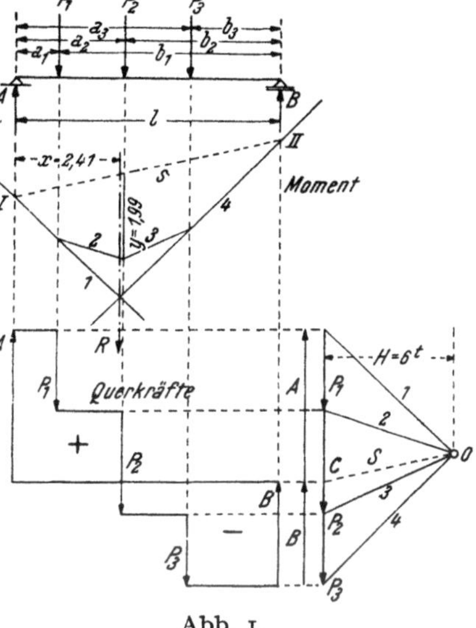

also noch positiv, somit kein Vorzeichenwechsel. Die Querkraft unter der Kraft P_2 beträgt:

$$A - P_1 - P_2 = 7 - 3{,}7 - 5 = -\,1{,}7\ \text{t},$$

also bereits negativ. Das bedeutet, daß hier ein Vorzeichenwechsel stattfindet, und daher unter der Kraft P_2 der gefährdete Querschnitt liegen muß.

Die Berechnung der Biegemomente unter den einzelnen Kräften geschieht auf folgende Weise:

$$M_{P1} = A \cdot a_1 = 7{,}0 \cdot 1{,}0 = 7\ \text{tm},$$

$$M_{P2} = A \cdot a_2 - P_1\,(a_2 - a_1) = 7 \cdot 2{,}5 - 3{,}7\,(2{,}5 - 1) = 11{,}95\ \text{tm},$$

$$M_{P3} = A \cdot a_3 - P_1\,(a_3 - a_1) - P_2\,(a_3 - a_2) =$$
$$= 7 \cdot 4 - 3{,}7\,(4 - 1) - 5\,(4 - 2{,}5) = 9{,}4\ \text{tm}.$$

Vergleicht man die einzelnen Momente untereinander bezüglich ihrer Größe, so erhält man unter der Kraft P_2 das größte Biegemoment. Daher liegt auch an dieser Stelle der gefährdete Querschnitt.

Graphische Ermittlung der Auflagerkräfte und des größten Biegemomentes (s. Abb. 1).

Man zeichnet zunächst in einem gewählten Kräftemaßstab das Kräftepolygon, welches in unserem Falle eine lotrechte Linie darstellt. Dann nimmt man in einer beliebigen Entfernung H den Pol an und zeichnet das Seilpolygon, indem man den Polstrahl mit der zugehörigen Kraft zum Schnitt bringt. Die Seilstrahlen 1 und 4 schneiden an den Auflagersenkrechten die Punkte I und II ab. Diese beiden Punkte miteinander verbunden, geben die Richtung der Schlußlinie „s". Überträgt man nun die Schlußlinie parallel durch den Pol „O", so schneidet diese übertragene Schlußlinie im Punkte C im Kräftepolygon die Größen der Auflagerkräfte A und B ab.

Gleichzeitig erhalten wir das maximale Moment aus dem Produkte

$$M = H \cdot y, \tag{2}$$

wobei man die erhaltenen Maße in den entsprechenden Maßstäben abgreift.

$$M = 6 \cdot 1{,}99 = 11{,}94 \text{ tm.}$$

H im Kräftemaßstab, y im Zeichenmaßstab.

Bei genauer Zeichnung muß das Ergebnis der graphischen Ermittlung der Auflagerkräfte und des größten Biegemomentes mit dem errechneten Ergebnis übereinstimmen.

Die graphische Ermittlung der Auflagerkräfte zeigt auch die Bestimmung der Lage und Größe der Resultierenden (Mittelkraft). Bringt man die Seilstrahlen 1 und 4 zum Schnitt, so erhält man die Lage der Mittelkraft „R". Ihre Größe erhält man aus dem Kräftepolygon.

$$R = P_1 + P_2 + P_3 = A + B.$$

Rechnerische Bestimmung der Lage der Mittelkraft „R". Bezeichnen wir die Entfernung der Mittelkraft R vom Auflager A mit x, so gilt nach dem Momentensatze (Summe aller Momente = Null)

$$P_1 \cdot a_1 + P_2 \cdot a_2 + P_3 \cdot a_3 = R \cdot x,$$

nach Einsetzen der entsprechenden Werte

$$3{,}7 \cdot 1 + 5 \cdot 2{,}5 + 3 \cdot 4 = 11{,}7 \cdot x;$$

daraus $\qquad\qquad x = 2{,}41 \text{ m.}$

2. Beispiel. Berechnung eines frei aufliegenden Trägers auf zwei Stützen mit einer gleichmäßig verteilten Last (Gleichlast) (Abb. 2).

Die Auflagerkräfte sind:

$$A = B = \frac{q \cdot l}{2}.$$

Um jene Stelle zu finden, an welcher die Querkraft das Vorzeichen wechselt bzw. gleich Null ist, stellen wir die Gleichung auf:

$$A - q \cdot x = 0;$$

daraus ist

$$x = \frac{A}{q} = \frac{q \cdot l/2}{q} = \frac{l}{2},$$

der gefährdete Querschnitt befindet sich bei $\frac{l}{2}$.

Nimmt man die Mitte des Trägers als Drehpol und stellt die Momentengleichung für alle links vom gefährdeten Querschnitt auftretenden Kräfte auf, so gilt:

$$M_{\max} = \frac{q\,l}{2} \cdot \frac{l}{2} - q \cdot \frac{l}{2} \cdot \frac{l}{4} = q \cdot \frac{l^2}{4} - q \cdot \frac{l^2}{8} = q \cdot \frac{l^2}{8}; \qquad (3)$$

für $q \cdot l$ der Wert Q eingesetzt, ergibt für max M den Wert:

$$\max M = \frac{Q \cdot l}{8}. \qquad (3\,a)$$

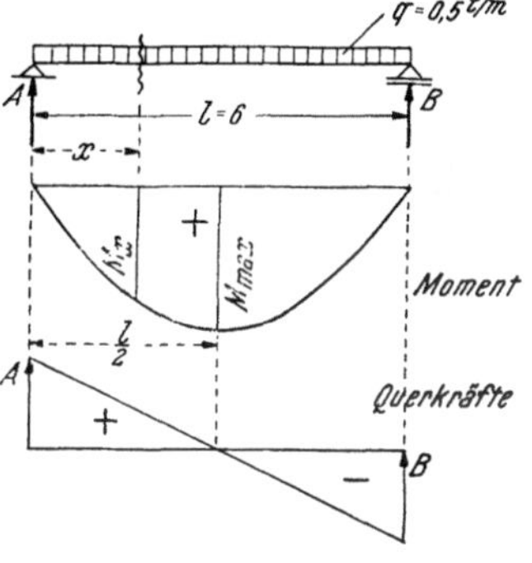

Abb. 2.

Sucht man das Moment an einem beliebigen Punkte des Trägers, so gilt die Gleichung:

$$M_x = A \cdot x - \frac{q \cdot x^2}{2} = \frac{q \cdot l}{2} \cdot x - \frac{q \cdot x^2}{2} =$$
$$= \frac{q \cdot l \cdot x}{2} \cdot \left(1 - \frac{x}{l}\right). \qquad (4)$$

Setzt man in Gl. (4) für $Q = q \cdot l$, so lautet die allgemeine Formel:

$$M_x = \frac{Q \cdot x}{2} \left(1 - \frac{x}{l}\right).$$

Die Momentenfläche ist durch eine Parabel begrenzt, welche den Scheitel in $\frac{l}{2}$ hat (s. Abb. 2).

Die Querkraft gleicht am Auflager der Auflagerkraft A, erreicht in Trägermitte den Wert Null und gleicht am Trägerende der Auflagerkraft B. Die Querkraftlinie stellt eine gerade Linie dar.

3. Beispiel. Frei aufliegender Träger auf zwei Stützen mit Gleich- und Einzellasten (Abb. 3). Gesucht $M_{\max}$ und die Darstellung der Querkräfte.

Gegeben: $\qquad P_1 = 2\,\text{t}, \; P_2 = 8\,\text{t}, \; P_3 = 4\,\text{t},$

ferner: $\qquad q_1 = 500\;\text{kg/m}$ und $q_2 = 600\;\text{kg/m}$,

$$l = 10\;\text{m}.$$

Nach Gl. (1) ist:

$$A = \frac{1}{10}\,(2 \cdot 8 + 8 \cdot 6 + 4 \cdot 4 + 1 \cdot 6 + 1{,}2 \cdot 2),$$

$$A = 8{,}84\,\text{t}, \; B = 6{,}26\,\text{t},$$

$$M_{\max} = 8{,}84 \cdot 4 - 2 \cdot 2 - 0{,}5 \cdot 0{,}5 = 31{,}11\;\text{tm}.$$

Die graphische Ermittlung des $M_{\max}$ ist aus Abb. 3 zu ersehen.

Wir zeichnen das Kräfte- und Seilpolygon und erhalten die Schlußlinie s als Verbindungslinie der Punkte I und II. Die Schlußlinie s, nach
dem Pol O verlegt, ergibt die Auflagerkräfte A und B. In der Zeichnung der Querkräfte Abb. 3
sieht man den Wechsel des Vor-
zeichens unter der Kraft P_2.
Folglich liegt dort der gefährdete
Querschnitt.

Greift man bei genauer Zeichnung den Wert y im Zeichenmaßstab ab und multipliziert ihn mit
dem Polabstand H, so erhält man
nach Gl. (2):

$$\max M = H \cdot y =$$
$$= 10 \cdot 3{,}11 = 31{,}1 \text{ tm.}$$

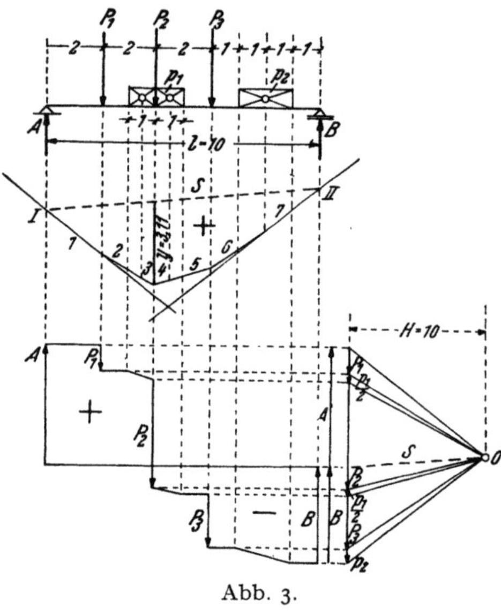

Abb. 3.

4. Beispiel. Berechnung eines
frei aufliegenden Trägers mit einseitiger Auskragung.

Nutzlast . . . . $p = 250 \text{ kg/m}$,
Eigengewicht . . . . $g = 250 \text{ kg/m}$,
Einzellast am Ende
des Kragarmes. $P = 500 \text{ kg}$,

$$l_1 = 5{,}0 \text{ m}, \quad l_2 = 1{,}50 \text{ m}.$$

Fall 1 (Abb. 4). Vollast am ganzen Träger und Einzellast P am Kragende.
Die Momentengleichung bezüglich des Punktes B lautet:

$$A \cdot l_1 - P(l_1 + l_2) q - (l_1 + l_2) \cdot \frac{l_1 + l_2}{2} = 0;$$

nach Einsetzen der Werte ist

$$A \cdot 5 - 0{,}5 \cdot 6{,}5 - 0{,}5 \cdot 6{,}5 \cdot \frac{6{,}5}{2} = 0;$$

daraus

$$A = 2{,}762 \text{ t} = 2762 \text{ kg},$$
$$B = 500 + 500 \cdot 6{,}5 - 2762 = 988 \text{ kg};$$

in A entsteht ein negatives Stützmoment

$$M_A = - P \cdot l_2 - q \cdot \frac{l_2 \cdot l_2}{2} =$$
$$= - 500 \cdot 1{,}5 - 500 \cdot \frac{1{,}5^2}{2} = - 1{,}312 \text{ tm.}$$

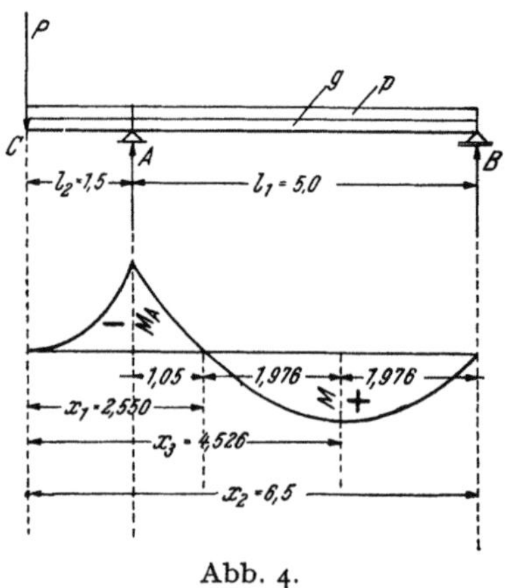

Abb. 4.

Bestimmung des Feldmomentes zwischen A und B.

Wir wissen, daß das Feldmoment dort am größten erscheint, wo die
Querkraft gleich Null ist. Daher stellen wir die Beziehung auf:

$$B - q \cdot x = 0,$$

wobei x jene Entfernung vom Auflager B bedeutet, in welcher die Querkraft gleich Null ist.

$$x = \frac{B}{q} = \frac{988}{500} = 1{,}976 \text{ m}.$$

Kennen wir x, so kann man $M_{\max}$ berechnen, und zwar:

$$M_{\max} = B \cdot x - q \cdot \frac{x^2}{2} = 988 \cdot 1{,}976 - 500 \cdot \frac{1{,}976^2}{2},$$

$$M_{\max} = 97\,614 \text{ kgcm}.$$

Die Momentenparabel schneidet in der Entfernung $2 \cdot x$, also gleich $2 \cdot 1{,}976 = 3{,}952$ m, vom Auflager B die Trägerachse. Dieser Schnittpunkt, in welchem das Moment den Wert Null erreicht, kann noch auf eine andere Art gefunden werden.

Bezeichnet man seine Entfernung vom Kragendepunkt C mit y, so ist

$$- q \cdot \frac{y^2}{2} + A\,(y - l_2) - P \cdot y = 0,$$

$$- 0{,}5 \cdot \frac{y^2}{2} + 2{,}762\,(y - 1{,}5) - 0{,}5 \cdot y = 0;$$

wir erhalten eine quadratische Gleichung

$$y^2 - 9{,}05 \cdot y + 16{,}57 = 0,$$

$$y = \frac{9{,}05}{2} \pm \sqrt{\frac{9{,}05^2}{4} - 16{,}57} = 4{,}525 \pm 1{,}976,$$

$$y_1 = 6{,}50; \quad (x_2)$$

dieser Wert entspricht der Entfernung des Auflagerpunktes B vom Kragarmende.

$$y_2 = 5{,}0 + 1{,}5 - 2 \cdot 1{,}976 = 2{,}55. \quad (x_1)$$

Fall 2. Vollbelastung mit q im Mittelfelde; Belastung des Kragarmes nur mit dem Eigengewicht g (Abb. 5). Zur Bestimmung der Auflagerkraft A erhalten wir:

$$A \cdot 5 - 250 \cdot \frac{6{,}5^2}{2} - 250 \cdot \frac{5^2}{2} = 0;$$

daraus

$A = 1681$ kg,

$B = 250 \cdot 6{,}5 + 250 \cdot 5 - 1681 = 1194$ kg.

Das Stützmoment M_A beträgt:

$$M_A =$$
$$= - g \cdot \frac{l_2^2}{2} = - 250 \cdot \frac{1{,}5^2}{2} = -28\,125 \text{ kgcm}.$$

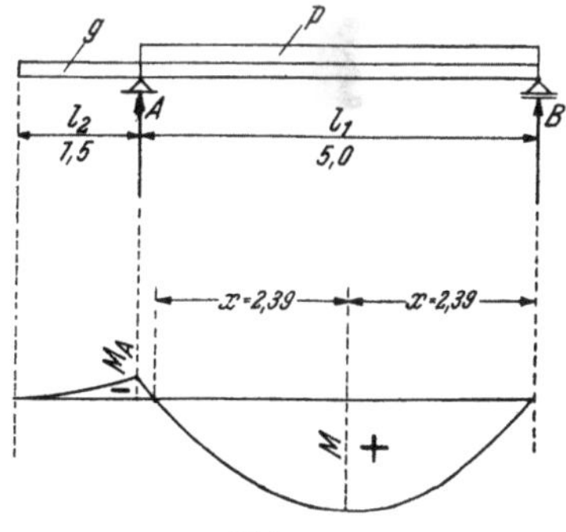

Abb. 5.

Setzt man wie vorher $B - q \cdot x = 0$, also $1194 - 500 \cdot x = 0$, dann ist $x = 2{,}39$ m; das bedeutet: das Feldmoment erreicht in der Entfernung $x = 2{,}39$ m vom Auflager B das Maximum, somit

$$\max M = 1194 \cdot 2{,}39 - 500 \cdot \frac{2{,}39^2}{2} = 142\,680 \text{ kgcm}.$$

Im Fall 2 wird für den Wert des Feldmomentes der größte Wert erreicht.

Fall 3. Kragarm, belastet mit Eigengewicht, Nutzlast und Einzellast; Mittelfeld nur mit Eigengewicht belastet (Abb. 6).

Die Ermittlung des Auflagerdruckes A erfolgt wie in den Fällen 1 und 2. Man erhält für

$$A = 2137 \text{ kg}, \quad B = 363 \text{ kg}.$$

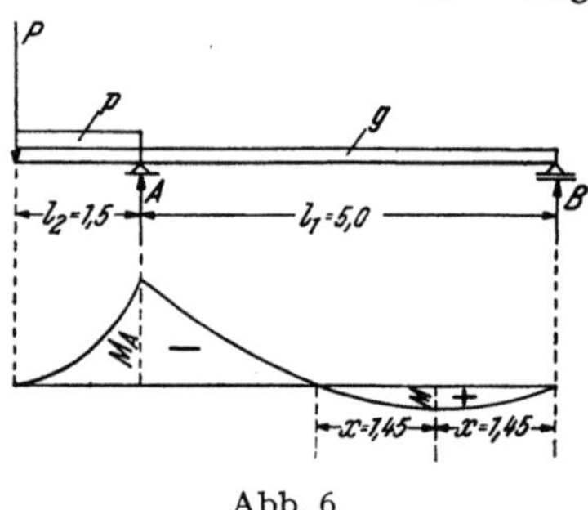

Abb. 6.

B ist schon ziemlich klein geworden. Das bedeutet, daß bei größerem l_2 die Auflagerkraft B negativ wird. Der Träger würde sich abheben.

Zur Berechnung des negativen Stützmomentes gilt die Gleichung:

$$M_A = -P \cdot l_2 - q \cdot \frac{l^2}{2} \cdot l_2.$$

$$M_A = -500 \cdot 1,5 - 500 \cdot \frac{1,5}{2} \cdot 1,5 =$$

$$= -1,312 \text{ tm};$$

ferner ist $\qquad B - g \cdot x = 0$, folglich $363 - 250 \cdot x = 0$,

$$x = 1,45 \text{ m},$$

daher $\qquad M_x = 363 \cdot 1,45 - 250 \cdot \frac{1,45}{2} \cdot 1,45 = 26354 \text{ kgcm}.$

Zusammenstellung der errechneten Werte.

Fall	M_A	M	A	B
	tm	tm	kg	kg
1	— 1,312	0,976	2762	988
2	— 0,281	1,427	1681	1194
3	— 1,312	0,263	2137	363

5. Beispiel. Frei aufliegender Träger auf zwei Stützen mit zwei Kragarmen. Nutzlast $p = 300$ kg/m, Eigengewicht $g = 500$ kg/m (Abb. 7).

Fall 1. Vollast am ganzen Träger. Berechnung der Auflagerkräfte. B als Drehpol.

$$A \cdot l_2 - q \cdot (l_1 + l_2) \cdot \frac{l_1 + l_2}{2} = -q \cdot \frac{l_3^2}{2},$$

$$A \cdot 7 - 0,8 \cdot \frac{10^2}{2} = -0,8 \cdot \frac{2^2}{2};$$

daraus ist $\qquad A = 5,485 \text{ t}.$

$$B = q \cdot (l_1 + l_2 + l_3) - A = 0,8 \cdot 12 - 5,485 =$$

$$B = 4,115 \text{ t}.$$

Wir können aber auch den Punkt C als Drehpol annehmen und erhalten:

$$A (l_2 + l_3) - q \cdot \frac{(l_1 + l_2 + l_3)^2}{2} + B \cdot l_3 = 0,$$

$$A \cdot 9 - 0{,}8 \cdot \frac{12^2}{2} + B \cdot 2 = 0;$$

$$
\begin{array}{ll}
9\,A + 2\,B = 57{,}6 & \qquad 9\,A + 2\,B = 57{,}6 \\
\underline{A + B = 9{,}6} & \qquad \underline{-\,2\,A \pm 2\,B = -\,19{,}2} \\
 & \qquad 7\,A = 38{,}4
\end{array}
$$

$$A = 5{,}485 \text{ t}, \quad B = 4{,}115 \text{ t}.$$

Bezeichnet man den Abstand des $M_{\max}$ von D mit x_3, dann ist nach früherem:

$$A - q \cdot x_3 = 0,$$

$$5{,}485 - 0{,}8 \cdot x_3 = 0;$$

daraus

$$x_3 = 6{,}856 \text{ m}.$$

Zur Berechnung der Parabelschnittpunkte mit der Trägerachse stellen wir die Gleichung auf:

$$- q \cdot \frac{x^2}{2} + A\,(x - l_1) = 0,$$

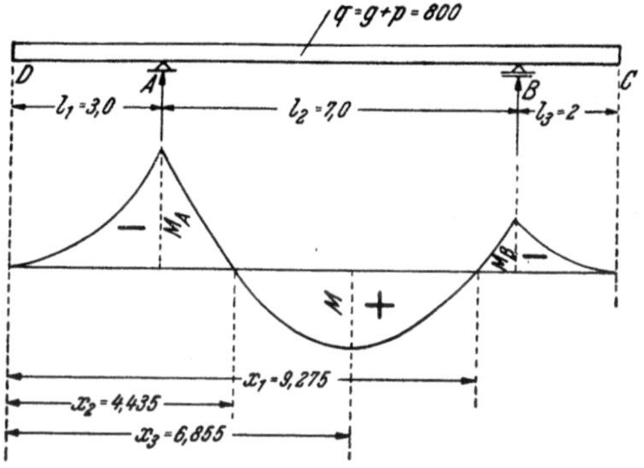

Abb. 7.

wobei wir mit x die Entfernung des Momentennullpunktes von D bezeichnen.

$$- 0{,}8 \cdot \frac{x^2}{2} + 5{,}485\,(x - 3) = 0,$$

$$x^2 - 13{,}71 \cdot x + 41{,}13 = 0;$$

daraus $x_1 = 9{,}275$ und $x_2 = 4{,}435$,

$$x_3 = \frac{x_1 + x_2}{2} = \frac{13{,}71}{2} = 6{,}855 \text{ m}.$$

Nun ist

$$M_{\max} = A\,(x_3 - l_1) - q \cdot \frac{x_3^2}{2} = 5{,}485\,(6{,}855 - 3) - 0{,}8 \cdot \frac{6{,}855^2}{2},$$

$$M_{\max} = 2{,}348 \text{ tm},$$

$$M_A = - 0{,}8 \cdot \frac{3^2}{2} = - 3{,}6 \text{ tm}, \quad M_B = - 0{,}8 \cdot \frac{2^2}{2} = - 1{,}6 \text{ tm}.$$

Fall 2. Eigengewicht am ganzen Träger und Nutzlast im Mittelfeld (Abb. 8).

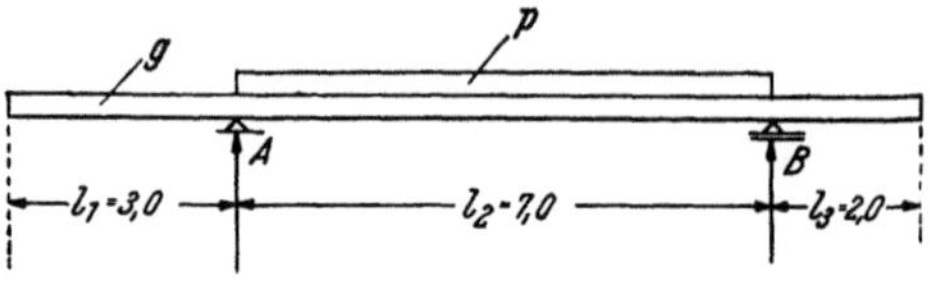

$$M_A = -0.5 \cdot \frac{3^2}{2} = -2.25 \text{ tm,}$$

$$M_B = -0.5 \cdot \frac{2^2}{2} = -1.0 \text{ tm.}$$

Abb. 8.

Berechnung von A und B:

$$A \cdot 7 - 0.5 \cdot \frac{10^2}{2} - 0.3 \cdot \frac{7^2}{2} = -0.5 \cdot \frac{2^2}{2},$$

$$A = 4.479 \text{ t}, \quad B = 3.621 \text{ t,}$$

$$A - g \cdot x_3 - p \cdot (x_3 - l_1) = 0,$$

$$4.479 - 0.5 \cdot x_3 - 0.3 (x_3 - 3) = 0;$$

daraus

$$x_3 = 6.72 \text{ m.}$$

$$M_{\max} = A \cdot (x_3 - l_1) - g \cdot \frac{x_3^2}{2} - p \cdot \frac{(x_3 - l_1)^2}{2},$$

$$= 4.479 (6.72 - 3) - 0.5 \cdot \frac{6.72^2}{2} - 03 \cdot \frac{(6.72 - 3)^2}{2},$$

$$M_{\max} = 3.296 \text{ tm.}$$

Berechnung der Parabelschnittpunkte:

$$-g \cdot \frac{x^2}{2} + A (x - l_1) - p \cdot \frac{(x - l_1)^2}{2} = 0,$$

$$-0.5 \cdot \frac{x^2}{2} + 4.479 (x - 3) - 0.3 \cdot \frac{(x - 3)^2}{2} = 0,$$

$$x^2 - 13.45 x + 36.97 = 0,$$

$$x_1 = 9.595 \text{ m} \quad \text{und} \quad x_2 = 3.855 \text{ m,}$$

$$x_3 = \frac{x_1 + x_2}{2} = \frac{13.450}{2} = 6.725 \text{ m.}$$

Fall 3. Eigengewicht am ganzen Träger und Nutzlast auf beiden Kragarmen (Abb. 9).

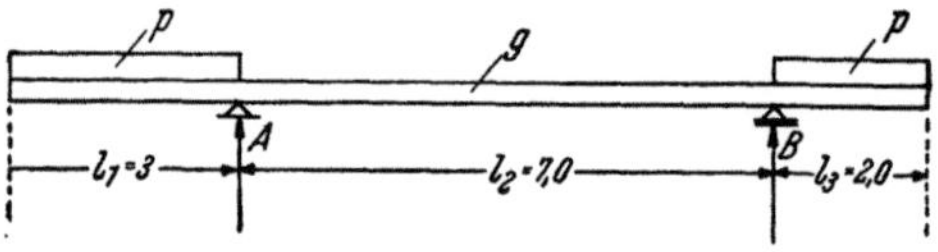

$$M_A = -0.8 \cdot \frac{3^2}{2} = -3.6 \text{ tm,}$$

$$M_B = -0.8 \cdot \frac{2^2}{2} = -1.6 \text{ tm.}$$

Abb. 9.

Berechnung von A und B:

$$A \cdot 7 - 0.5 \cdot \frac{10}{2} \cdot 10 - 0.3 \cdot 3 \cdot 8.5 = -0.8 \cdot \frac{2}{2} \cdot 2.$$

$$A = 4.428 \text{ t} \quad \text{und} \quad B = 3.072 \text{ t.}$$

Berechnung der Parabelschnittpunkte:

$$-0.5 \cdot \frac{x^2}{2} - 0.3 \cdot 3 \left(x - \frac{3}{2}\right) + 4.28\,(x - 3) = 0,$$

$$x^2 - 14.14 \cdot x + 47.82 = 0,$$

$$x_1 = 8.54 \text{ m und } x_2 = 5.60 \text{ m}, \quad x_3 = \frac{14.14}{2} = 7.07 \text{ m}.$$

$$M_x = 4.428\,(7.07 - 3) - 0.5 \cdot \frac{7.07}{2} \cdot 7.07 - 0.3 \cdot 3 \left(7.07 - \frac{3}{2}\right) =$$

$$= 0.512 \text{ tm}.$$

Fall 4. Eigengewicht am ganzen Träger und Nutzlast am linken Kragarm und im Mittelfeld (Abb. 10).

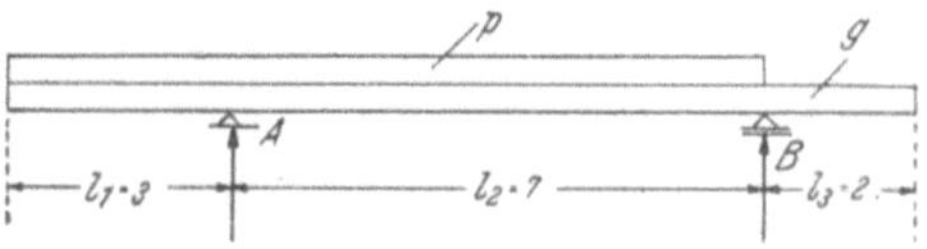

$$M_A = -0.8 \cdot \frac{3^2}{2} = -3.6 \text{ tm},$$

$$M_B = -0.5 \cdot \frac{2^2}{2} = -1.0 \text{ tm}.$$

Abb. 10.

$$A \cdot 7 - 0.5 \cdot \frac{10^2}{2} - 0.3 \cdot \frac{10^2}{2} =$$

$$= -0.5 \cdot \frac{2^2}{2}.$$

$$A = 5.571 \text{ t}, \quad B = 3.429 \text{ t}.$$

$$5.571 - 0.8 \cdot x_3 = 0,$$

$$x_3 = 6.96 \text{ m},$$

$$5.571\,(x - 3) - 0.8 \cdot \frac{x^2}{2} = 0,$$

$$x^2 - 13.93\,x + 41.77 = 0,$$

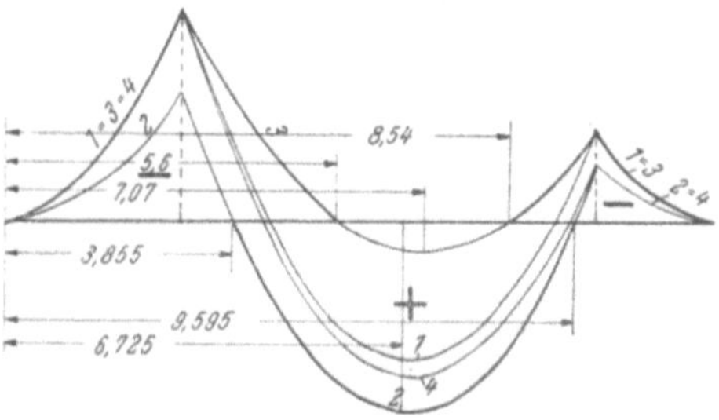

Abb. 11.

$$x_1 = 9.561 \text{ m}, \quad x_2 = 4.369 \text{ m}, \quad x_3 = \frac{x_1 + x_2}{2} = \frac{13.930}{2} = 6.965 \text{ m}.$$

$$M_{\max} = 5.571\,(6.965 - 3) - 0.8 \cdot \frac{6.965}{2} \cdot 6.965,$$

$$M_{\max} = 2.6845 \text{ tm}.$$

Zusammenstellung aller Momente (Abb. 11).

Zusammenstellung der Rechnungsergebnisse.

Fall	M_A tm	M_B tm	$M_{\max}$ tm	A t	B t
1	− 3,6	− 1,6	+ 2,348	5,485	4,115
2	− 2,25	− 1,0	+ 3,296	4,479	3,621
3	− 3,6	− 1,6	+ 0,512	4,428	3,072
4	− 3,6	− 1,0	+ 2,684	5,571	3,429

6. Beispiel. Frei aufliegender Träger mit zwei Kragarmen und Einzellasten (Abb. 12).

Berechnung der Auflagerkräfte:

$$- P_1 (l_2 + l_1) + A \cdot l_1 - P_2 (l_1 - a_1) - P_3 (l_1 - a_2) = - P_4 \cdot l_3;$$

nach dem Einsetzen der Werte ist

$$- 3 \cdot (2{,}5 + 5) + A \cdot 5 - 8 (5 - 1{,}5) - 6 \cdot (5 - 3{,}5) = - 2 \cdot 1{,}5;$$

daraus $\qquad\qquad\qquad A = 11{,}3 \text{ t}.$

$$B = P_1 + P_2 + P_3 + P_4 - A = 3 + 8 + 6 + 2 - 11{,}3 = 7{,}7 \text{ t}.$$

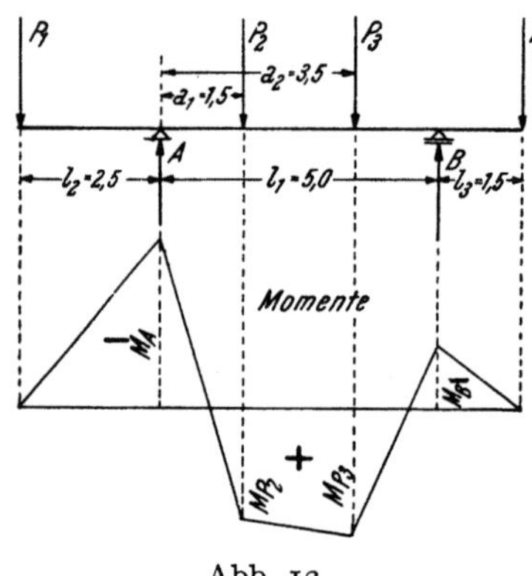

Abb. 12.

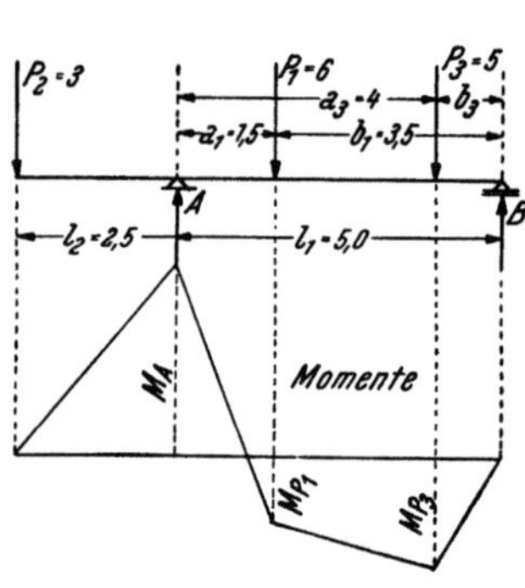

Abb. 13.

Stützmomente:

$$M_A = - P_1 \cdot l_2 = - 3 \cdot 2{,}5 = - 7{,}5 \text{ tm},$$
$$M_B = - P_4 \cdot l_3 = - 2 \cdot 1{,}5 = - 3 \text{ tm}.$$

Berechnung des Feldmomentes unter der Last P_2:

$$M_{P2} = - P_1 (l_2 + a_1) + A \cdot a_1 = - 3 (2{,}5 + 1{,}5) + 11{,}3 \cdot 1{,}5 = 4{,}95 \text{ tm}.$$

Berechnung des Feldmomentes unter der Last P_3:

$$M_{P3} = - P_1 (l_2 + a_2) + A \cdot a_2 - P_2 (a_2 - a_1) = - 3 (2{,}5 + 3{,}5) +$$
$$+ 11{,}3 \cdot 3{,}5 - 8 (3{,}5 - 1{,}5) = 5{,}55 \text{ tm}.$$

Die Momente sind in Abb. 12 dargestellt.

7. Beispiel. Frei aufliegender Träger mit einem Kragarm und Einzellasten (Abb. 13).

Berechnung der Auflagerkräfte:

$$A \cdot l_1 - P_2 (l_1 + l_2) - P_1 \cdot b_1 - P_3 \cdot b_3 = 0,$$
$$A \cdot 5 - 3 (5 + 2{,}5) - 6 \cdot 3{,}5 - 5 \cdot 1 = 0;$$

daraus $\qquad\qquad\qquad A = 9{,}7 \text{ t und } B = 4{,}3 \text{ t}.$

Stützmoment bei A:

$$M_A = - P_2 \cdot l_2 = - 3 \cdot 2{,}5 = - 7{,}5 \text{ tm.}$$

Berechnung des Momentes unter der Last P_1:

$$M_{P_1} = - P_2 (l_2 + a_1) + A \cdot a_1 = - 3 \cdot (2{,}5 + 1{,}5) + 9{,}7 \cdot 1{,}5 = 2{,}55 \text{ tm.}$$

Berechnung des Momentes unter der Last P_3:

$$M_{P_3} = - P_2 (l_2 + a_3) + A \cdot a_3 - P_1 (a_3 - a_1) = - 3 (2{,}5 + 4) +$$
$$+ 9{,}7 \cdot 4 - 6 \cdot 2{,}5 = 4{,}3 \text{ tm.}$$

Die Momente sind in der Abb. 13 dargestellt.

$\times$ **8. Beispiel.** Frei aufliegender Träger mit einem Kragarm; Gleichlast am ganzen Träger (Abb. 14).

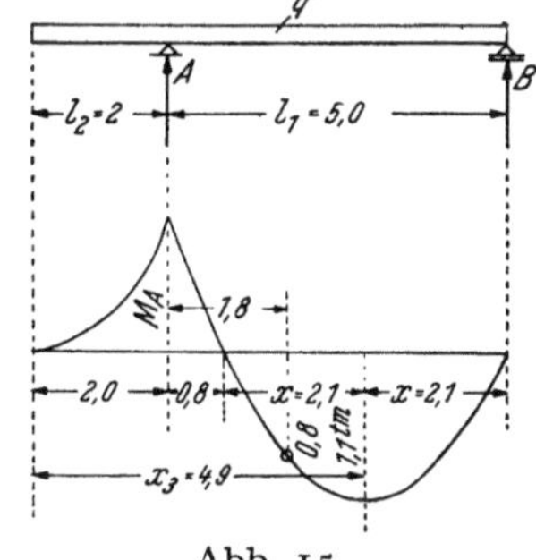

$$- q \cdot \frac{(l_1 + l_2)^2}{2} + A \cdot l_1 = 0;$$

daraus

$$A = \frac{0{,}5 \,(2 + 5)^2}{2 \cdot 5} = 2{,}45 \text{ t.}$$

$$B = q \cdot (l_1 + l_2) - A = 0{,}5 \,(5 + 2) - 2{,}45 = 1{.}05 \text{ t;}$$

nach dem früheren ist

$$B - q \cdot x = 0,$$

somit

$$x = \frac{B}{q} = \frac{1{,}05}{0{,}5} = 2{,}1 \text{ m.}$$

$$M_x = 2{,}45 \,(5 - 2{,}1) - 0{,}5 \cdot \frac{(2 + 5 - 2{,}1)^2}{2} = 1{,}1025 \text{ tm}$$

oder

$$M_x = B \cdot x - q \cdot \frac{x^2}{2} = 1{,}05 \cdot 2{,}1 - 0{,}5 \cdot \frac{2{,}1^2}{2} = 1{,}1025 \text{ tm.}$$

Stützmoment

$$M_A = - q \cdot \frac{l_2}{2} \cdot l_2 = 0{,}5 \cdot \frac{2}{2} \cdot 2 = - 1{,}0 \text{ tm.}$$

Darstellung der Momente (Abb. 15).

Berechnung von x_3:

$$A - q \cdot x_3 = 0,$$
$$2{,}45 - 0{,}5 \cdot x_3 = 0,$$
$$x_3 = 4{,}9 \text{ m.}$$

Probe:

$$x_3 + x = 4{,}9 + 2{,}1 = 7{,}0 = l_1 + l_2.$$

Um die Momentenparabel genauer zeichnen zu können, kann folgender Vorgang zur Anwendung kommen:

Abb. 15.

Man stellt das Moment für Gleichlast für die Strecke B bis zum Schnittpunkt der Parabel mit der Trägerachse fest; dabei ist für l_1 der Abstand von B bis zum Schnittpunkt zu setzen.

$$M = q \cdot \frac{l_1^2}{8} = \frac{1}{8} \cdot 0{,}5 \cdot 4{,}2^2 = 1{,}10 \text{ tm.}$$

Setzt man nun für l_1 den Wert 1, 2 usw. ein, so ergeben die aufgetragenen Momente die genauen Parabelpunkte.

Demnach wäre das Feldmoment in der Entfernung von 1,8 vom Auflager A nach Gl. (4)

$$M = \frac{0,5 \cdot 4,2 \cdot 1}{2}\left(1 - \frac{1}{4,2}\right) = 0,800 \text{ tm}.$$

Bestimmt man aber das Moment M_x für denselben Punkt für alle Kräfte links vom Querschnitt in der Entfernung 1,8 von A, dann ist bei $x = 4,2 - 1,0 = 3,2$ m

$$M_x = B \cdot 3,2 - 0,5 \cdot \frac{3,2^2}{2} = 1,05 \cdot 3,2 - 0,5 \cdot \frac{3,2^2}{2} = 0,80 \text{ tm}.$$

9. Beispiel. Berechnung der Momente für einseitig eingespannte Träger. Eingespannter Träger mit einer Einzellast am Ende des Kragarmes (Abb. 16).

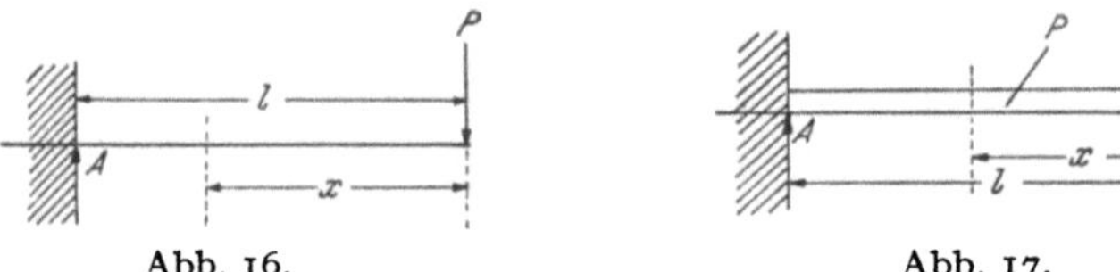

Abb. 16.   Abb. 17.

$$A = P, \quad M_x = P \cdot x, \quad M_{\max} = P \cdot l. \qquad (5)$$

Einseitig eingespannter Träger mit Gleichlast (Abb. 17).

$$\left.\begin{aligned} A &= P \text{ bzw. } = q\,l, \\ M_x &= \frac{P\,x^2}{2\,l}, \\ \max M &= \frac{P\,l}{2}. \end{aligned}\right\} \qquad (6)$$

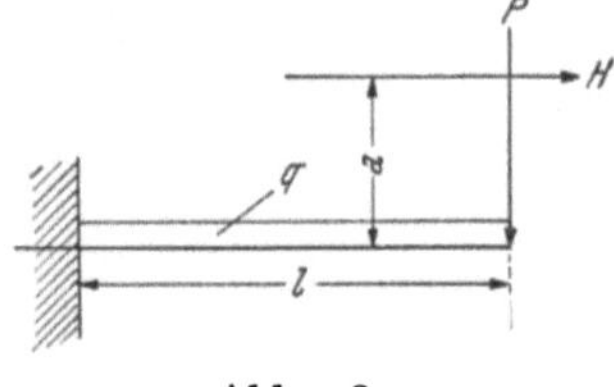

Abb. 18.   Abb. 19.

Einseitig eingespannter Träger mit Gleichlast am ganzen Träger, Einzellast am Ende des Kragarmes und eine waagrechte Kraft in der Entfernung a vom Kragende (Abb. 18).

$$\max M = P\,l + \frac{q\,l^2}{2} + H\,a. \qquad (7)$$

Träger an einem Ende frei auflagernd und am anderen Ende eingespannt (Abb. 19). Belastung: eine Einzellast P im Abstand $x = \frac{l}{2}$.

$$A = \frac{5}{16} \cdot P, \qquad B = \frac{11}{16} \cdot P;$$

$$M_x = \frac{5}{16} \cdot P \cdot x \text{ von } A \text{ bis } C,$$

$$M_{x_1} = P\,l\left(\frac{5}{32} - \frac{11\,x_1}{16\,l}\right) \text{ von } C \text{ bis } B,$$

$$M_C = \frac{5}{32} \cdot P \cdot l,$$

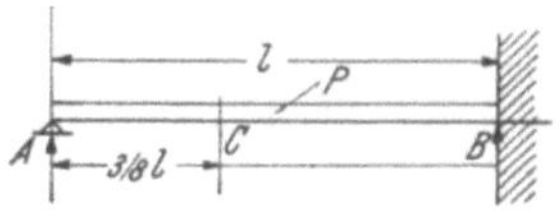

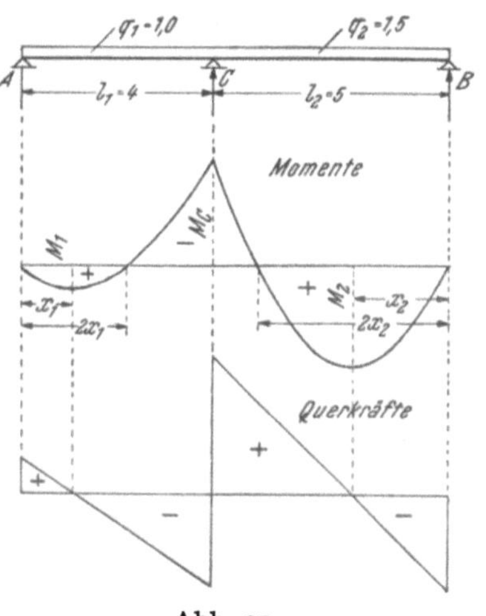

Abb. 20.

$$\max M = M_B = -\frac{3}{16} \cdot P \cdot l. \tag{8}$$

Träger an einem Ende frei auflagernd und am anderen Ende eingespannt (Abb. 20). Belastung: Gleichlast am ganzen Träger.

$$A = \frac{3}{8}\,P \text{ bzw. } \frac{3}{8}\,q\,l,$$

$$B = \frac{5}{8}\,P \text{ bzw. } \frac{5}{8}\,q\,l,$$

$$M_x = \frac{P\,x}{2}\left(\frac{3}{4} - \frac{x}{l}\right),$$

$$\max M = M_B = -\frac{P\,l}{8} \text{ bzw. } -\frac{q\,l^2}{8}, \tag{9}$$

$$M_C = \frac{9}{128}\,P\,l. \tag{9a}$$

Abb. 21.

10. Beispiel. Träger über zwei Öffnungen mit gleichmäßig verteilter Volllast (Abb. 21).

Berechnungsvorgang: Bei der Berechnung der Stützmomente verwendet man die Gleichung von CLAPEYRON, welche immer für zwei benachbarte Felder Geltung hat. Aus den Stützmomenten berechnet man die Auflagerkräfte (Stützendrücke) und schließlich die maximalen Momente in den einzelnen Feldern.

Die CLAPEYRONsche Gleichung lautet:

$$M_A\,l_1 + 2\,M_C\,(l_1 + l_2) + M_B\,l_2 = -\frac{1}{4}\,(q_1\,l_1^3 + q_2\,l_2^3). \tag{10}$$

M_A und M_B sind Null, daher erhält man für M_C den Wert:

$$M_C = -\frac{q_1\,l_1^3 + q_2\,l_2^3}{8\,(l_1 + l_2)}. \tag{11}$$

Bestimmung der Auflagerkräfte:

$$M_C = A\,l_1 - q_1 \cdot \frac{l_1^2}{2}, \text{ daraus } A = \frac{q_1\,l_1}{2} + \frac{M_C}{l_1}; \tag{12}$$

desgleichen ist

$$B = \frac{q_2\,l_2}{2} + \frac{M_C}{l_2}. \tag{12a}$$

$$C = q_1 l_1 + q_2 l_2 - (A + B) = \frac{q_1 l_1}{2} + \frac{q_2 l_2}{2} - \frac{M_C}{l_1} - \frac{M_C}{l_2}. \qquad (13)$$

Anmerkung: M_C muß mit seinem negativen Wert eingesetzt werden.

Zur Berechnung des Feldmomentes im Felde 1 setzt man

$$A - q_1 x_1 = 0, \text{ daraus ist } x_1 = \frac{A}{q_1}, \qquad (14)$$

wobei x_1 den Abstand des maximalen Momentes vom Auflager A bedeutet. Dann ist:

$$M_1 = A\, x_1 - q_1 \cdot \frac{x_1^2}{2};$$

setzt man für x_1 den Wert aus Gl. (14) in diese Gleichung ein, so ist

$$M_1 = A \cdot \frac{A}{q_1} - \frac{q_1}{2} \cdot \frac{A^2}{q^2} = \frac{A^2}{2\,q_1} \text{ oder } = A \cdot \frac{x_1}{2}; \qquad (15)$$

ebenso ist

$$M_2 = \frac{B^2}{2\,q_2} \text{ oder } = B \cdot \frac{x_2}{2}, \qquad (15\,a)$$

wenn man $B - q_2 x_2 = 0$ setzt.

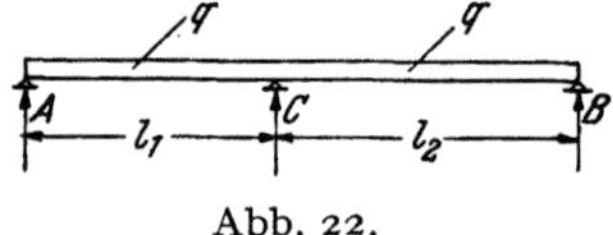

Abb. 22.

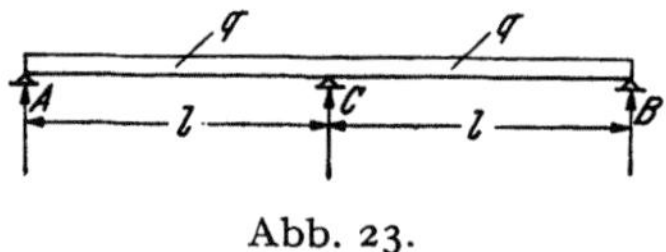

Abb. 23.

11. Beispiel. Träger über zwei ungleiche Öffnungen mit Gleichlast q in beiden Feldern (Abb. 22).

$$q_1 = q_2 = q;$$

dann ist

$$M_C = -\frac{q\,(l_1^3 + l_2^3)}{8\,(l_1 + l_2)}; \qquad (16)$$

$$\left.\begin{array}{l} A = \dfrac{q\,l_1}{2} + \dfrac{M_C}{l_1}, \\[2ex] B = \dfrac{q\,l_2^2}{2} + \dfrac{M_C}{l_2}; \end{array}\right\} \qquad (17)$$

$$C = q\,(l_1 + l_2) - (A + B) = \frac{q}{2}\,(l_1 + l_2) - \frac{M_C}{l_1} - \frac{M_C}{l_2}; \qquad (18)$$

$$M_1 = \frac{A^2}{2\,q} \text{ oder } = A \cdot \frac{x_1}{2} \text{ ferner } M_2 = \frac{B^2}{2\,q} \text{ oder } = B \cdot \frac{x_2}{2}. \qquad (19)$$

12. Beispiel. Träger über zwei gleiche Öffnungen und gleichmäßig verteilter Last (Abb. 23).

$$l_1 = l_2 = l, \text{ sowie } q_1 = q_2 = q,$$

$$2\,M_C\,(l + l) = -\frac{q}{4} \cdot (l^3 + l^3),$$

daraus

$$M_C = -\frac{q\,l^2}{8}; \tag{20}$$

$$A = B = \frac{q\,l}{2} + \frac{M_C}{l}; \tag{21}$$

$$C = 2\,q\,l - (A + B) = q\,l - \frac{2\,M_C}{l}. \tag{22}$$

Setzt man $A - q\,x = 0$, dann ist $x = \dfrac{A}{q}$ und

$$\left.\begin{aligned}
M_1 &= \frac{A^2}{2\,q} \quad \text{oder} \ = A \cdot \frac{x}{2}, \\[2mm]
M_2 &= \frac{B^2}{2\,q} \quad \text{oder} \ = B \cdot \frac{x}{2}.
\end{aligned}\right\} \tag{23}$$

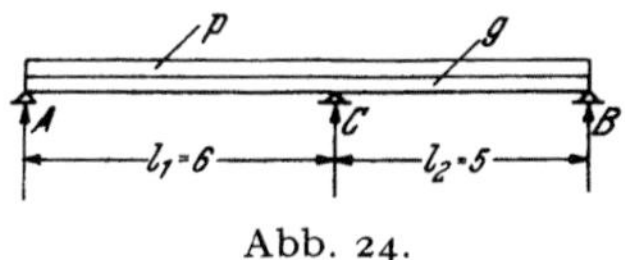

Abb. 24.

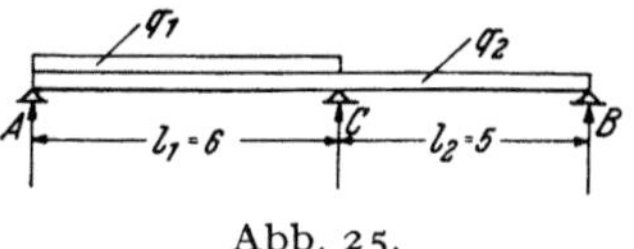

Abb. 25.

13. Beispiel. Rechnungsbeispiel zu Beispiel 10. Träger über zwei ungleiche Öffnungen und Gleichlasten (Abb. 24).

$$l_1 = 6 \text{ m}, \ l_2 = 5 \text{ m},$$

Nutzlast .... $p = 0{,}8$ t/m,
Eigengewicht ... $g = 0{,}4$ t/m.

Fall 1. Erstes Feld mit $q_1 = p + g$ und zweites Feld mit $q_2 = g$ belastet (Abb. 25).

$$q_1 = 1{,}2 \text{ und } q_2 = 0{,}4.$$

Nach Gl. (11) ist

$$M_C = -\frac{q_1\,l_1^3 + q_2\,l_2^3}{8\,(l_1 + l_2)} = -\frac{1{,}2 \cdot 6^3 + 0{,}4 \cdot 5^3}{8\,(6 + 5)} = -3{,}513 \text{ tm};$$

nach Gl. (12) ist

$$A = \frac{q_1\,l_1}{2} + \frac{M_C}{l_1} = \frac{1{,}2 \cdot 6}{2} + \frac{-3{,}513}{6} = 3{,}0145 \text{ t},$$

$$B = \frac{0{,}4 \cdot 5}{2} + \frac{-3{,}513}{5} = 0{,}2974 \text{ t};$$

nach Gl. (13) ist

$$C = \frac{q_1\,l_1}{2} + \frac{q_2\,l_2}{2} - \frac{M_C}{l_1} - \frac{M_C}{l_2} =$$

$$= \frac{1{,}2 \cdot 6}{2} + \frac{0{,}4 \cdot 5}{2} - \frac{-3{,}513}{6} - \frac{-3{,}513}{5} = 5{,}888 \text{ t}$$

oder

$$C = q_1\,l_1 + q_2\,l_2 - (A + B) =$$

$$= 1{,}2 \cdot 6 + 0{,}4 \cdot 5 - (3{,}0145 + 0{,}2974) = 5{,}888 \text{ t}.$$

Zur Aufzeichnung der Momentenkurve benötigt man den Schnittpunkt der Parabeln mit der Trägerachse. An der Stelle des größten Feldmomentes ist die Querkraft gleich Null, somit

$$A - q_1\, x_1 = 0,$$

daraus

$$x_1 = \frac{A}{q_1} = \frac{3,0145}{1,2} = 2,51 \text{ m};$$

ferner

$$B - q_2\, x_2 = 0,$$

daraus

$$x_2 = \frac{B}{q_2} = \frac{0,2974}{0,4} = 0,7435 \text{ m};$$

max M_1 ist nach Gl. (15):

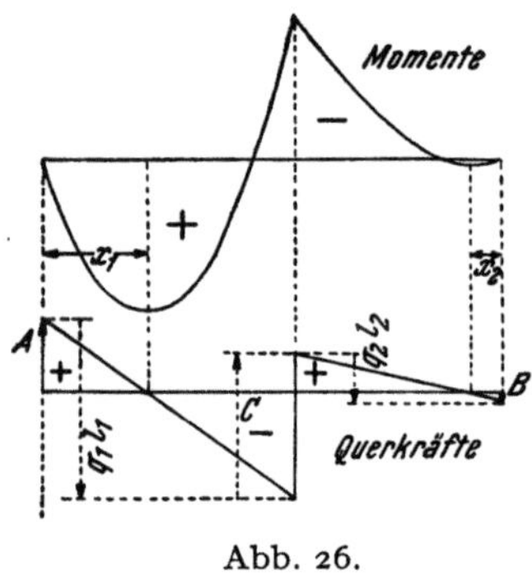

$$M_1 = \frac{A^2}{2\,q_1} = \frac{3,0145^2}{2 \cdot 1,2} = 3,786 \text{ tm},$$

$$M_2 = \frac{B^2}{2\,q_2} \text{ bzw. } B \cdot \frac{x_2}{2} =$$

$$= 0,2974 \cdot \frac{0,7435}{2} = 0,1105 \text{ tm}.$$

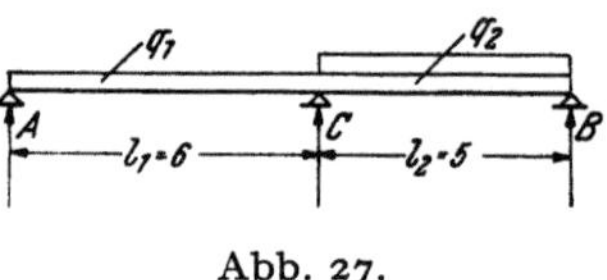

Abb. 26.   Abb. 27.

Darstellung der Momente und Querkräfte (Abb. 26).

Fall 2. Erstes Feld belastet mit $q_1 = g = 0,4$ t, zweites Feld belastet mit $q_2 = p + g = 1,2$ t (Abb. 27).

Die Berechnungen von M_C, M_1, M_2, sowie A, B und C erfolgt wie im Falle 1.

Man erhält für:

$$M_C = - \frac{0,4 \cdot 6^3 + 1,2 \cdot 5^3}{8\,(6+5)},$$

$$M_C = - 2,68 \text{ tm};$$

$$\text{max } M_1 = \frac{1}{2 \cdot 0,4} \left(\overbrace{\frac{0,4 \cdot 6}{2} + \frac{-2,68}{6}}^{A^2} \right)^2,$$

$$\text{max } M_1 = 0,708 \text{ tm},$$

$$\text{max } M_2 = \frac{1}{2 \cdot 1,2} \left(\overbrace{\frac{1,2 \cdot 5}{2} + \frac{-2,68}{5}}^{B^2} \right)^2,$$

$$\text{max } M_2 = 2,53 \text{ tm};$$

$$A = \frac{0,4 \cdot 6}{2} + \frac{-2,68}{6} = 0,7534 \text{ t},$$

$$B = \frac{1,2 \cdot 5}{2} + \frac{-2,68}{5} = 2,464 \text{ t},$$

$$C = 5,183 \text{ t}.$$

Berechnung von x_1 und x_2:

$$0{,}7534 - 0{,}4\,x_1 = 0, \quad x_1 = 1{,}88 \text{ m};$$
$$2{,}464 \; - 1{,}2\,x_2 = 0, \quad x_2 = 2{,}05 \text{ m}.$$

Fall 3. Beide Felder belastet mit $p + g = q = 1{,}2$ t.

Berechnungen von M_C, M_1, M_2, sowie A, B und C wie Fall 1.

Nach Gl. (16) ist

$$M_C = -\frac{q\,(l_1{}^3 + l_2{}^3)}{8\,(l_1 + l_2)} = -\frac{1{,}2\,(6^3 + 5^3)}{8\,(6 + 5)} = -4{,}65 \text{ tm};$$

nach Gl. (17):

$$A = \frac{q\,l_1}{2} + \frac{M_C}{l_1} = \frac{1{,}2 \cdot 6}{2} + \frac{-4{,}65}{6} = 2{,}825 \text{ t},$$

$$B = \frac{q\,l_2}{2} + \frac{M_C}{l_2} = \frac{1{,}2 \cdot 5}{2} + \frac{-4{,}65}{5} = 2{,}07 \text{ t};$$

nach Gl. (18):

$$C = 1{,}2 \cdot 11 - 2{,}825 - 2{,}07 = 8{,}305 \text{ t};$$

nach Gl. (19):

$$M_1 = \frac{1}{2 \cdot 1{,}2} \overbrace{\left(\frac{1{,}2 \cdot 6}{2} + \frac{-4{,}65}{6}\right)^2}^{A^2} = 3{,}319 \text{ tm},$$

$$M_2 = \frac{1}{2 \cdot 1{,}2} \overbrace{\left(\frac{1{,}2 \cdot 5}{2} + \frac{-4{,}65}{5}\right)^2}^{B^2} = 1{,}78 \text{ tm};$$

ferner:

$$2{,}825 - 1{,}2\,x_1 = 0, \quad x_1 = 2{,}35 \text{ m};$$
$$2{,}070 - 1{,}2\,x_2 = 0, \quad x_2 = 1{,}72 \text{ m}.$$

Zusammenstellung der Rechnungsergebnisse.

Fall	A	B	C	M_1	M_2	M_C
	t	t	t	tm	tm	tm
1	3,0145	0,2974	5,888	3,786	0,1105	− 3,513
2	0,7534	2,464	5,183	0,708	2,53	− 2,68
3	2,825	2,070	8,305	3,319	1,78	− 4,65

Die Aufstellung zeigt:

Größter Auflagerdruck A und größtes Feldmoment M_1 .... Fall 1,

größter Auflagerdruck B und größtes Feldmoment M_2 .... Fall 2,

größter Auflagerdruck C und größtes Stützmoment M_C ..... Fall 3.

14. Beispiel. Durchlaufender Träger über zwei gleiche Öffnungen und Gleichlast (Abb. 28).

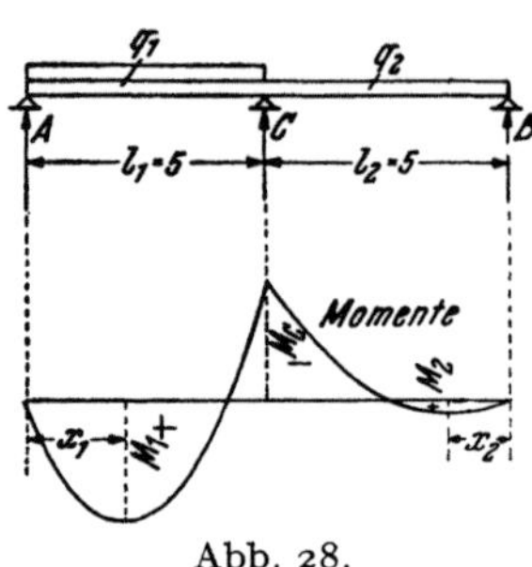

Abb. 28.

$$l_1 = l_2 = l = 5{,}0 \text{ m,}$$
$$p = 0{,}8 \text{ t,} \quad g = 0{,}4 \text{ t,}$$
$$\left.\begin{array}{l} q_1 = p + g = 1{,}2 \text{ t,} \\ q_2 = g = 0{,}4 \text{ t.} \end{array}\right\} \quad \textit{Fall } 1.$$

Nach Gl. (11) ist:

$$M_C = -\frac{q_1\,l^3 + q_2 \cdot l^3}{8\,(l+l)} = -\frac{l^3\,(q_1 + q_2)}{16 \cdot l} =$$
$$= -\frac{(1{,}2 + 0{,}4) \cdot 5^3}{16 \cdot 5} = -2{,}5 \text{ tm;}$$

nach Gl. (15):

$$\max M_1 = \frac{1}{2\,q_1} \overbrace{\left(\frac{q_1 \cdot l}{2} + \frac{M_C}{l}\right)^2}^{A^2} = \frac{1}{2 \cdot 1{,}2}\left(\frac{1{,}2 \cdot 5}{2} + \frac{-2{,}5}{5}\right)^2 = 2{,}604 \text{ tm;}$$

nach Gl. (15 a):

$$\max M_2 = \frac{1}{2\,q_2} \overbrace{\left(\frac{q_2\,l}{2} + \frac{M_C}{l}\right)^2}^{B^2} = \frac{1}{2 \cdot 0{,}4}\left(\frac{1{,}2 \cdot 5}{2} + \frac{-2{,}5}{5}\right)^2 = 0{,}3125 \text{ tm;}$$

nach Gl. (12):

$$A = \frac{q_1\,l}{2} + \frac{M_C}{l} = \frac{1{,}2 \cdot 5}{2} + \frac{-2{,}5}{5} = 2{,}5 \text{ t,}$$
$$B = \frac{q_2 \cdot l}{2} + \frac{M_C}{l} = \frac{0{,}4 \cdot 5}{2} + \frac{-2{,}5}{5} = 0{,}5 \text{ t,}$$
$$C = q_1 \cdot l + q_2 \cdot l - (A + B) = 5 \text{ t;}$$

ferner ist:

$$2{,}5 - 1{,}2 \cdot x_1 = 0, \quad \text{daher } x_1 = 2{,}08 \text{ m,}$$
$$0{,}5 - 0{,}4 \cdot x_2 = 0, \quad \text{daher } x_2 = 1{,}25 \text{ m.}$$

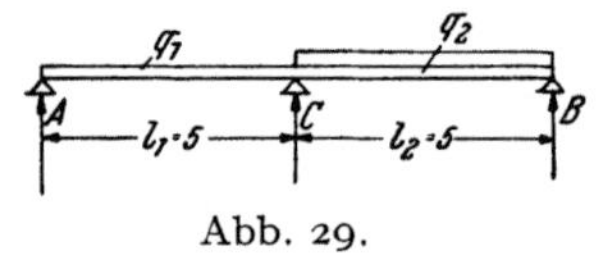

Abb. 29.   Abb. 30.

Fall 2. $l_1 = l_2 = l = 5$, ferner $q_1 = g = 0{,}4$ und $q_2 = p + g = 1{,}2$ (Abb. 29).

$$M_C = -2{,}5 \text{ tm,}$$
$$M_1 = 0{,}3125 \text{ tm,}$$
$$M_2 = 2{,}604 \text{ tm;}$$
$$A = 0{,}5 \text{ t,} \quad B = 2{,}5 \text{ t,} \quad C = 5 \text{ t;}$$
$$x_1 = 1{,}25 \text{ m und } x_2 = 2{,}08 \text{ m.}$$

Fall 3. $l_1 = l_2 = l = 5{,}0$, $q_1 = q_2 = 1{,}2 \text{ t} = q$ (Abb. 30).

Nach Gl. (20):

$$M_C = \frac{-\,q\,.\,l^2}{8} = -\,\frac{1{,}2\,.\,5^2}{8} = -\,3{,}75 \text{ tm};$$

nach Gl. (21):

$$A = B = \frac{q\,.\,l}{2} + \frac{M_C}{l} = \frac{1{,}2\,.\,5}{2} + \frac{-\,3{,}75}{5} = 2{,}25 \text{ t};$$

nach Gl. (22):

$$C = q\,.\,l - \frac{2\,M_C}{l} = 1{,}2\,.\,5 - \frac{2\,(-\,3{,}75)}{5} = 7{,}5 \text{ t};$$

nach Gl. (23):

$$M_1 = M_2 = \frac{1}{2\,q}\overbrace{\left(\frac{q\,.\,l}{2} + \frac{M_C}{l}\right)^2}^{A^2} = \frac{A^2}{2\,q} = \frac{2{,}25^2}{2\,.\,1{,}2} = 2{,}109 \text{ tm};$$

ferner: $\qquad 2{,}25 - 1{,}2\,.\,x_1 = 0, \quad x_1 = 1{,}875 \text{ m} = x_2.$

Zusammenstellung der Rechnungsergebnisse.

Fall	A	B	C	M_1	M_2	M_C
	t	t	t	tm	tm	tm
1	2,5	0,5	5	2,604	0,3125	− 2,5
2	0,5	2,5	5	0,3125	2,604	− 2,5
3	2,25	2,25	7,5	2,109	2,109	− 3,75

Fall 1. Größtes Feldmoment M_1 und größtes A.
Fall 2. Größtes Feldmoment M_2 und größtes B.
Fall 3. Größtes Stützmoment und größtes C.

Man kann die maximalen Momente und Stützendrücke auch mit Hilfe der Winklerschen Zahlen berechnen. Diese Winklerschen Zahlen sind in Tabellen für Träger über zwei bis fünf gleich weiten Öffnungen mit gleichmäßig verteilter Vollast oder ungünstigster Streckenlast enthalten. In unserem Falle handelt es sich um einen Träger über zwei gleiche Öffnungen. Die Formel für max M lautet:

$$\max M = (a\,.\,g + b\,.\,p)\,l^2,$$

wobei die Werte für a und b aus der Tab. 46 in der Spalte $\frac{x}{l} = 0{,}4$ entnommen werden.

Setzt man die Werte aus der Tabelle ein, so erhält man für max M:

$$\max M = (0{,}0700\,.\,0{,}4 + 0{,}0950\,.\,0{,}8)\,.\,5^2,$$
$$\max M = 2{,}6 \text{ tm};$$

ebenso ist

$$\max A = 0{,}375\,g\,l + 0{,}4375\,p\,l,$$
$$\max A = 0{,}375\,.\,0{,}4\,.\,5 + 0{,}4375\,.\,0{,}8\,.\,5 = 2{,}5 \text{ t};$$

ferner

$$\max C = 1{,}25\,(g + p)\,.\,l,$$
$$\max C = 1{,}25\,.\,1{,}2\,.\,5 = 7{,}5 \text{ t};$$

schließlich ist

$$\max M_C = -\,0{,}125\,(g + p)\,l^2,$$
$$\max M_C = -\,0{,}125 \cdot 1{,}2 \cdot 5^2 = -\,3{,}75\ \text{tm}.$$

In Abb. 31 sind die Feld- und Stützmomente der drei behandelten Fälle zusammengestellt.

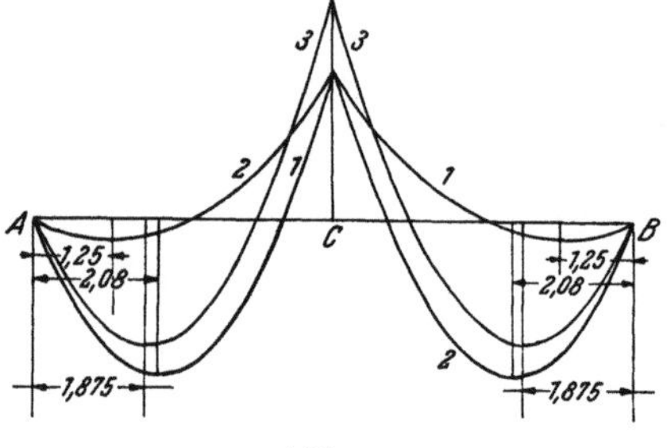

15. Beispiel. Träger mit drei gleich weiten Öffnungen und gleicher Vollast auf allen drei Feldern (Abb. 32).

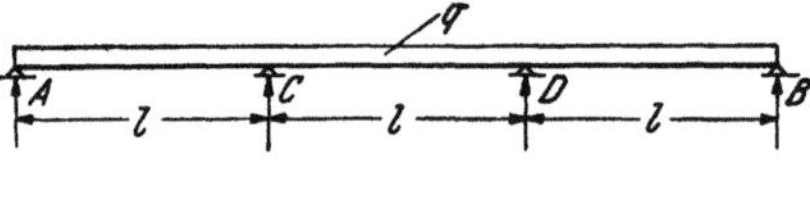

Abb. 31. Abb. 32.

Berechnung der Stützmomente, Stützendrücke und Feldmomente. Nach CLAPEYRON ist:

$$2\,M_C\,(l + l) + M_D\,l = -\,\frac{1}{4}\,(q\,l^3 + q\,l^3) = -\,\frac{q\,l^3}{2},$$
$$M_C\,l + 2\,M_D\,(l + l) = -\,\frac{q\,l^3}{2};$$

aus diesen beiden Gleichungen erhält man für

$$M_C = M_D = -\,\frac{q\,l^2}{10} = -\,0{,}1\,q\,l^2; \tag{24}$$

stellt man das Moment in M_C auf, so ist

$$M_C = -\,0{,}1\,q\,l^2 = A\,l - q \cdot \frac{l^2}{2};$$

daraus ist

$$\left. \begin{aligned} A &= \frac{q \cdot l}{2} + \frac{M_C}{l} = \frac{q \cdot l}{2} - 0{,}1 \cdot \frac{q\,l^2}{l} = 0{,}4\,q\,l, \\ B &= \frac{q \cdot l}{2} + \frac{M_D}{l} = 0{,}4\,q\,l. \end{aligned} \right\} \tag{25}$$

$$C = D = \frac{1}{2}\,(3\,q\,l - A - B) = \frac{1}{2}\,(3\,q\,l - 0{,}8\,q\,l) = 1{,}1\,q\,l. \tag{26}$$

$$A - q\,x_1 = 0; \quad x_1 = \frac{A}{q} = 0{,}4\,l.$$

Das maximale Moment im ersten und dritten Feld erscheint in der Entfernung $0{,}4\,l$ vom Auflager A bzw. B.

$$M_1 = A\,x_1 - q\,\frac{x_1^2}{2} = 0{,}4\,q\,l \cdot 0{,}4\,l - \frac{q}{2}\,(0{,}4\,l)^2 = 0{,}08\,q\,l^2. \tag{27}$$
$$M_1 = M_3.$$

$$A + C - q\,(l + x_2) = 0,$$

$$0{,}4\,q\,l + 1{,}1\,q\,l - q\,l - q\,x_2 = 0,$$

daraus folgt
$$x_2 = \frac{l}{2}.$$

Das maximale Moment im Mittelfeld erscheint in der Entfernung $\frac{l}{2}$ von C.

$$M_2 = A\,(l + x_2) + C\,x_2 - \frac{q}{2}\,(l + x_2)^2,$$

$$M_2 = 0{,}4\,q\,l\,.\,\frac{3\,l}{2} + 1{,}1\,q\,l\,.\,\frac{l}{2} - \frac{q}{2}\,.\,\frac{9}{4}\,.\,l^2 = 0{,}025\,q\,l^2. \qquad (28)$$

Anmerkung: Die obigen Ergebnisse kann man auch aus den Tabellen mit den Winklerschen Zahlen entnehmen.

16. Beispiel. Berechnung eines Trägers über vier Stützen mit gleichen Öffnungen und Gleichlasten in allen Feldern (Abb. 33).

Nutzlast $p = 1$ t/m,

Eigenlast $g = 0{,}5$ t/m,

daher

$$q = p + g = 1{,}5 \text{ t/m},$$
$$l_1 = l_2 = l_3 = 5{,}0 \text{ m}.$$

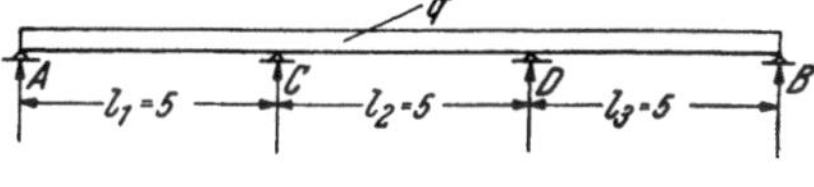

Abb. 33.

Fall 1. Jedes der drei Felder sei mit $q = 1{,}5$ t/m belastet.

Nach Gl. (24) ist:
$$M_C = M_D = -0{,}1\,q\,l^2 = -0{,}1\,.\,1{,}5\,.\,5^2 = -3{,}75 \text{ tm};$$

nach Gl. (25) ist:
$$A = B = 0{,}4\,q\,l = 0{,}4\,.\,1{,}5\,.\,5 = 3 \text{ t};$$

nach Gl. (26) ist:
$$C = D = 1{,}1\,q\,l = 1{,}1\,.\,1{,}5\,.\,5 = 8{,}25 \text{ t};$$

nach Gl. (27) ist:
$$M_1 = M_3 = 0{,}08\,q\,l^2 = 0{,}08\,.\,1{,}5\,.\,5^2 = 3 \text{ tm};$$

nach Gl. (28) ist:
$$M_2 = 0{,}025\,q\,l^2 = 0{,}025\,.\,1{,}5\,.\,5^2 = 0{,}9375 \text{ tm}.$$

Man kann die obigen maximalen Werte auch nach CLAPEYRON erhalten.

$$2\,M_C\,.\,10 + M_D\,.\,5 = -\frac{1}{4}\,(1{,}5\,.\,5^3 + 1{,}5\,.\,5^3) = -93{,}75,$$

$$M_C\,.\,5 + 2\,M_D\,.\,10 = -\frac{1}{4}\,(1{,}5\,.\,5^3 + 1{,}5\,.\,5^3) = -93{,}75.$$

$$20\,M_C + 5\,M_D = -93{,}75,$$

$$5\,M_C + 20\,M_D = -93{,}75.$$

Nach Auflösung der beiden Gleichungen erhält man für:

$$M_C = M_D = -\,3{,}75 \text{ tm};$$

$$-\,3{,}75 = A \cdot 5 - 1{,}5 \cdot \frac{5^2}{2}; \quad \text{daraus } A = B = 3 \text{ t};$$

$$C + D = 1{,}5 \cdot 15 - 6 = 16{,}5; \quad \text{daraus } C = D = 8{,}25 \text{ t};$$

oder $\quad -\,3{,}75 = 3 \cdot 10 + 0{,}5 - 1{,}5 \cdot \frac{10^2}{2}; \quad \text{daraus } C = 8{,}25 \text{ t}.$

Zusammenstellung:

$$A = 3 \text{ t}, \quad B = 3 \text{ t}, \quad C = 8{,}25 \text{ t} \quad \text{und} \quad D = 8{,}25 \text{ t}.$$

An der Stelle, an welcher das Feldmoment ein Maximum wird, ist die Querkraft gleich Null.

Wir haben die Gleichung

$$A - q\, x_1 = 0,$$

somit $3 - 1{,}5\, x_1 = 0$; daraus $x_1 = 2{,}0$ m,
dann ist nach Gl. (23)

$$M_1 = 3 \cdot \frac{2}{2} = 3 \text{ tm};$$

im Mittelfelde ist

$$A + C - q\, l - q\, x_2 = 0,$$

somit $3 + 8{,}25 - 1{,}5 \cdot 5 - 1{,}5\, x_2 = 0$; daraus $x_2 = 2{,}5$ m,

$$M_2 = 1{,}5 \cdot \frac{5^2}{8} + \frac{2{,}5}{5}\,(-\,3{,}75 + 3{,}75) - 3{,}75 = 0{,}937 \text{ tm};$$

im Endfeld

$$B - q\, x_3 = 0,$$

somit $\quad 3 - 1{,}5\, x_3 = 0;$

daraus $\quad x_3 = 2{,}0$ m,

$$M_3 = 3 \cdot \frac{2}{2} = 3 \text{ tm}.$$

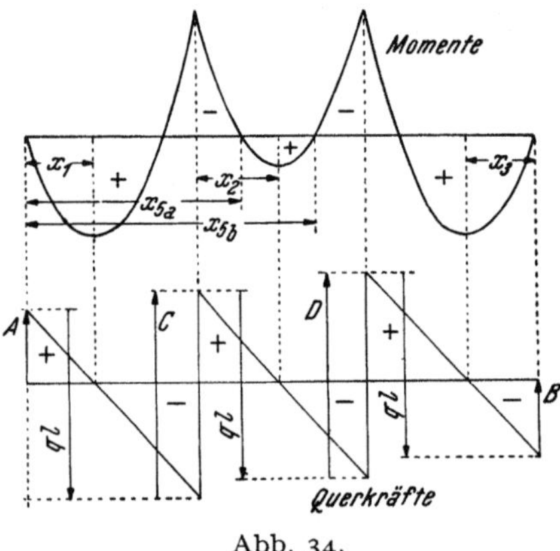

Abb. 34.

Darstellung der Momente und Querkräfte (Abb. 34).

Zur Bestimmung der Schnittpunkte der Momentenparabel mit der Trägerachse im Feld I geht man vor wie folgt: Das maximale Moment hat im Schnittpunkte der Momentenparabel mit der Trägerachse den Wert Null. Daher gilt die Gleichung:

$$A \cdot x_4 - q \cdot \frac{x_4^2}{2} = 0,$$

somit ist: $\quad 3 \cdot x_4 - 1{,}5 \cdot \frac{x_4^2}{2} = 0;$

daraus wird $x_4 = 4{,}0$ m. Das bedeutet, daß $x_4 = 2 \cdot x_1$.

Feld 2.

$$A \cdot x_5 + C\,(x_5 - l) - q \cdot \frac{x_5^2}{2} = 0,$$

$$3 \cdot x_5 + 8{,}25\,(x_5 - 5) - 1{,}5 \cdot \frac{x_5^2}{2} = 0,$$

$$x_5^2 - 15\,x_5 + 55 = 0.$$

Nach Auflösung dieser quadratischen Gleichung erhält man für x_5 die beiden Werte

$$x_{5a} = 6{,}39\ \text{m}\quad \text{bzw.}\quad x_{5b} = 8{,}61\ \text{m.}$$

Der Verlauf der Querkräfte ist aus der Abbildung zu entnehmen.

Fall 2. Vollast im ersten und dritten Felde und Eigengewicht im Mittelfelde (Abb. 35).

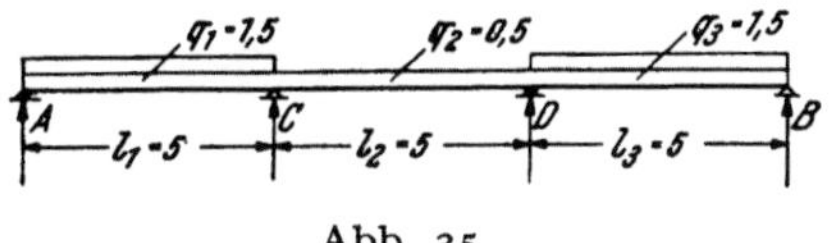

Abb. 35.

$$2\,M_C \cdot 10 + M_D \cdot 5 = -\frac{1}{4}\,(1{,}5 \cdot 5^3 + 0{,}5 \cdot 5^3) = -62{,}5,$$

$$M_C \cdot 5 + 2\,M_D \cdot 10 = -\frac{1}{4}\,(0{,}5 \cdot 5^3 + 1{,}5 \cdot 5^3) = -62{,}5;$$

aus diesen beiden Gleichungen erhält man für:

$$M_C = -2{,}5\ \text{tm}\quad \text{und}\quad M_D = -2{,}5\ \text{tm,}$$

$$-2{,}5 = A \cdot 5 - 1{,}5 \cdot \frac{5^2}{2};\quad \text{daraus}\ A = 3{,}25\ \text{t} = B,$$

$$C + D = 17{,}5 - 6{,}5 = 11{,}0\ \text{t; daraus}\ C = D = 5{,}5\ \text{t.}$$

Zusammenstellung:

$$A = 3{,}25\ \text{t,}\quad B = 3{,}25\ \text{t,}\quad C = 5{,}5\ \text{t}\quad \text{und}\quad D = 5{,}5\ \text{t.}$$

$$3{,}25 - 1{,}5 \cdot x_1 = 0;\quad \text{daraus}\ x_1 = 2{,}166\ \text{m.}$$

$$M_1 = 3{,}25 \cdot \frac{2{,}166}{2} = 3{,}5197\ \text{tm.}$$

$$3{,}25 - 7{,}5 + 5{,}5 - 0{,}5 \cdot x_2 = 0;\quad \text{daraus}\ x_2 = 2{,}5\ \text{m.}$$

$$M_2 = \frac{1}{8} \cdot 0{,}5 \cdot 5^2 + \frac{2{,}5}{5}\,(-2{,}5 + 2{,}5) - 2{,}5 = -0{,}938\ \text{tm}$$

oder

$$= 3{,}25 \cdot 7{,}5 + 5{,}5 \cdot 2{,}5 - 0{,}5 \cdot \frac{7{,}5^2}{2} - 1{,}0 \cdot 5{,}0 \cdot 5 = -0{,}938\ \text{tm.}$$

$$3{,}25 - 1{,}5 \cdot x_3 = 0;\quad \text{daraus}\ x_3 = 2{,}166\ \text{m.}$$

$$M_3 = 3{,}25 \cdot \frac{2{,}166}{2} = 3{,}5197\ \text{tm.}$$

Fall 3. Vollast im ersten und zweiten Felde und Eigengewicht im dritten Felde (Abb. 36).

$$2\,M_C \cdot 10 + M_D \cdot 5 = -\frac{1}{4}\,(1{,}5 \cdot 5^3 + 1{,}5 \cdot 5^3) = -93{,}75,$$

$$M_C \cdot 5 + 2\,M_D \cdot 10 = -\frac{1}{4}\,(1{,}5 \cdot 5^3 + 0{,}5 \cdot 5^3) = -62{,}5.$$

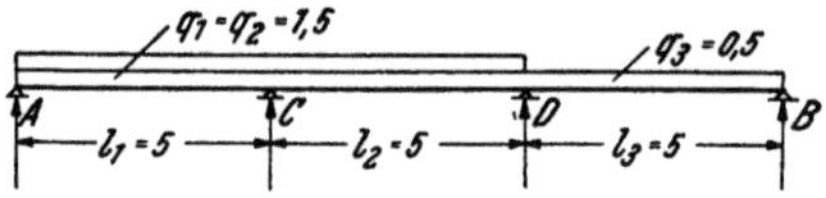

Abb. 36.

Nach Auflösung dieser beiden Gleichungen erhält man für:

$$M_C = -4{,}166 \text{ tm} \quad \text{und} \quad M_D = -2{,}083 \text{ tm.}$$

$$-4{,}166 = A \cdot 5 - 1{,}5 \cdot \frac{5^2}{2}; \quad \text{daraus } A = 2{,}916 \text{ t,}$$

$$-2{,}083 = B \cdot 5 - 0{,}5 \cdot \frac{5^2}{2}; \quad \text{daraus } B = 0{,}833 \text{ t,}$$

$$-2{,}083 = 2{,}916 \cdot 10 + C \cdot 5 - 1{,}5 \cdot \frac{10^2}{2}; \quad \text{daraus } C = 8{,}75 \text{ t.}$$

$$D = 1{,}5 \cdot 10 + 0{,}5 \cdot 5 - (2{,}916 + 0{,}833 + 8{,}75) = 5{,}001 \text{ t.}$$

Zusammenstellung:

$$A = 2{,}916 \text{ t}, \quad B = 0{,}833 \text{ t}, \quad C = 8{,}75 \text{ t} \quad \text{und} \quad D = 5{,}001 \text{ t.}$$

$$2{,}916 - 1{,}5 \cdot x_1 = 0; \quad \text{daraus } x_1 = 1{,}944 \text{ m.}$$

Nach Gl. (23):

$$M_1 = 2{,}916 \cdot \frac{1{,}944}{2} = 2{,}834 \text{ tm.}$$

$$2{,}916 - 1{,}5 \cdot 5 + 8{,}75 - 1{,}5 \cdot x_2 = 0; \quad \text{daraus } x_2 = 2{,}777 \text{ m.}$$

$$M_2 = 2{,}916 \cdot 7{,}777 + 8{,}75 \cdot 2{,}777 - 1{,}5 \cdot \frac{7{,}777^2}{2} = 1{,}615 \text{ tm.}$$

$$0{,}833 - 0{,}5 \cdot x_3 = 0; \quad \text{daraus } x_3 = 1{,}666 \text{ m.}$$

$$M_3 = 0{,}833 \cdot \frac{1{,}666}{2} = 0{,}6938 \text{ tm.}$$

Fall 4. Vollast im Mittelfelde und Eigengewicht nur im ersten und dritten Felde (Abb. 37).

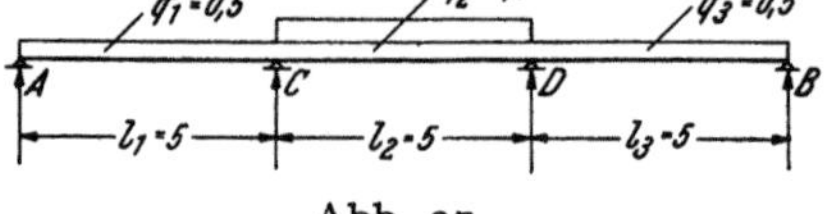

Abb. 37.

$$2\,M_C \cdot 10 + M_D \cdot 5 = -\frac{1}{4}\,(0{,}5 \cdot 5^3 + 1{,}5 \cdot 5^3) = -62{,}5,$$

$$M_C \cdot 5 + 2\,M_D \cdot 10 = -\frac{1}{4}\,(1{,}5 \cdot 5^3 + 0{,}5 \cdot 5^3) = -62{,}5.$$

Nach Auflösung der beiden Gleichungen erhält man für:
$$M_C = -2,5 \text{ tm} \quad \text{und} \quad M_D = -2,5 \text{ tm}.$$

$$-2,5 = A \cdot 5 - 0,5 \cdot \frac{5^2}{2}; \quad \text{daraus} \quad A = 0,75 \text{ t} = B.$$

$$C + D = 0,5 \cdot 10 + 1,5 \cdot 5 - 1,5 = 11,0; \quad \text{daraus} \quad C = D = 5,5 \text{ t}.$$

$$0,75 - 0,5 \cdot x_1 = 0; \quad \text{daraus} \quad x_1 = 1,5 \text{ m}.$$

Nach Gl. (23):

$$M_1 = M_3 = 0,75 \cdot \frac{1,5}{2} = 0,5625 \text{ tm}.$$

$$0,75 - 0,5 \cdot 5 + 5,5 - 1,5 \cdot x_2 = 0; \quad \text{daraus} \quad x_2 = 2,5 \text{ m}.$$

$$M_2 = 0,75 \cdot 7,5 + 5,5 \cdot 2,5 - 0,5 \cdot \frac{7,5^2}{2} - 1 \cdot \frac{2,5^2}{2} = 2,187 \text{ tm} \quad \text{oder}$$

$$M_2 = \frac{1}{8} \cdot 1,5 \cdot 5^2 - \frac{2,5}{5}(-2,5 + 2,5) - 2,5 = 2,187 \text{ tm}.$$

Wir haben die Berechnung der Stütz- und Feldmomente, sowie der Auflagerkräfte mit Hilfe der Clapeyronschen Gleichungen durchgeführt. Bei gleichen Feldweiten und Gleichlasten sowie symmetrischen Einzellasten kann man die Berechnung der maximalen Stütz- und Feldmomente sowie der Auflagerkräfte auch mit Hilfe der Winklerschen Zahlen ausführen.

Aus der Tab. 46: Träger über zwei bis fünf gleich weiten Öffnungen mit gleichmäßig verteilter Vollast oder ungünstigster Streckenlast entnehmen wir vom Träger über drei gleiche Öffnungen.

Im Endfeld:

Das $M_{\max}$ erscheint in der Entfernung $\frac{x}{l} = 0,4\, l$ vom Auflager A.

$$M_{1\,\max} = (0,0800 \cdot g + 0,1000 \cdot p) \cdot l^2,$$
$$M_1 = M_3 = (0,0800 \cdot 0,5 + 0,1000 \cdot 1,0)\, 5^2 = 3,5 \text{ tm}.$$

Im Mittelfeld:

$$M_2 = (0,0250 \cdot g + 0,0750 \cdot p)\, l^2,$$
$$M_2 = (0,0250 \cdot 0,5 + 0,0750 \cdot 1,0)\, 5^2 = 2,187 \text{ tm};$$

ebenso finden wir

$$\max A = 0,4 \cdot g \cdot l + 0,45 \cdot p \cdot l = 0,4 \cdot 0,5 \cdot 5 + 0,45 \cdot 1,0 \cdot 5 = 3250 \text{ kg},$$
$$\max C = \max D = 1,1 \cdot g \cdot l + 1,2 \cdot p \cdot l = 1,1 \cdot 0,5 \cdot 5 + 1,2 \cdot 1,0 \cdot 5 =$$
$$= 8750 \text{ kg}.$$

Stützmomente:

$$\max M_C = \max M_D = -0,1 \cdot g\, l^2 - 0,1167 \cdot p\, l^2,$$
$$= -0,1 \cdot 0,5 \cdot 5^2 - 0,1167 \cdot 1,0 \cdot 5^2 = -4,167 \text{ tm}.$$

Zusammenstellung der Rechnungsergebnisse.

Fall	A	B	C	D	M_1	M_2	M_3	M_C	M_D
	t	t	t	t	tm	tm	tm	tm	tm
1	3,00	3,00	8,25	8,25	3,0	0,937	3,0	$-3,75$	$-3,75$
2	3,25	3,25	5,5	5,5	3,519	$-0,938$	3,519	$-2,5$	$-2,5$
3	2,916	0,833	8,75	5,00	2,834	1,615	0,693	$-4,166$	$-2,083$
4	0,75	0,75	5,5	5,5	0,562	2,187	0,562	$-2,5$	$-2,5$

Vergleicht man die Werte mit jenen, welche aus der Tabelle entnommen wurden, so finden wir dieselben Werte.

Die Zusammenstellung ergibt:

    Größtes Feldmoment im Felde 1 und 3 .. Fall 2,
    größtes Feldmoment im Felde 2 .... Fall 4,
    größtes Stützmoment .... Fall 3,
    max A und max B .... Fall 2,
    max C und max D .... Fall 3 und Fall 1.

17. Beispiel. Durchlaufender Träger über drei Öffnungen mit ungleichen Feldweiten und ungleicher Gleichlast (Abb. 38).

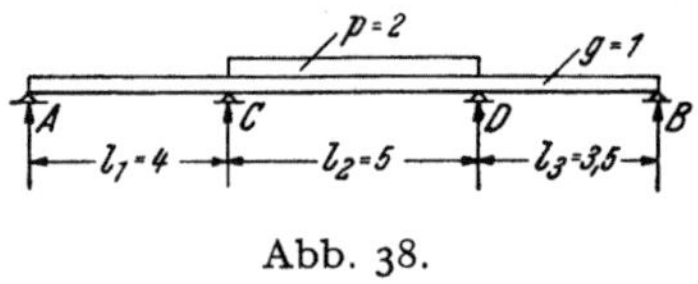

Abb. 38.

Fall 1. Nutzlast $p = 2$ t/m, Eigengewicht $g = 1$ t/m.

$$q_1 = g = 1,$$
$$q_2 = g + p = 1 + 2 = 3,$$
$$q_3 = g = 1.$$

Aufstellung der Clapeyronschen Gleichungen zur Ermittlung der negativen Stützmomente in C und D.

$$M_A\, l_1 = 0, \quad M_B \cdot l_3 = 0.$$

$$M_A\, l_1 + 2\, M_C\, (l_1 + l_2) + M_D\, l_2 = -\frac{1}{4}\,(q_1\, l_1^3 + q_2\, l_2^3),$$

$$M_C\, l_2 + 2\, M_D\, (l_2 + l_3) + M_B\, l_3 = -\frac{1}{4}\,(q_2\, l_2^3 + q_3\, l_3^3);$$

setzt man obige Werte ein, so erhält man:

$$2\, M_C\, (4 + 5) + M_D \cdot 5 = -\frac{1}{4}\,(1 \cdot 4^3 + 3 \cdot 5^3),$$

$$M_C \cdot 5 + 2\, M_D\, (5 + 3,5) = -\frac{1}{4}\,(3 \cdot 5^3 + 1 \cdot 3,5^3).$$

$$18\, M_C + 5\, M_D = -109,75 \quad | \cdot 17,$$
$$5\, M_C + 17\, M_D = -104,468 \quad | \cdot 5,$$

$$306\, M_C + 85\, M_D = -1865,75,$$
$$25\, M_C + 85\, M_D = -522,34,$$

$$281\, M_C = -1343,41;$$

daraus $M_C = -4,78$ tm, $M_D = -4,74$ tm.

Berechnung der Stützendrücke in A und B.

Drehpol in C, dann ist:

$$M_C = A\, l_1 - q_1\, l_1 \cdot \frac{l_1}{2} = -4{,}78 = A \cdot 4 - \mathrm{I} \cdot \frac{4^2}{2};$$

daraus ist $A = 0{,}805$ t.

$$M_D = B\, l_3 - q_3\, l_3 \cdot \frac{l_3}{2} = -4{,}74 = B \cdot 3{,}5 - \frac{\mathrm{I} \cdot 3{,}5^2}{2};$$

daraus ist $B = 0{,}395$ t.

Drehpol in D, dann ist:

$$M_D = A\,(l_1 + l_2) + C\, l_2 - q_1\, l_1 \left(\frac{l_1}{2} + l_2\right) - q_2 \cdot \frac{l_2^2}{2},$$

$$-4{,}74 = 0{,}805\,(4+5) + C \cdot 5 - \mathrm{I} \cdot 4\left(\frac{4}{2} + 5\right) - 3 \cdot \frac{5^2}{2},$$

$$C = 10{,}703 \text{ t};$$

$$D = q_1\, l_1 + q_2\, l_2 + q_3\, l_3 - (A + B + C) =$$

$$= \mathrm{I} \cdot 4 + 3 \cdot 5 + \mathrm{I} \cdot 3{,}5 - (0{,}805 + 0{,}394 + 10{,}703),$$

$$D = 10{,}598 \text{ t}.$$

Zusammenstellung der Stützendrücke:

$$A = 0{,}805 \text{ t}, \qquad C = 10{,}703 \text{ t},$$
$$B = 0{,}395 \text{ t}, \qquad D = 10{,}598 \text{ t}.$$

Berechnung der Feldmomente:

Feld 1. $A - q_1\, x_1 = 0$; $\quad 0{,}805 - \mathrm{I} \cdot x_1 = 0$; $\quad$ daraus $x_1 = 0{,}805$ m.

$$M_1 = A \cdot \frac{x_1}{2} = 0{,}805 \cdot \frac{0{,}805}{2} = 0{,}324 \text{ tm}.$$

Feld 2. $A - q_1\, l_1 + C - q_2 \cdot x_2 = 0$; $\quad 0{,}805 - \mathrm{I} \cdot 4 + 10{,}703 - 3 \cdot x_2 = 0$,

$$x_2 = 2{,}50 \text{ m}.$$

$$M_2 = 0{,}805 \cdot 6{,}5 + 10{,}703 \cdot 2{,}5 - \mathrm{I} \cdot \frac{6{,}5^2}{2} - 2 \cdot \frac{2{,}5^2}{2} = 4{,}615 \text{ tm} \quad \text{oder}$$

$$M_2 = \frac{q_2\, l_2^2}{8} + \frac{x_2}{l_2}\,(M_D - M_C) + M_C =$$

$$= 3 \cdot \frac{5^2}{8} + \frac{2{,}5}{5}\,(-4{,}74 + 4{,}78) - 4{,}78 = 4{,}615 \text{ tm}.$$

Feld 3. $\quad B - q_3 \cdot x_3 = 0$;

$$0{,}395 - \mathrm{I} \cdot x_3 = 0,$$

$$x_3 = 0{,}395.$$

$$M_3 = B \cdot \frac{x_3}{2} = 0{,}395 \cdot \frac{0{,}395}{2} = 0{,}078 \text{ tm}.$$

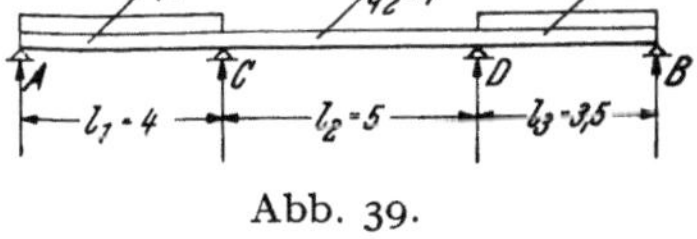

Abb. 39.

Fall 2. $\quad q_1 = g + p = 3$ t/m, $\quad q_2 = g = \mathrm{I}$ t/m, $\quad q_3 = g + p = 3$ t/m (Abb. 39).

Nach Clapeyron:

$$2\,M_C \cdot 9 + M_D \cdot 5 = -\frac{1}{4}\,(3 \cdot 4^3 + 1 \cdot 5^3) = -79{,}25,$$

$$M_C \cdot 5 + 2\,M_D \cdot 8{,}5 = -\frac{1}{4}\,(1 \cdot 5^3 + 3 \cdot 3{,}5^3) = -63{,}40.$$

$$18\,M_C + 5\,M_D = -79{,}25,$$
$$5\,M_C + 17\,M_D = -63{,}40.$$

Nach Auflösung dieser beiden Gleichungen erhält man für:

$$M_C = -3{,}666 \text{ tm} \quad \text{und} \quad M_D = -2{,}652 \text{ tm}.$$

Bestimmung von A und B:

$$M_C = A \cdot l_1 - q_1\,\frac{l_1^2}{2} = -3{,}666 = A \cdot 4 - 3 \cdot \frac{4^2}{2}; \quad \text{daraus } A = 5{,}083 \text{ t.}$$

$$M_D = B \cdot l_3 - q_3 \cdot \frac{l_3^2}{2} = -2{,}652 = B \cdot 3{,}5 - 3 \cdot \frac{3{,}5^2}{2}; \quad \text{daraus } B = 4{,}49 \text{ t.}$$

Auf die gleiche Weise findet man C:

$$-2{,}652 = 5{,}083\,(4 + 5) + C \cdot 5 - 3 \cdot 4\left(\frac{4}{2} + 5\right) - 1 \cdot \frac{5^2}{2};$$
$$\text{daraus } C = 9{,}62 \text{ t}$$

$$D = 3 \cdot 4 + 1 \cdot 5 + 3 \cdot 3{,}5 - (5{,}083 + 4{,}49 + 9{,}62) = 8{,}307 \text{ t.}$$

Zusammenstellung der Stützendrücke:

$$A = 5{,}083 \text{ t,} \qquad C = 9{,}62 \text{ t,}$$
$$B = 4{,}49 \text{ t,} \qquad D = 8{,}307 \text{ t.}$$

Bestimmung der Feldmomente:

$$A - q_1 \cdot x_1 = 0, \quad 5{,}083 - 3 \cdot x_1 = 0, \quad x_1 = 1{,}694 \text{ m.}$$

$$M_1 = A \cdot \frac{x_1}{2} = 5{,}083 \cdot \frac{1{,}694}{2} = 4{,}305 \text{ tm.}$$

$$A - q_1\,l_1 + C - q_2\,x_2 = 0.$$

$$5{,}083 - 3 \cdot 4 + 9{,}62 - 1 \cdot x_2 = 0, \quad x_2 = 2{,}703 \text{ m.}$$

$$M_2 = 5{,}083 \cdot 6{,}703 + 9{,}62 \cdot 2{,}703 - 1 \cdot \frac{6{,}703^2}{2} - 2 \cdot 4 \cdot 4{,}703 = -0{,}0148 \text{ tm.}$$

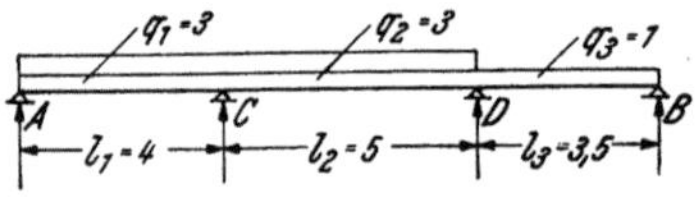

$q_1 = 3$ $q_2 = 3$ $q_3 = 1$

A   C   D   B

$l_1 = 4$ $l_2 = 5$ $l_3 = 3{,}5$

Abb. 40.

$$B - q_3 \cdot x_3 = 0, \quad 4{,}49 - 3 \cdot x_3 = 0,$$
$$x_3 = 1{,}496 \text{ m.}$$

$$M_3 = B \cdot \frac{x_3}{2} = 4{,}49 \cdot \frac{1{,}496}{2} = 3{,}358 \text{ tm.}$$

Fall 3. $\quad q_1 = g + p = 3 \text{ t/m,} \quad q_2 = g + p = 3 \text{ t/m,} \quad q_3 = g = 1 \text{ t/m}$
(Abb. 40).

$$2 M_C (4 + 5) + M_D \cdot 5 = -\frac{1}{4} (3 \cdot 4^3 + 3 \cdot 5^3) = -141{,}7,$$

$$5 M_C + 2 M_D \cdot (5 + 3{,}5) = -\frac{1}{4} (3 \cdot 5^3 + 1 \cdot 3{,}5^3) = -104{,}46.$$

$$18 M_C + 5 M_D = -141{,}7,$$
$$5 M_C + 17 M_D = -104{,}46.$$

Aus diesen beiden Gleichungen erhält man für:

$$M_C = -6{,}71 \text{ tm} \quad \text{und} \quad M_D = -4{,}17 \text{ tm}.$$

$$M_C = A\, l_1 - q_1 \cdot \frac{l_1^2}{2}, \quad \text{somit} \quad -6{,}71 = A \cdot 4 - 3 \cdot \frac{4^2}{2};$$

daraus $A = 4{,}322$ t.

$$M_D = B \cdot l_3 - q_3 \cdot \frac{l_3^2}{2}, \quad \text{somit} \quad -4{,}17 = B \cdot 3{,}5 - 1 \cdot \frac{3{,}5^2}{2};$$

daraus $B = 0{,}558$ t.

$$-4{,}17 = 4{,}322 \cdot 9 + C \cdot 5 - 3 \cdot \frac{9^2}{2}; \quad \text{daraus } C = 15{,}68 \text{ t.}$$

$$D = 3 (4 + 5) + 1 \cdot 3{,}5 - (4{,}322 + 0{,}558 + 15{,}68) = 9{,}940 \text{ t.}$$

Zusammenstellung der Stützendrücke:

$$A = 4{,}322 \text{ t}, \quad B = 0{,}558 \text{ t}, \quad C = 15{,}68 \text{ t} \quad \text{und} \quad D = 9{,}940 \text{ t.}$$

Bestimmung der Feldmomente:

$$4{,}322 - 3 \cdot x_1 = 0; \quad x = 1{,}44 \text{ m.}$$

$$M_1 = 4{,}322 \cdot \frac{1{,}44}{2} = 3{,}112 \text{ tm.}$$

$$4{,}322 - 3{,}4 + 15{,}68 - 3 \cdot x_2 = 0; \quad x_2 = 2{,}66 \text{ m.}$$

$$M_2 = 4{,}322 \cdot 6{,}66 + 15{,}68 \cdot 2{,}66 - 3 \cdot \frac{6{,}66^2}{2} = 3{,}96 \text{ tm.}$$

$$0{,}558 - 1 \cdot x_3 = 0; \quad x_3 = 0{,}558 \text{ m.}$$

$$M_3 = 0{,}558 \cdot \frac{0{,}558}{2} = 0{,}1556 \text{ tm.}$$

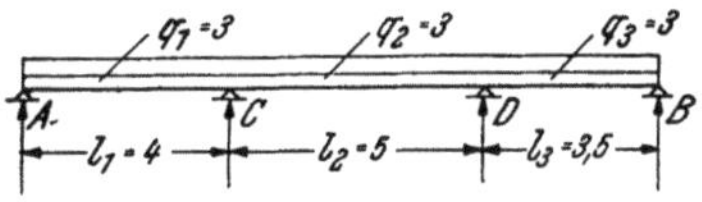

Fall 4. $q_1 = q_2 = q_3 = q = g + p = 3$ t/m (Abb. 41).

Abb. 41.

$$2 M_C \cdot 9 + M_D \cdot 5 = -\frac{1}{4} (3 \cdot 4^3 + 3 \cdot 5^3) = -141{,}75,$$

$$M_C \cdot 5 + 2 M_D \cdot 8{,}5 = -\frac{1}{4} (3 \cdot 5^3 + 3 \cdot 3{,}5^3) = -125{,}9;$$

nach Auflösung dieser beiden Gleichungen erhalten wir für:

$$M_C = -6{,}33 \text{ tm} \quad \text{und} \quad M_D = -5{,}54 \text{ tm};$$

$$-6{,}33 = A \cdot 4 - 3 \cdot \frac{4^2}{2}; \quad \text{daraus } A = 4{,}417 \text{ t};$$

$$-5{,}54 = B \cdot 3{,}5 - 3 \cdot \frac{3{,}5^2}{2}; \quad \text{daraus } B = 3{,}66 \text{ t};$$

$$-5{,}54 = 4{,}417 \cdot 9 + C \cdot 5 - 3 \cdot \frac{9^2}{2}; \quad \text{daraus } C = 15{,}237 \text{ t}.$$

$$D = 3\,(4 + 5 + 3{,}5) - (4{,}417 + 3{,}66 + 15{,}237) = 14{,}186 \text{ t}.$$

Zusammenstellung der Stützendrücke:

$$A = 4{,}417 \text{ t}, \quad B = 3{,}66 \text{ t}, \quad C = 15{,}237 \text{ t und } D = 14{,}186 \text{ t}.$$

Bestimmung der Feldmomente:

Feld 1.　$4{,}417 - 3 \cdot x_1 = 0; \quad x_1 = 1{,}472 \text{ m}.$

$$M_1 = 4{,}417 \cdot \frac{1{,}472}{2} = 3{,}251 \text{ tm}.$$

Feld 2.　$4{,}417 - 3 \cdot 4 + 15{,}237 - 3 \cdot x_2 = 0; \quad x_2 = 2{,}551 \text{ m}.$

$$M_2 = \frac{1}{8} \cdot 3 \cdot 5^2 + \frac{2{,}551}{5}\,(-5{,}54 + 6{,}33) - 6{,}33 = 3{,}437 \text{ tm}.$$

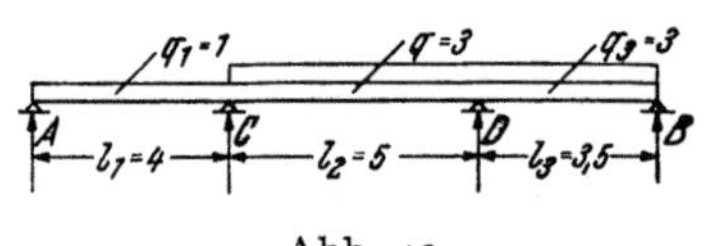

Abb. 42.

Feld 3.　$3{,}66 - 3 \cdot x_3 = 0; \quad x_3 = 1{,}22 \text{ m}.$

$$M_3 = 3{,}66 \cdot \frac{1{,}22}{2} = 2{,}233 \text{ tm}.$$

Fall 5.　$q_1 = g = 1 \text{ t/m},$
$q_2 = q_3 = g + p = 3 \text{ t/m}$　　(Abb. 42).

$$2\,M_C \cdot 9 + M_D \cdot 5 = -\frac{1}{4}\,(1 \cdot 4^3 + 3 \cdot 5^3) = -109{,}75,$$

$$M_C \cdot 5 + 2\,M_D \cdot 8{,}5 = -\frac{1}{4}\,(3 \cdot 5^3 + 3 \cdot 3{,}5^3) = -125{,}91.$$

$$18\,M_C + 5\,M_D = -109{,}75,$$

$$5\,M_C + 17\,M_D = -125{,}91.$$

Aus diesen beiden Gleichungen ist:

$$M_C = -4{,}40 \text{ tm und } M_D = -6{,}11 \text{ tm}.$$

$$-4{,}40 = A \cdot 4 - 1 \cdot \frac{4^2}{2}; \quad \text{daraus } A = 0{,}90 \text{ t}.$$

$$-6{,}11 = B \cdot 3{,}5 - 3 \cdot \frac{3{,}5^2}{2}; \quad \text{daraus } B = 3{,}504 \text{ t}.$$

$$-6{,}11 = 0{,}90 \cdot 9 + C \cdot 5 - 1 \cdot \frac{9^2}{2} - 2 \cdot \frac{5^2}{2}; \quad \text{daraus } C = 10{,}25 \text{ t}$$

$$\text{und } D = 14{,}84 \text{ t}.$$

Zusammenstellung der Stützendrücke:

$$A = 0{,}90 \text{ t}, \quad B = 3{,}504 \text{ t}, \quad C = 10{,}25 \text{ t und } D = 14{,}84 \text{ t}.$$

Bestimmung der Feldmomente:

Feld 1.　$A - q_1 x_1 = 0; \quad 0{,}90 - 1 \cdot x_1 = 0; \quad \text{daraus } x_1 = 0{,}90 \text{ m}.$

$$M_1 = A \cdot \frac{x_1}{2} = 0{,}90 \cdot \frac{0{,}90}{2} = 0{,}405 \text{ tm}.$$

Feld 2. $A - q_1 l_1 + C - q_2 x_2 = 0.$

$$0,90 - 1 \cdot 4 + 10,25 - 3 \cdot x_2 = 0; \quad \text{daraus } x_2 = 2,38 \text{ m.}$$

$$M_2 = 0,90 \cdot 6,38 + 10,25 \cdot 2,38 - 1 \cdot \frac{6,38^2}{2} - 2 \cdot \frac{2,38^2}{2} = 4,12 \text{ tm.}$$

Feld 3. $B - q_3 x_3 = 0; \quad 3,504 - 3 \cdot x_3 = 0; \quad \text{daraus } x_3 = 1,168 \text{ m.}$

$$M_3 = B \cdot \frac{x_3}{2} = 3,504 \cdot \frac{1,168}{2} = 2,046 \text{ tm.}$$

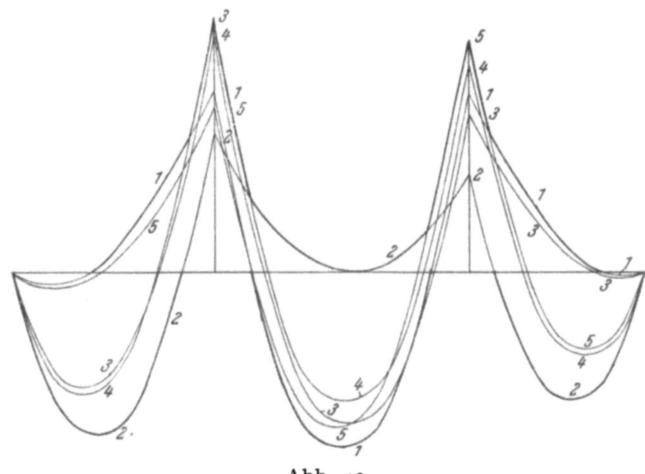

Abb. 43.

Zusammenstellung der Rechnungsergebnisse.

Fall	A	B	C	D	M_1	M_2	M_3	M_C	M_D
	t	t	t	t	tm	tm	tm	tm	tm
1	0,805	0,395	10,703	10,598	0,324	4,615	0,0780	− 4,78	− 4,74
2	5,083	4,49	9,62	8,307	4,305	− 0,015	3,358	− 3,666	− 2,652
3	4,322	0,558	15,68	9,940	3,112	3,960	0,1556	− 6,71	− 4,17
4	4,417	3,666	15,237	14,186	3,251	3,437	2,233	− 6,33	− 5,54
5	0,90	3,504	10,25	14,84	0,405	4,12	2,046	− 4,40	− 6,11

Aus dieser Zusammenstellung kann man die maximalen Auflagerkräfte, Feldmomente und Stützmomente entnehmen.

Die Zusammenstellung der Rechnungsergebnisse ergibt:

Fall 1. Größtes Feldmoment in Feld 2.

Fall 2. Größtes Feldmoment in Feld 1 und 3, sowie größtes A und B.

Fall 3. Größtes Stützmoment M_C und größtes C.

Fall 5. Größtes Stützmoment M_D und größtes D.

Darstellung aller Momente in den fünf Fällen (Abb. 43).

18. Beispiel. Träger über drei Stützen mit gleichen Feldweiten und Einzellasten in jedem Felde (Abb. 44).

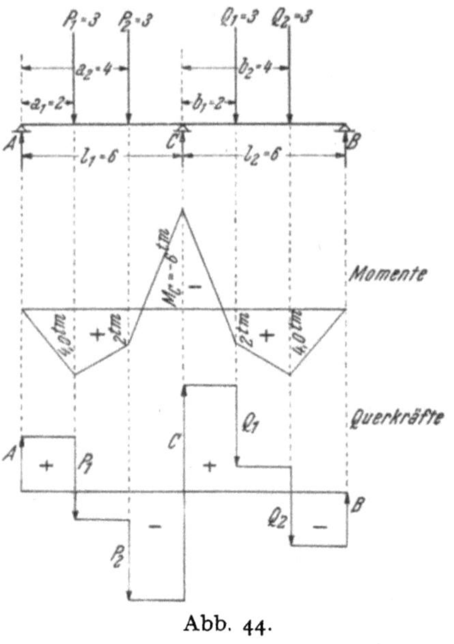

Abb. 44.

$$P_1 = P_2 = Q_1 = Q_2 = 3 \text{ t},$$
$$a_1 = b_1 = 2,0 \text{ m},$$
$$a_2 = b_2 = 4,0 \text{ m}.$$

Die allgemeine Gleichung nach CLAPEYRON lautet:

$$2\,M_C\,(l_1 + l_2) =$$
$$= -\frac{1}{l_1}\sum[P\,a\,(l_1-a)\,(l_1+a)] -$$
$$- \frac{1}{l_2}\sum[Q\,b\,(l_2-b)\,(2\,l_2-b)], \quad (29)$$

$$\sum[P\,a\,(l_1-a)\,(l_1+a) =$$
$$= 3 \cdot 2 \cdot 4 \cdot 8 = 192$$
$$= 3 \cdot 4 \cdot 2 \cdot 10 = 240 \bigg\} \; 432,$$

$$\sum[Q\,b\,(l_2-b)\,(2\,l_2-b)] =$$
$$= 3 \cdot 2 \cdot 4 \cdot 10 = 240$$
$$= 3 \cdot 4 \cdot 2 \cdot 8 = 192 \bigg\} \; 432;$$

obige Werte in Gl. (29) eingesetzt, gibt:

$$2\,M_C\,(6+6) = -\frac{1}{6} \cdot 432 - \frac{1}{6} \cdot 432 = -144;$$

daraus $$M_C = -6,0 \text{ tm}.$$

Bestimmung von A, B und C:

$$M_C = A \cdot l_1 - P_1\,(l_1-a_1) - P_2\,(l_1-a_2);$$
$$-6,0 = A \cdot 6 - 3 \cdot 4 - 3 \cdot 2; \text{ daraus } A = B = 2 \text{ t}.$$
$$C = P_1 + P_2 + Q_1 + Q_2 - (A+B) = 3+3+3+3-(2+2) = 8 \text{ t}.$$

Feldmomente:

Unter P_1: $M_1 = A \cdot a_1 = 2 \cdot 2 = 4 \text{ tm};$

unter P_2: $M_1 = A \cdot a_2 - P_1\,(a_2-a_1) = 2 \cdot 4 - 3\,(4-2) = 2 \text{ tm};$

das maximale Feldmoment liegt im Feld 1 unter der Last P_1; ferner ist

$$M_1 = M_2.$$

Berechnung nach WINKLER:

$$M_C = -0,333 \cdot P \cdot l = -0,333 \cdot 3 \cdot 6 = -5,994 \text{ tm};$$
$$\max M_1 = M_2 = 0,222 \cdot P \cdot l = 0,222 \cdot 3 \cdot 6 = 3,996 \text{ tm}.$$

Die Werte beider Berechnungsarten stimmen überein.

19. Beispiel. Träger über zwei ungleiche Öffnungen mit gleichmäßig verteilten Lasten und einem Kragarm neben dem ersten Felde (Abb. 45).

Nutzlast $p = 2\,\text{t/m}$, Eigengewicht $g = 1\,\text{t/m}$.

$l_1 = 1{,}5\,\text{m}$, $l_2 = 5\,\text{m}$, $l_3 = 4\,\text{m}$.

Belastungsannahmen Abb. 45.

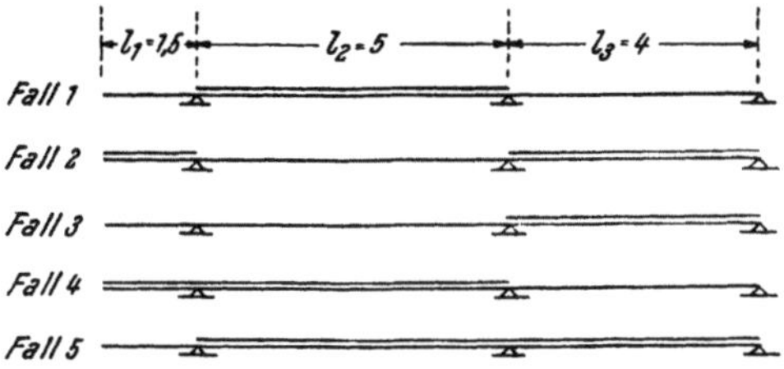

Berechnung des Trägers im Fall 1:

Abb. 45.

$$q_1 = g + p = 3\,\text{t/m},$$
$$q_2 = g = 1\,\text{t/m};$$

$$M_A = -\frac{q \cdot l_1^2}{2} = -1 \cdot \frac{1{,}5^2}{2} = -1{,}125\,\text{tm}.$$

Nach Gl. (10) ist:

$$M_A \cdot l_2 + 2\,M_C\,(l_2 + l_3) = -\frac{1}{4}\,(q_1 \cdot l_2^3 + q_2\,l_3^3);$$

$$-1{,}125 \cdot 5 + 2\,M_C \cdot 9 = -\frac{1}{4}\,(3 \cdot 5^3 + 1 \cdot 4^3) = -109{,}75;$$

$$M_C = -\frac{104{,}125}{18} = -5{,}784\,\text{tm};$$

$$-5{,}784 = A \cdot 5 - 1 \cdot \frac{6{,}5^2}{2} - 2 \cdot \frac{5^2}{2}; \quad \text{daraus ist } A = 8{,}0682\,\text{t};$$

$$-5{,}784 = B \cdot 4 - 1 \cdot \frac{4^2}{2}; \quad \text{daraus ist } B = 0{,}554\,\text{t};$$

$$8{,}0682 \cdot 9 + C \cdot 4 - 1 \cdot \frac{10{,}5^2}{2} - 2 \cdot 5 \cdot 6{,}5 = 0; \quad \text{daraus } C = 11{,}8778\,\text{t}.$$

Probe: $\qquad A + B + C = g\,(l_1 + l_2 + l_3) + p \cdot l_2;$

$$20{,}5 = 1 \cdot 10{,}5 + 2 \cdot 5 = 20{,}5.$$

Nach dem Satze: Summe aller lotrechten Kräfte gleich Null, ist:

$$A - q\,x_1 = 0;$$

$$8{,}0682 - 1 \cdot (1{,}5 + x_1) - 2\,x_1 = 0; \quad \text{daraus } x_1 = 2{,}189\,\text{m};$$

ebenso ist

$$B - q\,x_2 = 0, \quad 0{,}554 - 1 \cdot x_2 = 0; \quad \text{daraus } x_2 = 0{,}554\,\text{m};$$

dann ist

$$M_1 = 8{,}0682 \cdot 2{,}189 - 1 \cdot \frac{(1{,}5 + 2{,}189)^2}{2} - 2 \cdot \frac{2{,}189^2}{2};$$

$$M_1 = 6{,}0652\,\text{tm};$$

$$M_2 = 0{,}554 \cdot \frac{0{,}554}{2} = 0{,}15345\,\text{tm}.$$

Berechnung der Momentenschnittpunkte im Feld 2:

$$8,0682 \cdot x - 1 \frac{(1,5 + x)^2}{2} - 2 \cdot \frac{x^2}{2} = 0;$$

$$x^2 - 4,3788 \cdot x + 0,75 = 0; \quad \text{daraus } x = 2,1894 - 2,01;$$

$$x_3 = 4,1994, \quad x_4 = 0,1794;$$

$$x_1 = \frac{x_3 + x_4}{2} = \frac{4,3788}{2} = 2,189 \text{ (s. oben)}.$$

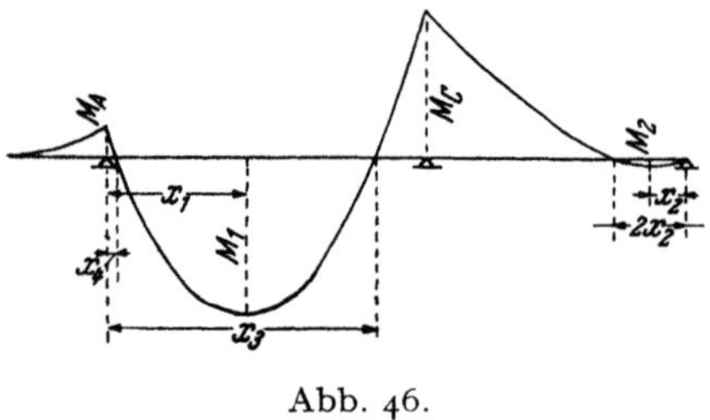

Abb. 46.

Darstellung der Momente (Abbildung 46):

Berechnung des Trägers im Fall 2:

$$M_A = -3,375 \text{ tm};$$

$$-3,375 \cdot 5 + 18\, M_C =$$

$$= -\frac{1}{4} (1 \cdot 5^3 + 3 \cdot 4^3) = -79,25;$$

$$M_C = -3,465 \text{ tm};$$

$$A = 6,982 \text{ t}, \ B = 5,134 \text{ t und } C = 0,384 \text{ t};$$

$$M_1 = -0,3 \text{ tm}, \ M_2 = +4,3929 \text{ tm}.$$

Berechnung des Trägers im Fall 3:

$$M_A = -1,125 \text{ tm};$$

$$-1,125 \cdot 5 + 18\, M_C = -\frac{1}{4} (1 \cdot 5^3 + 3 \cdot 4^3) = -79,25;$$

$$M_C = -4,09 \text{ tm};$$

$$A = 3,407 \text{ t}, \ B = 4,9775 \text{ t und } C = 10,1155 \text{ t};$$

$$M_1 = 0,6933 \text{ tm}, \ M_2 = 4,1288 \text{ tm}.$$

Berechnung des Trägers im Fall 4:

$$M_A = -3,375 \text{ tm};$$

$$-3,375 \cdot 5 + 18\, M_C = -\frac{1}{4} (3 \cdot 5^3 + 1 \cdot 4^3) = -109,75;$$

$$M_C = -5,159 \text{ tm};$$

$$A = 11,643 \text{ t}, \ B = 0,7102 \text{ t und } C = 11,1468 \text{ t};$$

$$M_1 = 5,1287 \text{ tm}, \ M_2 = 0,2522 \text{ tm}.$$

Berechnung des Trägers im Fall 5:

$$M_A = -1,125 \text{ tm};$$

$$-1,125 \cdot 5 + 18\, M_C = -\frac{1}{4} (3 \cdot 5^3 + 3 \cdot 4^3) = -141,75;$$

$$M_C = -7,562 \text{ tm};$$

$$A = 7,712 \text{ t}, \ B = 4,109 \text{ t und } C = 16,68 \text{ t};$$

$$M_1 = 5,3065 \text{ tm}, \ M_2 = 2,8126 \text{ tm}.$$

Zusammenstellung der Rechnungsergebnisse.

Fall	A	B	C	M_C	M_1	M_2	M
	t	t	t	tm	tm	tm	tm
1	8,068	0,554	11,878	— 5,784	6,065	0,153	— 1,125
2	6,982	5,134	9,384	— 3,465	— 0,300	4,392	— 3,375
3	3,407	4,977	10,115	— 4,09	0,693	4,129	— 1,125
4	11,643	0,710	11,147	— 5,159	5,129	0,252	— 3,375
5	7,712	4,109	16,68	— 7,562	5,306	2,813	— 1,125

Die Zusammenstellung ergibt:

$$\begin{aligned}
&\text{Größtes } A &&\text{im Fall } 4, \\
&\text{größtes } B &&\text{im Fall } 2, \\
&\text{größtes } C &&\text{im Fall } 5, \\
&\text{größtes } M_C &&\text{im Fall } 5, \\
&\text{größtes } M_1 &&\text{im Fall } 1, \\
&\text{größtes } M_2 &&\text{im Fall } 2.
\end{aligned}$$

20. Beispiel. Berechnung eines Krangleisträgers mit zwei gleichgroßen Einzellasten im unveränderlichen Abstand $a = 3,2$ m, $P = 2,5$ t (Abb. 47).

Das maximale Moment entsteht an jener Stelle, an welcher die eine Last P sich im Abstande $\dfrac{a}{4}$ von der Trägermitte befindet, wobei $a < 0,5857 \cdot l$.

Dann ist

$$A = \frac{P}{l} \cdot \left[\left(\frac{l}{2} + \frac{a}{4} \right) + \left(\frac{l}{2} - \frac{3\,a}{4} \right) \right],$$

$$\left. \begin{aligned}
A &= \frac{P}{l} \left(l - \frac{a}{2} \right), \\
B &= \frac{P}{l} \left(l + \frac{a}{2} \right).
\end{aligned} \right\} \qquad (30)$$

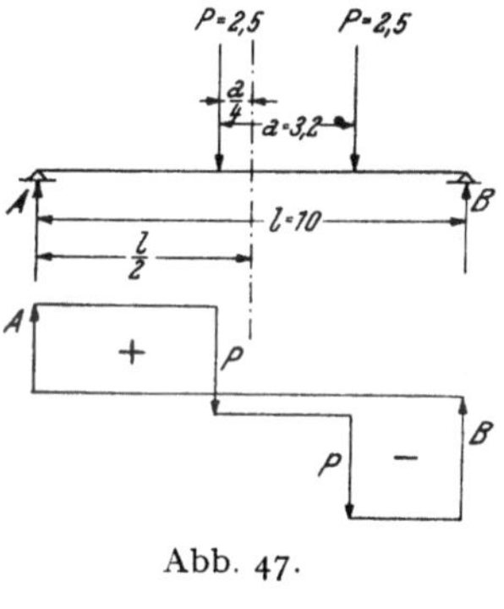

Abb. 47.

Nach Einsetzung der Werte von P, l und a erhält man für

$$A = \frac{2,5}{10} \left(10 - \frac{3,2}{2} \right) = 2,1 \text{ t},$$

$$B = \frac{2,5}{10} \left(10 + \frac{3,2}{2} \right) = 2,9 \text{ t}.$$

In der Abb. 47 erkennt man an der Aufzeichnung der Querkräfte, daß das maximale Moment unter der ersten Last entsteht, weil die Querkraft an dieser Stelle das Vorzeichen wechselt.

Statt $\dfrac{P}{l} \left(l - \dfrac{a}{2} \right)$ kann man auch setzen $\dfrac{2\,P}{l} \left(\dfrac{l}{2} - \dfrac{a}{4} \right)$

$$\max M = A \cdot \left(\frac{l}{2} - \frac{a}{4} \right) = \frac{2\,P}{l} \left(\frac{l}{2} - \frac{a}{4} \right)^2 = \frac{P}{8\,l} (2\,l - a)^2; \qquad (31)$$

somit ist

$$\max M = \frac{2,5}{8 \cdot 10} (2 \cdot 10 - 3,2)^2 = 882\,000 \text{ kgcm};$$

gewählt I P 32 mit $W_x = 782$ cm³ und $G = 61,1$ kg/m:

$$\max M_G = \frac{1}{8} \cdot 61,1 \cdot 10^2 = 76\,375 \text{ kgcm};$$

$$M_G + M_P = 76\,375 + 882\,000 = 958\,375 \text{ kgcm}.$$

Die Beanspruchung beträgt $= \dfrac{958\,375}{782} = 1230$ kg/cm².

Berechnung von gewölbten Trägern.

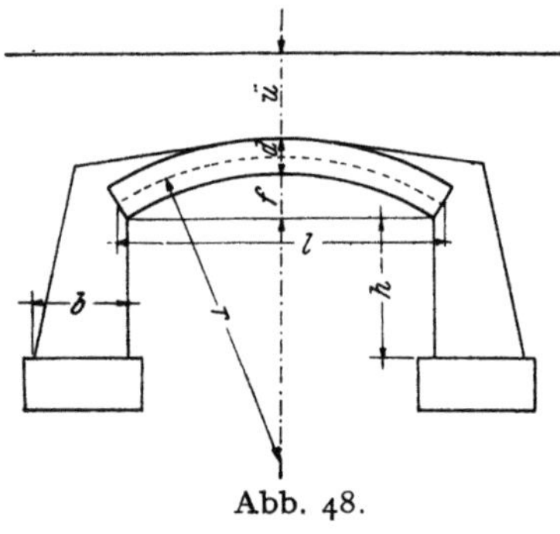

Abb. 48.

21. Beispiel. Es sollen sowohl die Bogenstärke als auch die Breite des Widerlagers eines Ziegelgewölbes berechnet werden, wenn folgende Abmessungen gegeben sind:

$$l = 200 \text{ cm}, \qquad r = 150 \text{ cm},$$
$$f = 40 \text{ cm}, \qquad h = 200 \text{ cm}.$$

Für die Berechnung von Gewölben für Wohnhausbauten können nachfolgende Formeln, welche annähernd genaue Abmessungen ergeben, verwendet werden (Abb. 48).

Man erhält für d in Zentimeter:

Ausführung in	$\ddot{u}$ kleiner als 150 cm	$\ddot{u}$ größer als 150 cm
Bruchsteinmauerwerk....	$50 + 0,031 \cdot r$	$57 + 0,037 \cdot r$
Ziegelmauerwerk........	$45 + 0,028 \cdot r$	$53 + 0,033 \cdot r$
Beton	$22 + 0,022 \cdot r$	

$$b = \left[60 + 10 \left(\frac{l}{f} - 2 \right) + 0,04 \cdot h \right] \cdot \sqrt{\frac{l}{f}} \,.$$

Alle Maße in Zentimeter einsetzen.

$$r = \text{Gewölbehalbmesser.}$$

Unter der Annahme, daß die Überschüttungshöhe weniger als 150 cm beträgt, ist

$$d = 45 + 0,028 \cdot 150 = 51 \text{ cm},$$

$$b = \left[60 + 10 \left(\frac{200}{40} - 2 \right) + 0,04 \cdot 200 \right] \cdot \sqrt{\frac{200}{100}} \,,$$

$$b = 138 \text{ cm}.$$

22. Beispiel. Es sei ein Gewölbe aus Ziegelmauerwerk mit folgenden gegebenen Abmessungen zu untersuchen:

$$d = 64 \text{ cm}, \qquad h = 200 \text{ cm},$$
$$l = 200 \text{ cm}, \qquad \ddot{u} > 150 \text{ cm},$$
$$f = 16 \text{ cm},$$

dann ist $d = 64 = 53 + 0{,}033 \cdot r$, daraus $r = 333$ cm,

$$b = \left[60 + 10\left(\frac{200}{16} - 2\right) + 0{,}04 \cdot 200\right] \cdot \sqrt{\frac{200}{100}} = 244 \text{ cm.}$$

23. Beispiel. Berechnung eines Gewölbes aus Stampfbeton. Gegeben sind:

$$l = 300 \text{ cm}, \qquad r = 225 \text{ cm},$$
$$f = 50 \text{ cm}, \qquad h = 150 \text{ cm.}$$

Für die Ausführung eines Gewölbes aus Beton gilt die Formel:

$$d = 22 + 0{,}22 \cdot r = 22 + 0{,}022 \cdot 225 = 27 \text{ cm,}$$

$$b = \left[60 + 10\left(\frac{300}{50} - 2\right) + 0{,}04 \cdot 150\right] \cdot \sqrt{\frac{300}{100}} = 183 \text{ cm.}$$

24. Beispiel. Der Querschnitt eines Bogens sei $38 \cdot 25$ cm, wobei die Bogenstärke $h = 38$ cm beträgt.

Wie groß sind die Spannungen in der Fugenfläche, wenn eine Kraft $P = 5000$ kg angreift

a) in der Mitte,
b) innerhalb des mittleren Kerndrittels,
c) als Grenzfall am Ende des mittleren Kerndrittels,
d) außerhalb des mittleren Kerndrittels.

Unter der Bedingung, daß die drückende Kraft auf der zu drückenden Fläche lotrecht steht, gilt für den
Fall a:

$$\sigma = \frac{P}{F} = \frac{5000}{38 \cdot 25} = 5{,}26 \text{ kg/cm}^2.$$

Fall b: Der Abstand e sei 4,5 cm, dann ist $\sigma = \frac{P}{F} \pm \frac{M}{W}$ oder

$$\sigma = \frac{P}{F}\left(1 \pm \frac{6 \cdot e}{h}\right) = \frac{5000}{950}\left(1 \pm \frac{6 \cdot 4{,}5}{38}\right),$$

$$\sigma_1 = 5{,}26\,(1 + 0{,}71) = 8{,}99 \text{ kg/cm}^2 \left.\right\}$$
$$\sigma_2 = 5{,}26\,(1 - 0{,}71) = 1{,}53 \text{ kg/cm}^2 \left.\right\} \text{ Druck.}$$

Fall c: Der Abstand $e = \dfrac{h}{6} = \dfrac{38}{6} = 6{,}3$ cm.

$$\sigma_1 = 5{,}26\left(1 + \frac{6 \cdot 6{,}3}{38}\right) = 5{,}26 \cdot 2 = 10{,}52 \text{ kg/cm}^2,$$
$$\sigma_2 = 0;$$

allgemein ausgedrückt $\qquad \sigma = \dfrac{2\,P}{F}.$

Fall d: Der Abstand e sei 10 cm, dann ist

$$\sigma_1 = 5{,}26 \left(1 \pm \frac{6 \cdot 10}{38} \right),$$

$$\sigma_1 = 13{,}52 \text{ kg/cm}^2 \text{ Druck},$$

$$\sigma_2 = -3 \text{ kg/cm}^2 \text{ Zug}.$$

25. Beispiel. Zeichnerische Untersuchung eines Dreigelenkbogens mit halbseitiger Verkehrslast (Abb. 49).

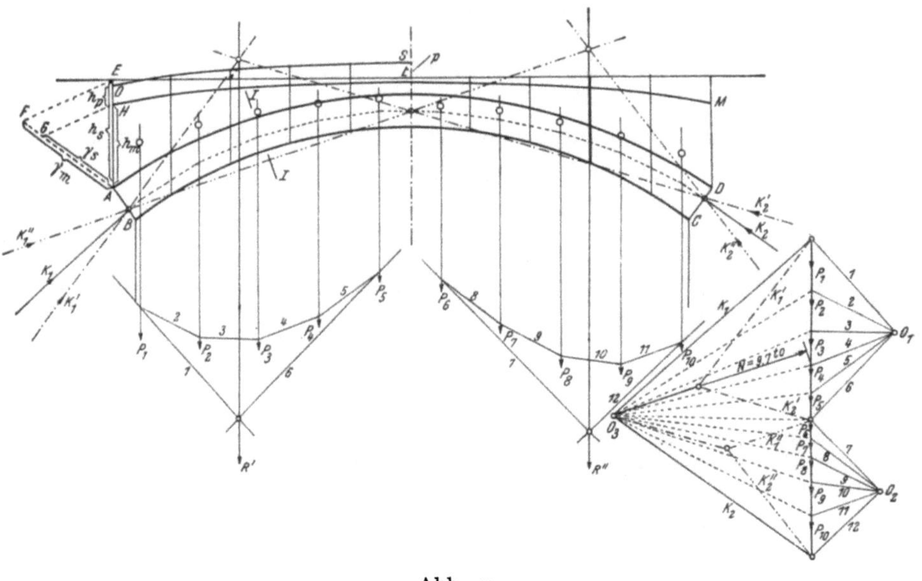

Abb. 49.

$$l = 7{,}0 \text{ m,} \qquad d_m = 40 \text{ cm,}$$
$$f = 1{,}2 \text{ m,} \qquad d_e = 48 \text{ cm.}$$

Der Bogen besteht aus Stampfbeton	$\gamma_m = 2200 \text{ kg/m}^3,$
Überschüttungsgewicht	$\gamma_s = 1600 \quad ,, \quad ,$
gleichmäßige halbseitige Belastung	$= 500 \text{ kg/m}^2.$

Zur Berechnung teilt man die Bogenfläche einschließlich der Überschüttungsfläche und Verkehrslast in mehrere Flächenteile mit gleichen Abständen (in unserem Falle zehn Teile).

Zur wesentlichen Vereinfachung der Berechnung ist es erforderlich, alle Gewichte auf das Gewicht des Stampfbetons umzurechnen.

Bezeichnet man die Überschüttungshöhe an einer beliebigen Stelle des Bogens mit h_s und das Einheitsgewicht mit γ_s, ferner die Höhe der gleichschweren Mauerung (hier Beton) mit h_m und ihr Einheitsgewicht mit γ_m, so besteht die Beziehung

$$h_s : h_m = \gamma_m : \gamma_s,$$

daraus folgt für

$$h_m = \frac{\gamma_s}{\gamma_m} \cdot h_s.$$

Diese Höhe kann sowohl rechnerisch als auch zeichnerisch ermittelt werden.

Man zeichnet durch den Punkt A eine beliebige Linie AF und macht $\overline{AF} = \gamma_m$. Dann trägt man von A aus die Strecke $AG = \gamma_s$ auf, verbindet F mit E und zieht $GH \| FE$.

Die Höhe AH entspricht der Höhe h_m an dieser Stelle. Wiederholt man den gleichen Vorgang auch an den anderen Stellen der Flächenteilchen, so erhält man die reduzierte Linie HLM.

Auf gleiche Weise wird auch die Verkehrslast p auf die Flächeneinheit durch die Mauerlast ersetzt. Es ist dann

$$h_p = \frac{p}{\gamma_m}.$$

Man trägt h_p über der reduzierten Linie HLM an allen Stellen auf und erhält die Lastlinie OS.

Nun sind alle Belastungen, wie Eigengewicht des Bogens, der Überschüttung und einseitiger Verkehrslast auf das Gewicht des Mauerkörpers reduziert und man kann mit der weiteren zeichnerischen Untersuchung fortfahren.

Die Untersuchung des Bogens erstreckt man auf eine Tiefe von einem Meter.

Man bestimmt die Schwerpunkte aller Bogenteile einschließlich Überschüttung und Verkehrslast und läßt in diesen Schwerpunkten die lotrechten Kräfte angreifen.

In unserem Falle sind

$$\begin{aligned}
P_1 &= 2{,}46 \text{ t,}\\
P_2 &= 2{,}10 \text{ t,}\\
P_3 &= 1{,}69 \text{ t,}\\
P_4 &= 1{,}40 \text{ t,}\\
P_5 &= 1{,}25 \text{ t,}\\
P_6 &= 0{,}88 \text{ t,}\\
P_7 &= 1{,}00 \text{ t,}\\
P_8 &= 1{,}27 \text{ t,}\\
P_9 &= 1{,}69 \text{ t,}\\
P_{10} &= 2{,}05 \text{ t,}\\
\hline
P &= 15{,}79 \text{ t.}
\end{aligned}$$

Man zeichnet nun das Krafteck 0, 1, 2 bis 10, nimmt für jede Bogenhälfte je einen beliebigen Pol an und erhält in der linken Bogenhälfte die Mittelkraft R' der Kräfte 1 bis 5 sowie in der rechten Bogenhälfte die Mittelkraft R''.

Zerlegt man R' in die Kräfte K_1' und K_2' und ebenso R'' in die Kräfte K_1'' und K_2'' (s. Kräfteplan), so setzt man jetzt die Kräfte K_1' und K_1'' zusammen und erhält ihre Mittelkraft K_1 und desgleichen K_2 als Mittelkraft der Kräfte K_2' und K_2''.

Die Kräfte K_1 und K_2 bezeichnet man als Kämpferdrücke. Infolge der Belastungsverhältnisse ist $K_1 > K_2$. Man erhält mittels des Kräfteplanes nicht nur die Richtungen der einzelnen Kräfte, sondern auch ihre Größen.

Setzt man die einzelnen Drücke mit den zugehörigen Kräften P_1, P_2 usw. zusammen, überträgt die einzelnen Kräfterichtungen in die obige Zeichnung, so erhält man die sogenannte Stützlinie, welche, wenn keine Zugspannungen auftreten dürfen, sich innerhalb der Kernfläche in jedem Bogenquerschnitt bewegen muß.

Die Stützlinie beginnt im linken Bogen und am linken Kämpfer im unteren Drittelpunkt, geht durch alle Querschnitte des Bogens bis zum Mittelgelenk und endet durch die rechten Bogenquerschnitte bei dem oberen Drittelpunkt der Kernfläche.

Nun muß man noch die Spannungen in jedem Querschnitt bestimmen. Wir greifen in der linken Bogenhälfte z. B. den Querschnitt I—I heraus. Für diesen Querschnitt entnimmt man die Größe und Richtung der winkelrechten Fugenkraft aus dem Kräfteplan. Bezeichnet man diese Fugenkraft mit N und den Abstand dieser Kraft N vom Mittelpunkt der Kernfläche mit e, so entsteht das Biegemoment

$$M = N \cdot e.$$

N wurde mit 9,7 t und e mit 4 cm ermittelt.

Es gilt die Gleichung

$$\sigma = \frac{P}{F}\left(1 \pm \frac{6 \cdot e}{h}\right).$$

Nach Einsetzen der entsprechenden Werte erhält man

$$\sigma = \frac{9700}{100 \cdot 42}\left(1 \pm \frac{6 \cdot 4}{42}\right),$$

$$\sigma_1 = 3{,}63 \text{ kg/cm}^2, \quad \sigma_2 = 0{,}99 \text{ kg/cm}^2.$$

Beide Werte von σ müssen positiv sein, wenn nur Druck vorherrschen soll.

Dieser Vorgang kann in jedem Querschnitt wiederholt werden und kann man aus der Lage der Stützlinie erkennen, ob der Bogen in seinen Ausmaßen richtig bemessen worden ist.

Für die Bemessung des Widerlagers setzt man die Kämpferdrücke K_1 bzw. K_2 mit den jeweiligen lotrechten Kräften der Mauergewichte des Widerlagers zusammen und erhält die Kantenpressungen in den einzelnen zu überprüfenden Fugen und ebenso die Bodenbeanspruchungen. Liegt das Widerlager ganz oder teilweise im Erdboden, so muß zur Berechnung der Spannungen noch der Erddruck herangezogen werden.

Zweiter Teil

Praktische Beispiele aus dem Hochbau.

26. Beispiel. Ermittlung der Auflagerkräfte des Trägers IV, welcher durch belastete andere Träger indirekt belastet wird (Abb. 50).

Anmerkung: Das Eigengewicht der Träger bleibt unberücksichtigt.

Vorgang: Man berechnet die Auflagerkräfte der einzelnen Träger I, II und III und ermittelt zum Schluß die Auflagerkräfte des Trägers IV.

Träger I belastet durch eine Einzellast $P = 10$ t (Abb. 51).

$$A_1 = \frac{10 \cdot 3{,}0}{4{,}5} = 6{,}66 \text{ t nach Gl. (1).}$$

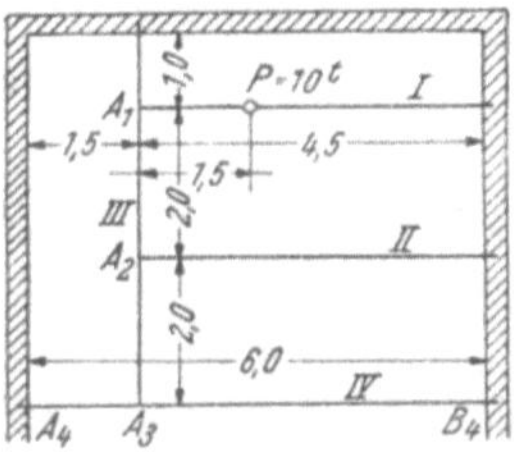

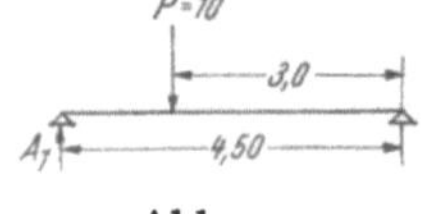

Abb. 50.

Abb. 51.

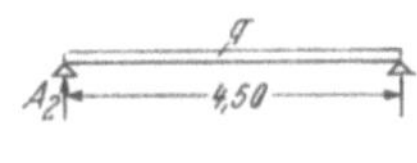

Abb. 52.

Träger II belastet mit Gleichlast $q = 1000$ kg/m (Abb. 52).

$$A_2 = \frac{1000 \cdot 4{,}5}{2} = 2{,}25 \text{ t.}$$

Träger III belastet durch die Auflagerkräfte A_1 und A_2 (Abb. 53).

$$A_3 = \frac{1}{5}\,(2{,}25 \cdot 3 + 6{,}66 \cdot 1),$$
$$A_3 = 2{,}682 \text{ t.}$$

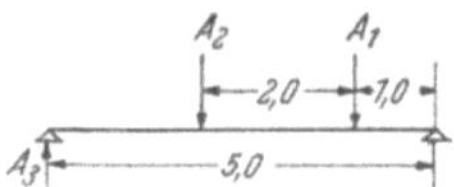

Abb. 53.

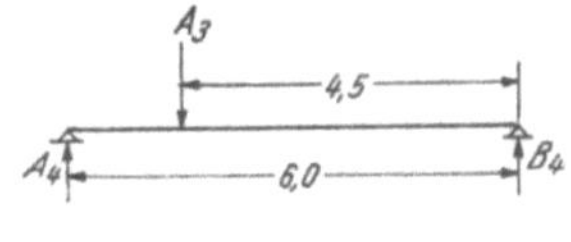

Abb. 54.

Träger IV belastet durch die Auflagerkraft A_3 (Abb. 54).

$$A_4 = \frac{2{,}682 \cdot 4{,}5}{6} = 2{,}01 \text{ t,}$$
$$B_4 = A_3 - A_4 = 2{,}682 - 2{,}01 = \underline{0{,}672 \text{ t.}}$$

27. Beispiel. Berechnung eines Trägers mit trapezförmiger Belastung (Abb. 55).

$$p + g = 500 \text{ kg/m}^2,$$

Stützweite $l = 5{,}0$ m.

Belastungsschema.

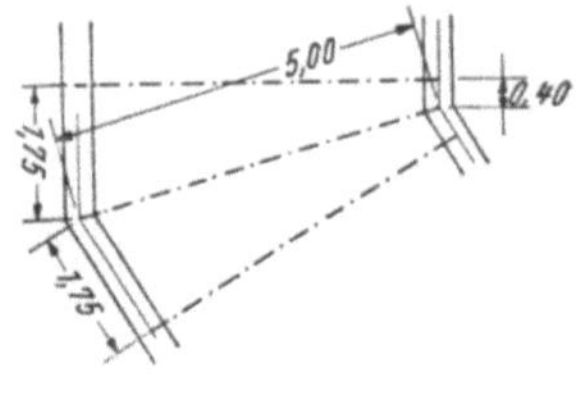

Abb. 55.

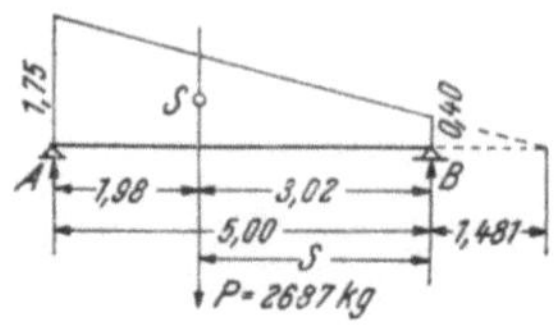

Abb. 56.

Bestimmung des Trapezschwerpunktes (Abb. 56):

$$s = \frac{5}{3} \cdot \frac{0{,}4 + 2 \cdot 1{,}75}{2{,}15} = 3{,}02 \text{ m},$$

$$P = \frac{1{,}75 + 0{,}40}{2} \cdot 5 \cdot 500 \cdot = 2687 \text{ kg},$$

$$A = \frac{2687 \cdot 3{,}02}{5} = 1623 \text{ kg}.$$

Wir ersetzen die trapezförmige Last durch eine Einzellast P, welche im Schwerpunkt des Trapezes angreift.

Der Auflagerdruck $A = 1623$ kg.

Die Bestimmung des maximalen Biegungsmomentes kann nun sowohl zeichnerisch als auch durch Rechnung erhalten werden.

a) *Zeichnerische Ermittlung.* Man unterteilt die Belastungsfläche in z. B. fünf Teile mit gleichem Abstande, bestimmt in den so erhaltenen Abschnitten die Schwerpunkte und ersetzt die einzelnen Streckenlasten durch die Einzellasten P_1 bis P_5. Die Ermittlung der einzelnen Schwerpunkte kann sowohl zeichnerisch als auch rechnerisch erfolgen. Die einzelnen Teilgewichte werden nun zu einer Mittelkraft vereinigt nach dem bereits schon früher angegebenen Verfahren über die Zusammensetzung von gleichgerichteten Kräften in einer Ebene. Auf diese Weise erhält man durch Zeichnung der Schlußlinie die Auflagerkräfte A und B (Abb. 57).

$$P_1 = \frac{1{,}75 + 1{,}48}{2} \cdot 1{,}0 \cdot 500 \ldots\ldots\ldots = 807{,}5 \text{ kg}$$

$$P_2 = \frac{1{,}48 + 1{,}21}{2} \cdot 1{,}0 \cdot 500 \ldots\ldots\ldots = 672{,}5 \text{ ,,}$$

$$P_3 = \frac{1{,}21 + 0{,}94}{2} \cdot 1{,}0 \cdot 500 \ldots\ldots\ldots = 537{,}5 \text{ ,,}$$

$$P_4 = \frac{0{,}94 + 0{,}67}{2} \cdot 1{,}0 \cdot 500 \ldots\ldots\ldots = 402{,}5 \text{ ,,}$$

$$P_5 = \frac{0{,}67 + 0{,}40}{2} \cdot 1{,}0 \cdot 500 \ldots\ldots\ldots = 267{,}5 \text{ ,,}$$

$$P = 2687{,}5 \text{ kg}$$

$$\max M = H \cdot y = 10 \cdot 169\,000 \text{ kgcm.}$$

Die Momentenkurve liegt innerhalb der Seilstrahlen!

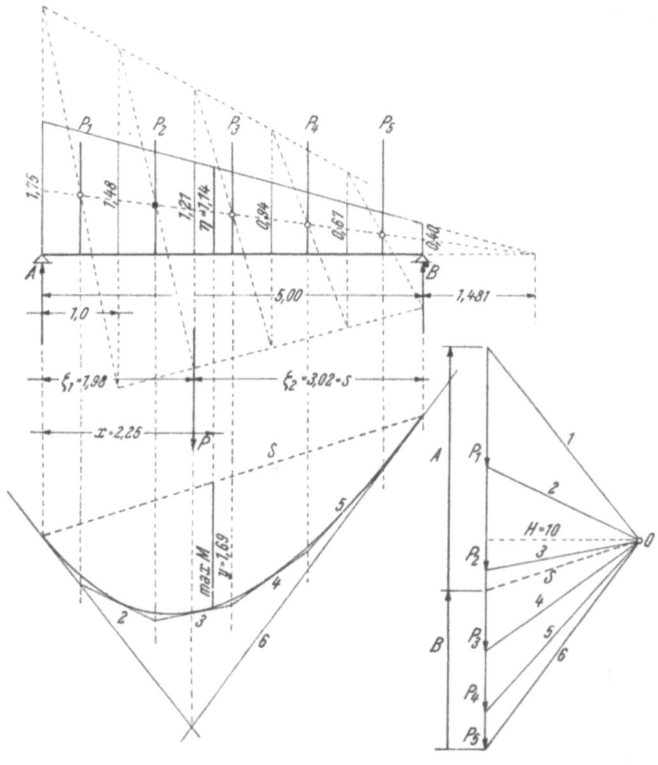

Abb. 57.

b) *Rechnerische Ermittlung.* Die Entfernung der Mittelkraft vom Auflager A beträgt, wie bereits ermittelt,

$$\zeta_1 = 1{,}98 \text{ m}, \quad \zeta_2 = 3{,}02 \text{ m.}$$

Zur Bestimmung der Lage des gefährdeten Querschnittes verfährt man wie folgt:

Bezeichnen wir die Belastungshöhe im gefährdeten Querschnitt mit η, dann gilt die Beziehung:

$$\frac{1{,}75}{\eta} = \frac{5{,}00 + 1{,}481}{5{,}00 + 1{,}481 - x},$$

wenn x die Entfernung des gefährdeten Querschnittes vom Auflager A bedeutet.

Aus obiger Gleichung erhält man

$$\eta = \frac{1{,}75\,(6{,}481 - x)}{6{,}481} = 1{,}75 - 0{,}27 \cdot x.$$

Die Belastungsfläche bis zum gefährdeten Querschnitt ist

$$F = \frac{1,75 + \eta}{2} \cdot x.$$

Setzt man nun den Wert für η in diese Gleichung für F ein, erhält man

$$F = \frac{1,75 + (1,75 - 0,27) \cdot x}{2} \cdot x = 1,75 \cdot x - 0,135\ x^2.$$

Die Querkraft im gefährdeten Querschnitt beträgt:

$$Q = A - (1,75 \cdot x - 0,135 \cdot x^2) \cdot 500.$$

Setzt man diesen Wert für Q gleich Null, so erhält man eine quadratische Gleichung:

$$1623 - (1,75 - 0,135 \cdot x^2) \cdot 500 = 0,$$
$$67,5 \cdot x^2 - 875 \cdot x + 1623 = 0$$

oder
$$x^2 - 12,96\ x + 24,04 = 0,$$

daraus erfolgt nach Auflösung der quadratischen Gleichung für x der Wert:

$$x = 6,48 \pm \sqrt{41,99 - 24,04},$$
$$x = 6,48 \pm 4,23 = 2,25\ \text{m},$$

dann ist
$$\eta = 1,75 - 0,27 \cdot 2,25 = 1,14.$$

Nach der Berechnung von x berechnet man noch die Lage des Schwerpunktes für die Belastungsfläche von A bis η.

$$s = \frac{2,25}{3} \cdot \frac{1,14 + 2 \cdot 1,75}{2,89} = 1,204,$$

dann finden wir für

$$\max M = 1623 \cdot 2,25 - \frac{1,75 + 1,14}{2} \cdot 2,25 \cdot 500 \cdot 1,204,$$

$$\max M = 3652 - 1957 = 169\,500\ \text{kgcm}.$$

Die zeichnerische Lösung stimmt mit der rechnerischen Lösung überein.

28. Beispiel. Berechnung eines verdübelten Balkens.

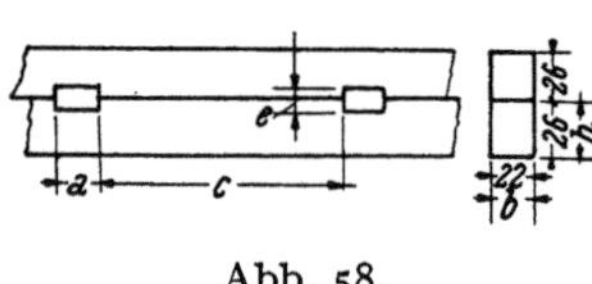

Abb. 58.

Über eine Öffnung mit einer Stützweite von 7,0 m soll für Dachlast ein verdübelter Balken errichtet werden. Das mit Falzziegel gedeckte Dach hat eine Neigung von 30° mit einer Gesamtlast von 250 kg/m² je Quadratmeter Grundrißfläche (Abb. 58). Belastung: Raumtiefe 6,0 m.

Vom Dache (Eigengewicht + Schnee + Wind) 250 . 3 .... = 750 kg/m
Eigengewicht des verdübelten Balkens 22/52 .... = 74 „

zusammen: 824 kg/m

$$\max M = \frac{1}{8} \cdot 824 \cdot 7,0^2 = 504\,700\ \text{kgcm}$$

gewählt zwei übereinanderstehende Balken 22/26.

Anmerkung: Bei verdübelten Balken darf aber in diesem Falle nur ein nutzbares Widerstandsmoment

$$W_n = 0{,}85 \cdot W_x$$

in Anrechnung gestellt werden.

$$W_n = \frac{22 \cdot 52^2}{6} \cdot 0{,}85 = 8427 \text{ cm}^3,$$

$$= \frac{504\,700}{8427} = 60 \text{ kg/cm}^2 \text{ (zul 100)}.$$

Schubspannungsnachweis. Die Querkraft ist konstant

$$Q = A = B = \frac{824 \cdot 7{,}0}{2} = 2884 \text{ kg,}$$

am Auflager

$$\tau_0 = \frac{3}{2} \cdot \frac{A}{F} = 1{,}5 \cdot \frac{2884}{22 \cdot 52} = 3{,}78 \text{ kg/cm}^2.$$

Die gesamte auftretende Schubkraft ist:

$$T = \tau_{0\,\text{max}} \cdot b \cdot \frac{1}{4} = 3{,}78 \cdot 22 \cdot \frac{700}{4} = 14\,553 \text{ kg.}$$

Einschnittstiefe $\qquad e = 0{,}1 \cdot h - 0{,}13 \cdot h,$

gewählt e mit 3 cm, $\sigma_{d\,\text{zul}}$ in der Faserrichtung = 85 kg, ein Dübel nimmt daher auf: $\qquad b \cdot e \cdot \sigma_d = 22 \cdot 3 \cdot 85 = 5610$ kg.

Der Dübel muß auf Abscherung ebensoviel übernehmen, daher

$$a \cdot b \cdot 10 = 5610 = a \cdot 22 \cdot 10, \text{ daraus } a = 25{,}5 \text{ cm.}$$

σ_d für Hartholz beträgt 10 kg/cm², gewählt $a = 26$ cm.

Die erforderliche Anzahl Dübel erhält man, indem man die gesamte Schubkraft durch die Tragkraft eines Dübels dividiert.

Ist n die Anzahl der Dübel, so ist:

$$n = \frac{14\,553}{5610} = 2{,}6,$$

also drei Dübel.

Die Aufteilung der Dübel geschieht auf nachstehende Weise (Abb. 59):

Das zwischen den Dübeln stehenbleibende Balkenholz muß ebenfalls gegen Abscherung genügend stark sein. $\sigma_{d\,\text{zul}}$ für Weichholz = 9 kg/cm², dann ist $c \cdot b \cdot 9 = 5610$ und daraus $c \geqq 28{,}3$ cm, vorhanden 46 cm.

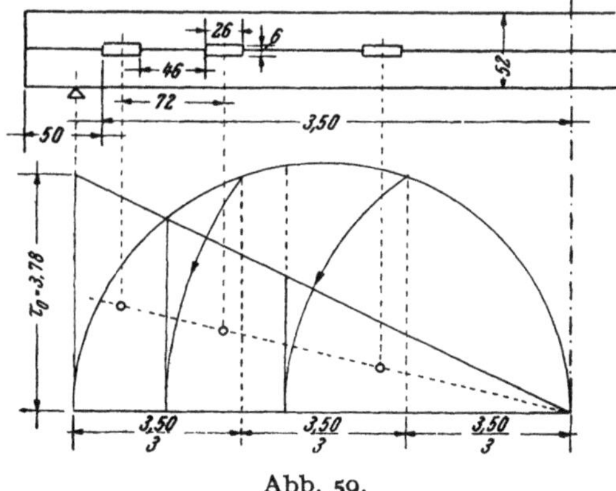

Abb. 59.

Das gleiche gilt auch für das Ende des verdübelten Balkens, also auch am Auflager müssen mindestens 28,3 cm als Überstand vorhanden sein; vorhanden 50 cm.

29. Beispiel. Über einen Raum von 5 m Breite und 5,6 m Länge soll eine Holzbalkendecke für eine Nutzlast von 250 kg/m² errichtet werden (Abb. 60).

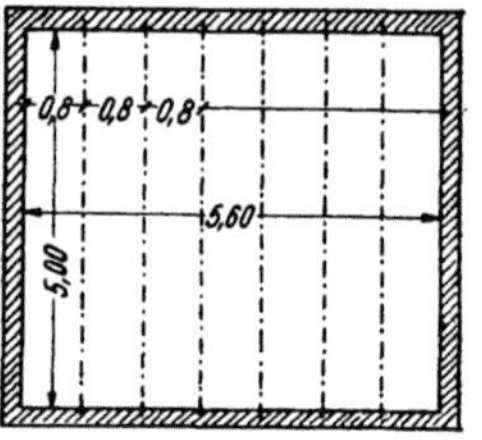

Abb. 60.

Belastung durch Eigengewicht:

Fußboden .... 22 kg/m²
Überschüttung 8 cm Lehm .... 128 ,,
Deckenschalung .... 15 ,,
Rohrdeckenputz einschließlich Rohrung 20 ,,

zusammen: 185 kg/m²
Belastung durch Nutzlast .... 250 ,,

insgesamt: 435 kg/m²

Lichte Weite der Deckenträme $l = 5{,}0$ m.
Stützweite $5{,}0 + 5\% = 5{,}25$ m.
Balkenentfernung 0,80 m.

Gewicht der Lasten auf einen Balken $435 \cdot 0{,}8 \ldots = 348$ kg/m
Eigengewicht des Balkens .... 28 ,,

Gesamtgewicht je laufenden Meter .... 376 kg/m

Nach Gl. (3)

$$\max M = \frac{1}{8} q\, l^2 = \frac{1}{8} \cdot 376 \cdot 5{,}25^2 = 129543 \text{ kgcm,}$$

gewählt ein Balken mit einem Querschnitt 18/24 cm.

Das Widerstandsmoment beträgt nach der Formel

$$W_x = \frac{b \cdot h^2}{6} = \frac{18 \cdot 24^2}{6} = 1728 \text{ cm}^3.$$

Das Trägheitsmoment beträgt nach der Formel

$$J_x = \frac{b \cdot h^3}{12} = \frac{18 \cdot 24^3}{12} = 20736 \text{ cm}^4.$$

Die Druckspannung auf reine Biegung ist

$$\sigma_b = \frac{M}{W_x} = \frac{129543}{1728} = 75 \text{ kg/cm}^2.$$

Damit ist aber die Aufgabe noch nicht vollständig gelöst, denn es bedarf noch der Feststellung, daß die Durchbiegung die festgesetzte Grenze von $1 : 300$ für Holz nicht überschritten wurde.

Die Formel für die Durchbiegung beim einfachen Balken und Gleichlast lautet:

$$f = \frac{5 \cdot Q \cdot l^4}{384 \cdot E \cdot J}, \tag{32}$$

dabei bedeutet:

$P = Q =$ Lasten in Kilogramm,
Längen in Zentimeter,
$E =$ Elastizitätsmodul des Trägermaterials,
$J =$ Trägheitsmoment des Trägerprofils in Zentimeter.

Wenn man nun die entsprechenden Werte in die obgenannte Formel einsetzt, so erhält man für

$$f = \frac{5 \cdot 376 \cdot 5{,}25^4}{384 \cdot 100000 \cdot 20736}$$

oder

$$f = \frac{5 \cdot 3{,}76 \cdot 5{,}25^4 \cdot 10^8}{384 \cdot 10^5 \cdot 20736} = 1{,}7 \text{ cm.}$$

Die zulässige Durchbiegung beträgt:

$$f = \frac{525}{300} = 1{,}75,$$

das bedeutet, daß die errechnete Durchbiegung kleiner als die zulässige Durchbiegung ist. Der Träger wurde also richtig dimensioniert.

30. Beispiel. In einer bestehenden Tramdecke, wie im vorangegangenen Beispiel, soll auf einem Balken eine 12 cm starke und 2,4 m hohe Trennungswand aus Mauerziegeln errichtet werden. Es ist zu untersuchen, ob zwei nebeneinander liegende Balken mit gleichem Querschnitt diese zusätzliche Last noch aufnehmen können.

Aus dem vorigen Beispiel erhält man:

Belastung des Balkens je laufenden Meter..... 376 kg/m
Mauergewicht 0,12 . 2,4 . 1800 .... = 518 ,,
Zusatzbalken 18/24......................... 28 ,,

zusammen: 922 kg/m

$$M_{\mathbf{max}} = \frac{1}{8} \cdot 922 \cdot 5{,}25^2 = 317657 \text{ kgcm.}$$

Das Widerstandsmoment der beiden Balken beträgt:

$$W_x = 2 \cdot 1728 = 3456 \text{ cm}^3,$$

dann ist

$$\sigma_d = \frac{317657}{3456} = 92 \text{ kg/cm}^2.$$

Die Durchbiegung ergibt

$$f_{\mathbf{max}} = \frac{5 \cdot 9{,}22 \cdot 5{,}24^4 \cdot 10^8}{384 \cdot 10^5 \cdot 41472} = 2{,}2 \text{ cm.}$$

Diese Durchbiegung ist zu groß. Würde man den Zusatzbalken noch breiter ausführen, so würde dies auch nicht genügen. Daher muß die Mauer durch einen eisernen Träger unterfangen werden.

Belastung des eisernen Trägers:

$$\text{Verkehrslast} \ldots \ldots \ldots \ldots \ldots 348 \text{ kg/m}$$
$$\text{Mauergewicht} \ldots \ldots \ldots \ldots \ldots 518 \quad ,,$$
$$\text{Eigengewicht I } P\,24 \ldots \ldots \ldots \underline{ 36 \quad ,,}$$
$$902 \text{ kg/m}$$

Nach Gl. (32) ist

$$f = \frac{5 \cdot P \cdot l^3}{384 \cdot E \cdot J},$$

$$J_{\text{erf}} = \frac{5 \cdot P\, l^3}{384 \cdot E \cdot f};$$

Die erlaubte Durchbiegung beträgt für $f = \dfrac{l}{500} = \dfrac{525}{500} = 1{,}05 \text{ cm}$; demnach ist

$$J_{\text{erf}} = \frac{5 \cdot P \cdot l^3}{384 \cdot E \cdot f}$$

oder

$$J_{\text{erf}} = \frac{5 \cdot q \cdot l^4}{384 \cdot E \cdot f} = \frac{5 \cdot 902 \cdot 5{,}25^4 \cdot 10^8}{384 \cdot 2{,}1 \cdot 10^6 \cdot 1{,}05},$$

$$J_{\text{erf}} = 4060 \text{ cm}^4.$$

Diesem Trägheitsmoment entspricht ein I $P\,24$ mit

$$J_x = 4250 \text{ cm}^4.$$

Anmerkung: In der Praxis wird oft bei ungenügender Höhe eines Trägers die nächst höhere Profilnummer gewählt. Die Durchbiegung muß aber gerechnet werden, weil sehr oft die Wahl einer nächthöheren Trägerprofilnummer der zulässigen Durchbiegung nicht genügt.

31. Beispiel. Für einen Tanzsaal soll eine Holzdecke mit einer darunterliegenden Fehltramdecke errichtet werden.

$$\text{Die Nutzlast beträgt} \qquad p = 500 \text{ kg/m}^2,$$
$$\text{Stützweite der Deckenbalken} \quad l = 6{,}3 \text{ m},$$
$$\text{Entfernung der Deckenbalken} \qquad 0{,}8 \text{ m}.$$

Belastung:

$$\text{Parkettfußboden} \ldots \ldots \ldots \ldots \ldots \ldots 24 \text{ kg/m}^2$$
$$\text{Blindboden einschließlich Polsterhölzer} \ldots 26 \quad ,,$$
$$\text{Deckenfüllstoff} \ldots \ldots \ldots \ldots \ldots \ldots 80 \quad ,,$$
$$\text{Schalung} \ldots \ldots \ldots \ldots \ldots \ldots \ldots 15 \quad ,,$$
$$\text{Nutzlast} \ldots \ldots \ldots \ldots \ldots \ldots \underline{500 \quad ,,}$$
$$\text{insgesamt:} \quad 645 \text{ kg/m}^2$$

$$\text{Belastung eines Balkens } 0{,}8 \cdot 645 \ldots \ldots = 516 \text{ kg/m}$$
$$\text{Eigengewicht des Balkens } 26/30 \ldots \ldots \underline{47 \quad ,,}$$
$$\text{zusammen:} \quad 563 \text{ kg/m}$$
$$\text{aufgerundet:} \quad 570 \text{ kg/m}$$

$$M_{\text{max}} = \frac{1}{8} \cdot 570 \cdot 6{,}3^2 = 282\,800 \text{ kgcm,}$$

$$W_{\text{erf}} = \frac{282\,800}{90} = 3142 \text{ cm}^3,$$

gewählt ein Balkenquerschnitt 26/30 mit

$$W_x = 3900 \text{ cm}^3 \quad \text{und} \quad J_x = 58\,500 \text{ cm}^4.$$

Berechnung der Durchbiegung:

$$f = \frac{5 \cdot 5{,}70 \cdot 6{,}30^4 \cdot 10^8}{384 \cdot 10^5 \cdot 58\,500} = 1{,}99 \text{ cm,}$$

zulässig

$$\frac{l}{300} = \frac{630}{300} = 2{,}1 \text{ cm.}$$

Die Beanspruchung auf Biegung beträgt

$$\sigma_d = \frac{282\,800}{3900} = 72{,}8 \text{ kg/cm}^2.$$

Berechnung der Fehltramdecke:

Schalung .... 12 kg/m²
Rohrdeckenputz einschließlich Rohrung 20 ,,
zusammen: 32 kg/m²

Belastung des Fehltrames 0,8 . 32 .. = 25,6 kg/m
Eigengewicht 8/14 .... 7,4 ,,
zusammen: 33 kg/m

$$M_{\text{max}} = \frac{1}{8} \cdot 33 \cdot 6{,}3^2 = 16\,400 \text{ kgcm,}$$

$$W_{\text{erf}} = \frac{16\,400}{90} = 182 \text{ cm}^3,$$

gewählt ein Querschnitt 8/14 mit $W_x = 261$ cm³,

somit $\quad \sigma_d = \dfrac{16\,400}{261} = 63$ kg/cm².

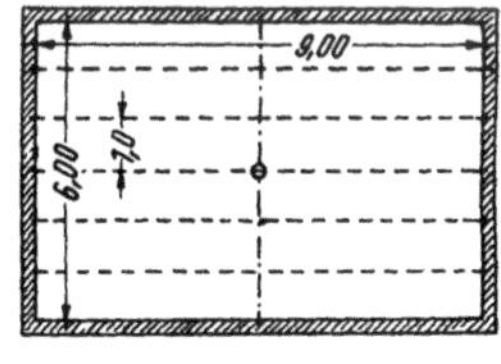

Abb. 61.

Die Berechnung der Durchbiegung erfolgt wie vorher.

32. Beispiel. Holzbalkendecke über einen Raum mit den Lichtmaßen 6 × 9 m. Die Tragbalken sind in der Mitte durch einen Unterzug unterstützt. Stützweite der Balken $l = 4{,}5 + 5\% = 4{,}72$ m (Abb. 61).

Als Deckenbelag sind nur Pfosten vorgesehen.

Entfernung der Balken 1,0 m.

Berechnung der Pfosten:

Nutziast .... 400 kg/m²
6 cm Pfosten (Hartholz)........ 48 ,,
zusammen: 448 kg/m²

Die Breite der Pfosten sei 20 cm.
Somit erhält ein Pfosten eine Last:

$$\frac{448}{5} = 89,6 \text{ kg/m},$$

$$M_{\max} = \frac{1}{8} \cdot 89,6 \cdot 1,0^2 = 1120 \text{ kgcm},$$

$$\sigma_d = \frac{M}{W} = \frac{1120 \cdot 6}{20 \cdot 36} = 93 \text{ kg/cm}^2.$$

Berechnung der Tragbalken als durchlaufende Träger:

Nutzlast $p = \dots\dots\dots\dots\dots\dots$ 400 kg/m

Pfosten $\dots\dots\dots\dots\dots\dots\dots$ 48 ,, $\left.\begin{array}{c} \\ \\ \end{array}\right\}$ $g = 73$ kg/m

Eigengewicht der Balken 18/22. 25 ,,

Nach den WINKLER-Tabellen ist:

Feldmoment $M = (0,070 \cdot g + 0,0950 \cdot p) \, l^2,$

$$M = (0,07 \cdot 73 + 0,095 \cdot 400) \cdot 4,72^2 = 96\,000 \text{ kgcm},$$

gewählt ein Balkenquerschnitt 18/22 mit $W_x = 1452$ cm³,

$$\sigma_d = \frac{96\,000}{1452} = 66 \text{ kg/cm}^2.$$

Die Spannung wird nicht voll ausgenützt, doch muß auch die Durchbiegung berücksichtigt werden.

Berechnung des Unterzuges bei Berücksichtigung der Kontinuität der Sekundärbalken.

Nach der Theorie für den durchlaufenden Balken beträgt der Stützendruck für einen Balken auf drei Stützen mit Gleichlast:

$$\max C = 1,25 \, (g + p) \cdot l.$$

Nach Einsatz der entsprechenden Werte erhält man die Belastung des Unterzuges je laufenden Meter:

$$g + p = 73 + 400 = 473 \text{ kg},$$

dazu kommt noch das Eigengewicht des Unterzuges; gewählt ein Balken 24/30 cm mit

$$g = 46,8 \text{ kg/m},$$

demnach ist

$$\max C = 1,25 \, (73 + 400 + 46,8) \cdot 4,72 = 3067 \text{ kg}.$$

Die Stützweite des Unterzuges beträgt $l = 6,3$ m.
Das maximale Biegungsmoment für den Unterzug ist:

$$M_{\max} = \frac{1}{8} \cdot 3067 \cdot 6,3^2 = 1\,520\,000 \text{ kgcm}.$$

Dieses hohe Biegungsmoment kann ein Holzbalken mit den üblichen Dimensionen nicht aufnehmen. Ebensowenig kommen verdübelte

Balken oder eiserne Träger in Frage. Daher muß der Unterzug in der Mitte durch eine Säule unterfangen werden, wodurch das Moment ganz wesentlich kleiner wird.

Die Stützweite beträgt dann für den Unterzug $l = 3,15$ m.

Zur Berechnung des Feldmomentes nehmen wir die Annäherungs-formel

$$M = \frac{1}{11} \cdot 3060 \cdot 3,15^2 = 276700 \text{ kgcm.}$$

Das Widerstandsmoment für einen Balken mit einem Querschnitt 24/30 cm beträgt

$$W_x = \frac{24 \cdot 30^2}{6} = 3600 \text{ cm}^3,$$

somit

$$\sigma_d = \frac{276700}{3600} = 77 \text{ kg/cm}^2.$$

Berechnung der Säule:

Anmerkung: Im allgemeinen kann für die Berechnung von Säulen die Berücksichtigung der Kontinuität der Träger entfallen. Wir wollen dies aber berücksichtigen.

Das Belastungsfeld für die Säule beträgt auf Grund der Verwendung von durchlaufenden Trägern über drei Stützen:

$$F = 1,25 \cdot 3,15 \cdot 1,25 \cdot 4,72 = 23,2 \text{ m}^2.$$

Belastung der Säule:

```
Nutzlast 23,2 . 400 ....................... =  9280 kg
Pfostenbelag 23,2 . 48..................... =  1114 ,,
Anteil des Unterzuges 1,25 . 3,15 . 43.... =   169 ,,
Anteil der Längsträger 1,25 . 4,72 . 5 . 25 =   737 ,,
                            zusammen:  11300 kg
```

Gewählt eine Säule mit einem Querschnitt 24/24 cm.

$$F = 576 \text{ cm}^2,$$

$$J_x = \frac{h^4}{12} = \frac{24^4}{12} = 27650 \text{ cm}^4,$$

$$i_x = \sqrt{\frac{J_x}{F}} = \sqrt{\frac{27650}{576}} = 6,93.$$

Schlankheitsgrad $\lambda = \frac{s_k}{\min i}$, wobei s_k die freie Knicklänge bezeichnet, diese ist 4,0 m, somit

$$\lambda = \frac{400}{6,93} = 57,7$$

diesem Wert für λ entspricht die Knickzahl $\omega = 1,62$. Die Beanspruchung der Säule auf Knickung beträgt daher:

$$\sigma_k = \omega \cdot \frac{P}{F} = 1,62 \cdot \frac{11300}{576} = 31,8 \text{ kg/cm}^2.$$

Berechnung des Fundamentes:

Der tragfähige Boden sei in einer Tiefe von 1,5 m; die zulässige Bodenbeanspruchung sei 3 kg/cm².

Unter der Säule wird ein Betonsockel mit den Ausmaßen 50 . 50 . 10 cm angeordnet. Sein Gewicht beträgt 0,5 . 0,5 . 1 . 2200 = 550 kg.

Der Betonsockel steht auf einer Fundamentplatte mit den Ausmaßen 100 . 100 . 50 cm. Ihr Gewicht beträgt 1 . 1 . 0,5 . 2200 = 1100 kg.

Wenn wir nun alle Lasten addieren, so erhalten wir:

$$
\begin{array}{lr}
\text{Säulengewicht} \dots\dots\dots & 150 \text{ kg} \\
\text{Säulenlast} \dots\dots\dots\dots & 11\,300 \text{ ,,} \\
\text{Fundamentsockel} \dots\dots\dots & 550 \text{ ,,} \\
\text{Fundamentplatte} \dots\dots\dots & \underline{1\,100 \text{ ,,}} \\
\text{zusammen:} & 13\,100 \text{ kg}
\end{array}
$$

Bodenpressung: $\qquad \sigma = \dfrac{P}{F} = \dfrac{13\,100}{100 \,.\, 100} = 1{,}31 \text{ kg/cm}^2.$

33. Beispiel. Für einen Raum mit den Ausmaßen 5 . 6 m soll eine Tramtraversendecke errichtet werden (Abb. 62).

Die Stützweite der Traversen beträgt $5{,}0 + 5\% = 5{,}25$ m.

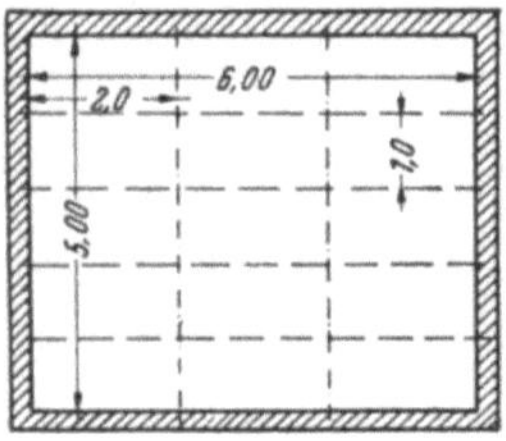

Entfernung der Traversen 2,0 m.

Entfernung der Träme 1,0 m.

Belastung des Trambalkens:

$$
\begin{array}{lr}
\text{Fußboden} \dots\dots\dots\dots\dots & 24 \text{ kg/m}^2 \\
\text{Überschüttung} \dots\dots\dots\dots & 150 \quad\text{,,} \\
\text{Deckenschalung} \dots\dots\dots\dots & 13 \quad\text{,,} \\
\text{Rohrdeckenputz} \dots\dots\dots\dots & 20 \quad\text{,,} \\
\text{Nutzlast} \dots\dots\dots\dots\dots\dots & \underline{200 \quad\text{,,}} \\
\text{zusammen:} & 407 \text{ kg/m}^2
\end{array}
$$

Abb. 62.

Somit erhält man je Laufmeter Balken $q \dots\dots = 407$ kg/m

Gewicht des Balkens $\dots\dots\dots\dots\dots\dots\dots\dots\dots \quad \underline{9 \quad\text{,,}}$

$$
\begin{array}{lr}
\text{zusammen:} & 416 \text{ kg/m} \\
\text{aufgerundet:} & 420 \quad\text{,,}
\end{array}
$$

Biegungsmoment für den Trambalken:

$$
\max M = \frac{1}{8} \cdot 420 \cdot 2{,}1^2 = 23\,153 \text{ kgcm;}
$$

gewählt ein Querschnitt 10/14 mit $W_x = 327$ cm³:

$$
\sigma_d = \frac{23\,153}{327} = 71{,}0 \text{ kg/cm}^2.
$$

Berechnung der Traverse:

Belastung:

Von der Decke 2 . 420 $\dots\dots\dots\dots\dots = 840$ kg/m

Trägergewicht $\dots\dots\dots\dots\dots\dots\dots\dots\dots \quad \underline{31 \quad\text{,,}}$

$$
\text{zusammen:} \quad 871 \cong 880 \text{ kg/m}
$$

$$\max M = \frac{1}{8} \cdot 880 \cdot 5{,}25^2 = 304\,000 \text{ kgcm},$$

$$W_{\text{erf.}} = \frac{304\,000}{1400} = 217 \text{ cm}^3;$$

mit Rücksicht auf die Durchbiegung gewählt ein I 22 mit $W_x = 278$ cm³ und $J_x = 3060$ cm⁴.

Berechnung der Durchbiegung nach Gl. (32):

$$f = \frac{5 \cdot 8{,}8 \cdot 5{,}24^4 \cdot 10^8}{384 \cdot 2{,}1 \cdot 10^6 \cdot 3060} = 1{,}350 \text{ cm},$$

zulässig $\dfrac{525}{500} = 1{,}05$ cm.

Mit Rücksicht auf die zu große Durchbiegung wird ein Träger I 24 mit $J_x = 4260$ cm⁴ gewählt, dann ist

$$f = 0{,}975 \text{ cm}.$$

34. Beispiel. Berechnung einer Holzdecke mit Unterzügen, welche durch Sattelhölzer und Kopfbänder unterstützt werden (Abb. 63).

Tragbalken durchlaufend über drei Stützen, Unterzug über der Säule gestoßen.

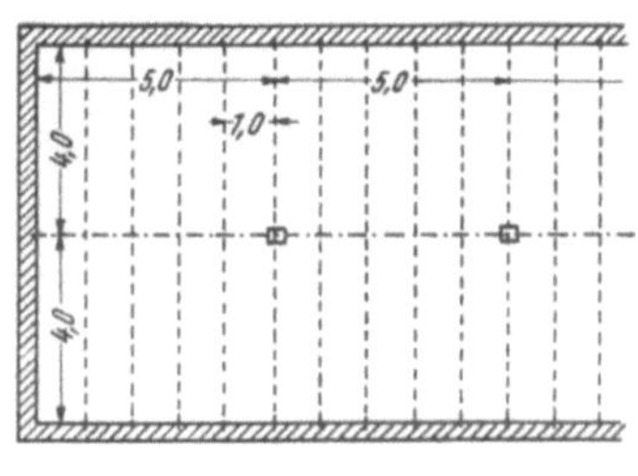

Abb. 63.

Nutzlast $p = 600$ kg/m².

5 cm starker und 20 cm breiter Bohlenbelag.

Berechnung des Bohlenbelages:

a) Mit Nutzlast.

Nutzlast 600 . 0,2 .... = 120 kg/m
Eigengewicht 0,2 . 0,05 . 750 ...... = 7,5 ,,
zusammen rund: 130 kg/m

$$M_{\max} = \frac{1}{8} \cdot 130 \cdot 1^2 = 1625 \text{ kgcm},$$

$$W_x = \frac{20 \cdot 5^2}{6} = 83{,}3 \text{ cm}^3, \quad \sigma = \frac{1625}{83{,}3} = 19{,}5 \text{ kg/cm}^2.$$

b) Durch eine Einzellast von 150 kg in der Mitte.

$$M_{\max} = \frac{150 \cdot 1{,}0}{4} = 3750 \text{ kgcm}, \quad \sigma = \frac{3750}{83{,}3} = 45 \text{ kg/cm}^2.$$

Berechnung der Tragbalken:

Nutzlast p .... = 600 kg/m
Bohlenbelag .... 38 ,,
Eigengewicht des Balkens 18/24 ...... 28 ,,
zusammen: 666 $\cong$ 670 kg/m

Stützweite $l = 4 + 5\% = 4{,}20$ m,

$$\max M = \frac{1}{11} \cdot 670 \cdot 4{,}2^2 = 107\,443 \text{ kgcm};$$

gewählt 18/24 mit $W_x = 1728$ cm³,

$$\sigma = \frac{107\,443}{1728} = 62 \text{ kg/cm}^2.$$

Berechnung des Unterzuges:
Stützweite $l = 5{,}0$ m.
Belastung:

$$
\begin{aligned}
&\text{Nutzlast } 4{,}0 \cdot 600 \ldots\ldots\ldots\ldots\ldots && = 2400 \text{ kg/m} = p \\
&\text{Bohlenbelag } 0{,}05 \cdot 4{,}0 \cdot 750 \ldots\ldots && = 150 \text{ ,,} \\
&\text{Balken } \frac{0{,}18 \cdot 0{,}24 \cdot 4 \cdot 600 \cdot 4}{5} \ldots\ldots && = 80 \text{ ,,} \\
&\text{Eigengewicht des Unterzuges } 22/28 \ldots && 40 \text{ ,,}
\end{aligned}
\quad\Bigg\}\; 270 = g
$$

$$q = g + p = 2670 \text{ kg/m}, \quad g = 270 \text{ kg/m}.$$

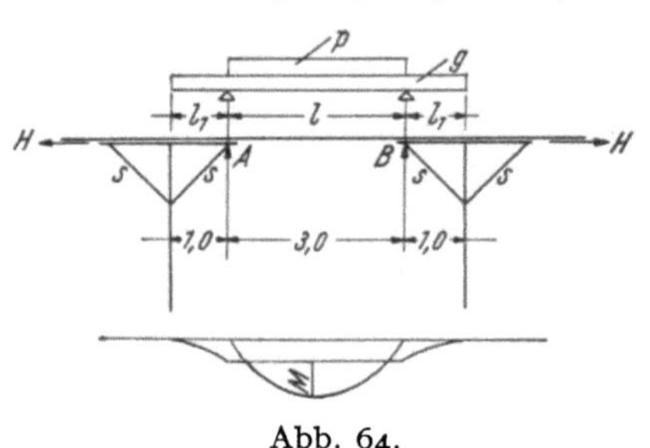

Abb. 64.

Belastungsschema I (Abb. 64).

$$M = \frac{1}{8} q \cdot l^2 - \frac{1}{2} g \cdot l_1^2 =$$

$$= \frac{1}{8} \cdot 2670 \cdot 3^2 - \frac{1}{2} \cdot 270 \cdot 1{,}0^2 =$$

$$= 2868 \text{ kgm} = 286\,800 \text{ kgcm},$$

gewählt 22/28 mit

$$W_x = 2880 \text{ cm}^3;$$

$$\sigma = \frac{286\,800}{2880} = 99 \text{ kg/cm}^2.$$

Belastungsschema II. Als eingespannter Träger:

$$q = 2670 \text{ kg/m}.$$

Feldmoment $\qquad M = \frac{1}{12} \cdot 2670 \cdot 3^2 = 200\,000 \text{ kgcm},$

$$\sigma = \frac{200\,000}{2480} = 81 \text{ kg/cm}^2$$

bei einem Querschnitt 22/26 und $W_x = 2480$ cm³.

Ausführung nach I, weil eine entsprechende Einspannung nicht zu erreichen ist.

Berechnung der Sattelhölzer:

Auflagerdruck $\qquad A = \frac{1}{2} \cdot 2670 \cdot 5 = 6675 \text{ kg};$

Horizontalkraft $\qquad H = A \cdot \text{tg } 45° = 6675 \cdot 1 = 6675 \text{ kg};$

Strebenkraft $\qquad S = \frac{A}{\cos \alpha} = \frac{6675}{0{,}707} = 9450 \text{ kg};$

Querschnitt 22/26; $\quad F = 572$ cm²; $\qquad W_x = 2480$ cm³.

Berechnung der Säule:

$h = 4{,}0$ m.

Belastungsfeld $4 . 5 = 20$ m².

$$
\begin{aligned}
\text{Nutzlast } p = 20 . 600 \ldots\ldots\ldots\ldots &= 12\,000 \text{ kg}\\
\text{Bohlenbelag } 20 . 38 \ldots\ldots\ldots\ldots &= 760 \text{ ,,}\\
\text{Balken } 0{,}18 . 0{,}24 . 4 . 600 . 5 \ldots\ldots &= 520 \text{ ,,}\\
\text{Unterzug } 0{,}22 . 0{,}28 . 600 . 5 \ldots\ldots &= 185 \text{ ,,}\\
\text{Sattelholz } 0{,}22 . 0{,}28 . 600 . 2 \ldots\ldots &= 74 \text{ ,,}\\
\text{Streben } 600 . 0{,}22 . 0{,}26 . 2{,}82 \ldots\ldots &= 96 \text{ ,,}\\
\hline
\text{zusammen: } &\; 13\,635 \text{ kg}
\end{aligned}
$$

Gewählt eine Säule mit einem Querschnitt 22/22 cm.

$$F = 484 \text{ cm}^2; \quad J_x = 19\,520 \text{ cm}^4; \quad i_x = 6{,}35.$$

Schlankheitsgrad: $\qquad \lambda = \dfrac{400}{6{,}35} = 63;$

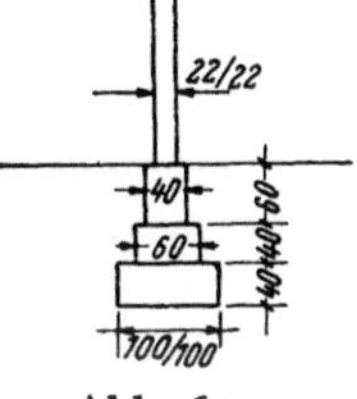
Abb. 65.

$$\omega = 1{,}72,$$

$$\sigma = \omega . \frac{P}{F} = 1{,}72 . \frac{13\,635}{484} = 48 \text{ kg/cm}^2.$$

Berechnung des Fundamentes (Abb. 65):

$$
\begin{aligned}
\text{Säulenlast} \ldots\ldots\ldots\ldots\ldots\ldots\ldots &\; 13\,635 \text{ kg}\\
\text{Eigengewicht der Säule} \ldots\ldots\ldots\ldots & 116 \text{ ,,}\\
\text{Sockel I: } 0{,}4 . 0{,}4 . 0{,}6 . 2200 \ldots\ldots &= 211 \text{ ,,}\\
\text{Sockel II: } 0{,}6 . 0{,}6 . 0{,}4 . 2200 \ldots\ldots &= 317 \text{ ,,}\\
\text{Fundamentplatte: } 1{,}0 . 1{,}0 . 0{,}4 . 2400 &= 960 \text{ ,,}\\
\hline
\text{zusammen: } &\; 15\,239 \text{ kg}
\end{aligned}
$$

Bodenpressung $\qquad \sigma = \dfrac{15\,239}{10\,000} = 1{,}5 \text{ kg/cm}^2.$

35. Beispiel. Berechnung eines hölzernen Balkons als Kragträger (Abb. 66).

Nutzlast $p = 500$ kg/m².

Entfernung der Kragbalken 80 cm.

Belastung eines Kragbalkens:

$$
\begin{aligned}
\text{Nutzlast } 500 . 0{,}8 \ldots\ldots\ldots\ldots &= 400 \text{ kg/m}\\
\text{Pfostenbelag } 4 \text{ cm} \ldots\ldots\ldots\ldots & 24 \text{ ,,}\\
\text{Eigengewicht } 14/16 \ldots\ldots\ldots\ldots & 15 \text{ ,,}\\
\hline
\text{zusammen: } &\; 439 \text{ kg/m}
\end{aligned}
$$

Abb. 66.

Gewicht des Geländers je Balken 25 kg/m.

$$\max M = 439 . \frac{1{,}0^2}{2} + 100 . 1{,}10 + 25 . 1{,}0 = 35\,450 \text{ kgcm},$$

$$W_{x \text{ erf.}} = \frac{35\,450}{90} = 394 \text{ cm}^3;$$

gewählt ein Balkenquerschnitt 14/16 cm mit $W_x = 597$ cm³.

Damit der Balkon einschließlich aller Lasten nicht um den Punkt „K" kippen kann, muß das Kippmoment der Maueraulast doppelt so groß sein wie das Kippmoment des Kragbalkens, wenn zweifache Kippsicherheit vorhanden sein soll.

Bezeichnen wir dieses Gegengewicht des Mauerkörpers mit „G", so gilt die Gleichung

$$G \cdot \frac{38}{2} = 2 \cdot 35450,$$

$G = 0{,}38 \cdot 0{,}80 \cdot h \cdot 1800$, dann gilt die Gleichung

$$0{,}38 \cdot 0{,}80 \cdot h \cdot 1800 \cdot \frac{38}{2} = 70900.$$

Aus dieser Gleichung erhalten wir für h den Wert

$$h = 6{,}82 \text{ m},$$

das bedeutet, daß die Aufmauerung bei einer Mauerstärke von 38 cm mindestens 6,82 m hoch sein muß.

Diese Höhe kann besonders bei Giebelwänden selten erreicht werden, daher muß zur Erreichung der vorgeschriebenen Kippsicherheit noch das Mauerwerk unterhalb des Balkons zur Sicherung des Balkens herangezogen werden. Falls unter dem Balkon keine Fenster vorhanden sind, kann jeder Balken für sich im unteren Mauerwerk verankert werden. Sind jedoch Fenster vorhanden, so empfiehlt es sich, Streben unter den Balken anzubringen.

Diese Sicherheitsmaßnahmen fallen jedoch weg, wenn die Balkonbalken als **verlängerte Deckenträme** Verwendung finden.

36. Beispiel. Berechnung eines Dachsparrens (Abb. 67).

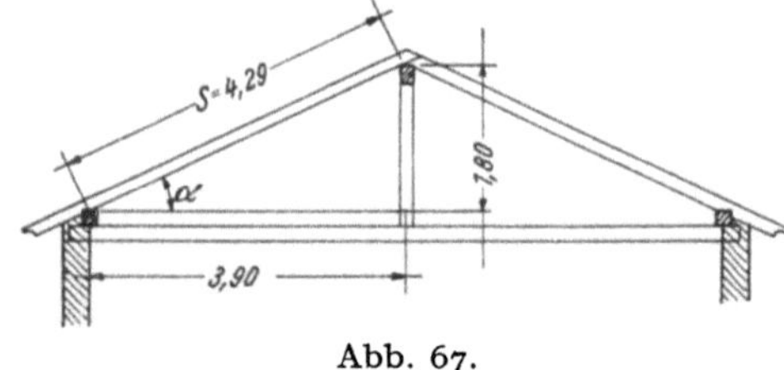

Abb. 67.

$$\operatorname{tg} \alpha = \frac{1{,}8}{3{,}9} = 0{,}462,$$
$$\alpha = 24^\circ\, 50',$$
$$\sin \alpha = 0{,}420,$$
$$\cos \alpha = 0{,}907.$$

Sparrenlänge:
$$s = \sqrt{1{,}8^2 + 3{,}9^2} = 4{,}29 \text{ m}.$$

Belastung eines Sparrens:

Doppeltes Ziegeldach aus Biberschwänzen einschließlich Latten und Sparren in der Dachneigung .... 95 kg/m²
Schneelast für $\alpha = 24^\circ\, 50'$ je Grundrißfläche .... 70 ,,
Windlast $96 \cdot \sin \alpha$ .... 40,3 ,,

Beziehen wir alle Lasten auf die Grundrißfläche, so ist:

Ziegeldach $\dfrac{95}{\cos \alpha} = \dfrac{95}{0{,}907}$ .... = 107 kg/m²

Schnee .... 70 ,,

Windlast $1{,}2 \cdot 80 \cdot \dfrac{\sin \alpha}{\cos^2 \alpha} = 96 \cdot \dfrac{0{,}420}{0{,}907^2}$ ...... = 49 ,,

zusammen: 226 kg/m²

Bei einer Sparrenentfernung von 0,8 m beträgt die Gleichlast je Laufmeter

$$226 . 0,8 = 181 \text{ kg/m};$$

$$M = \frac{1}{8} 181 . 3,9^2 = 34400 \text{ kgcm},$$

$$W_{x \text{ erf}} = \frac{34400}{90} = 382 \text{ cm}^3;$$

gewählt ein Sparrenquerschnitt 12/14 mit $W_x = 392$ cm³.

Anmerkung: Bei einer freien Sparrenlänge bis zu 4,5 m von Pfette zu Pfette in Richtung der Dachneigung gemessen, genügt fast immer eine Sparrenhöhe von 14 cm. Sind die Pfettenabstände größer, so muß die Durchbiegung berücksichtigt werden.

Für durchlaufende Sparrenbalken ist h_{erf} mit $\dfrac{1}{34}$ ausreichend.

37. Beispiel. Berechnung eines Gratsparrens; Dachneigung 45° (Abb. 68).

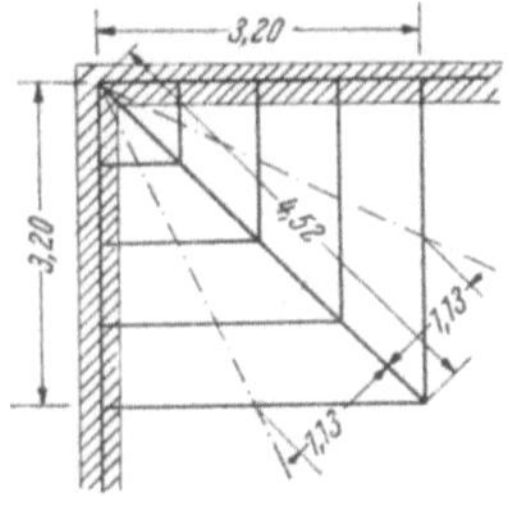

Abb. 68.

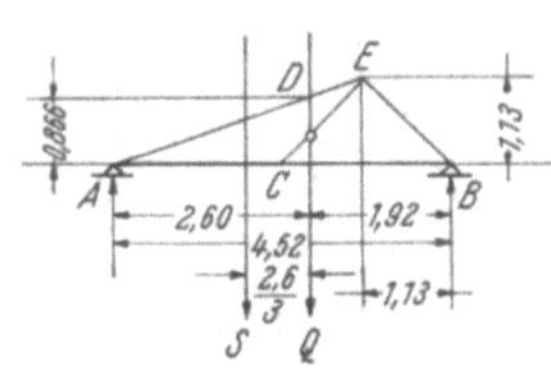

Abb. 69.

Sparrenlänge: $\qquad l = \sqrt{3,2^2 + 3,2^2}$ oder $\dfrac{3,2}{\cos 45°}$,

$$l = 4,52 \text{ m}.$$

Belastung:

Einfaches Ziegeldach einschl. Sparren je m² Grundfläche ... 110 kg/m²

Schneelast .... 50 ,,

zusammen: 160 kg/m²

Die Belastung des Gratsparrens wirkt als Dreieckslast (Abb. 69).

1. *Berechnungsart.* Wir denken uns die Dreieckslast Q im Schwerpunkte des Dreieckes ABE angreifend und erhalten für

$$Q_1 = 2 . 160 . 4,52 . \frac{1,13}{2} = 820 \text{ kg},$$

$$A_1 = \frac{820 . 1,92}{4,52} = 348 \text{ kg}.$$

Die Belastung des Dreieckes ACD greift ebenfalls im Schwerpunkt des Dreieckes ACD an und hat die Größe:

Fläche des Dreieckes ACD mal 2 . 160 = 360 kg = S.

Dann ist $\max M_1 = 348 \cdot 2{,}60 - 360 \cdot 2{,}6/3 = 59\,280$ kgcm,

$$W_{\text{erf}} = \frac{59\,280}{100} = 588 \text{ cm}^3;$$

gewählt Querschnitt 14/16 mit $W_x = 597$ cm³.

Belastung durch Eigengewicht und eine Einzellast $P = 100$ kg in der Mitte.

Eigengewicht 110 kg/m².

$$\text{Dreieckslast } Q_2 = 2 \cdot 110 \cdot 4{,}52 \cdot \frac{1{,}13}{2} = 562 \text{ kg},$$

dann ist zunächst $A_2 = \dfrac{562 \cdot 1{,}92}{4{,}52} = 238$ kg.

$S = $ Fläche des Dreieckes ACD mal $2 \cdot 110 = 247$ kg.

Dann ist

$$\max M_2 = 238 \cdot 2{,}60 - 247 \cdot \frac{2{,}60}{3} + \frac{100 \cdot 4{,}52}{4} = 51\,780 \text{ kgcm}.$$

Dieses Moment ist kleiner als $\max M_1$, daher ohne Belang.

2. *Berechnungsart auf graphischem Wege.* Man zerlegt die Dreieckslast des Dreieckes ABE in vier Teile in gleichen Abständen, berechnet die einzelnen Lasten, welche in den betreffenden Schwerpunkten angreifen, und ermittelt die Mittelkraft der vier parallelen Kräfte. Auf diese bereits bekannte Weise erhalten wir die Auflagerkraft A und das maximale Moment (Abb. 70).

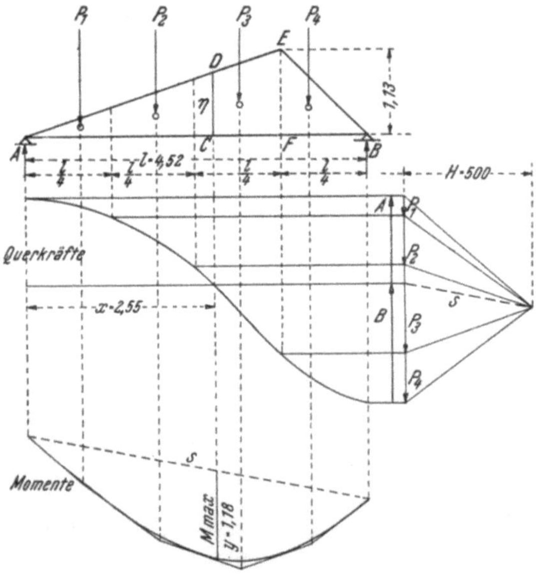

Letzteres ist $M = H \cdot y$; H im Kräftemaßstab; y im Zeichenmaßstab.

$$\begin{aligned}
P_1 &= 68 \text{ kg} \\
P_2 &= 205 \text{ ,,} \\
P_3 &= 341 \text{ ,,} \\
P_4 &= 206 \text{ ,,} \\
\hline
Q &= 820 \text{ kg}
\end{aligned}$$

$$M = H \cdot y = 500 \cdot 1{,}18 = 59\,000 \text{ kgcm}.$$

Abb. 70.

3. *Auf rechnerischem Wege.* Wir bezeichnen die Belastungshöhe im Punkt x mit η, dann haben wir die Beziehung:

$$\eta : x = \overline{EF} : \overline{AF} = \frac{1{,}13}{3{,}39} = \frac{1}{3},$$

daraus folgt für $\eta = \dfrac{1}{3} \cdot x.$

Die Fläche $\qquad A\,C\,D = \dfrac{1}{2} \cdot x \cdot \eta = \dfrac{x^2}{6} \cdot 160 \cdot 2.$

Die Querkraft beträgt:

$$Q = A - \frac{x^2}{6} \cdot 160 \cdot 2.$$

Setzt man diesen Ausdruck nach Einsetzen der Werte gleich Null, so erhält man den Wert für

$$x = 2{,}55 \text{ m (gefährdeter Querschnitt)};$$

$\max M$ ist demnach

$$\max M = A \cdot x - \frac{2 \cdot 160 \cdot x^2}{6} \cdot \frac{x}{3}$$

$$= 348 \cdot 2{,}55 - 17{,}77 \cdot 2{,}55^3$$

$$= 59\,275 \text{ kgcm.}$$

Anmerkung: Die drei Berechnungsarten ergeben dieselben Resultate.

38. Beispiel. Berechnung von Dachpfetten:

1. Lotrechtstehende Pfetten. Die Belastungen werden je m² Grundrißfläche aufgestellt und die Momente je nach der Belastungsart errechnet.

2. Schiefstehende Pfetten werden auf Doppelbiegung (schiefe Biegung) beansprucht; es ergeben sich daher Randspannungen in zwei Richtungen.

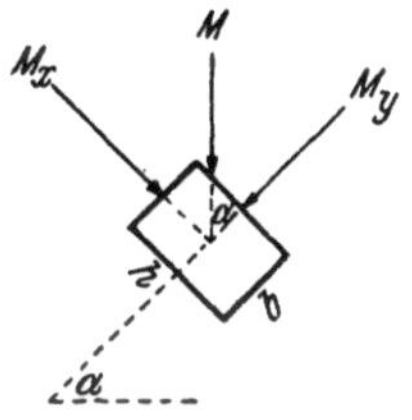

Die Gesamtspannung

$$\sigma = \sigma_1 + \sigma_2.$$

Das Verhältnis der Pfettenhöhe zur -breite soll 7/5 betragen.

$$h : b = 7 : 5 = c = 1{,}4$$

Abb. 71.

(für eiserne Gelenkspfetten ist $c = 8$).

Berechnung einer Dachpfette, welche durch ein lotrechtes Biegemoment beansprucht wird (Abb. 71).

$$M_x = M \cos \alpha, \quad M_y = M \sin \alpha;$$

ferner ist

$$W_x = \frac{b \cdot h^2}{6},$$

$$W_y = \frac{h \cdot b^2}{6},$$

$$\frac{W_x}{W_y} = \frac{h}{b}.$$

Die Gesamtspannung

$$\sigma = \frac{M_x}{W_x} + \frac{M_y}{W_y} = \frac{1}{W_x}\left(M_x + \frac{W_x}{W_y} \cdot M_y\right);$$

$$\sigma = \frac{1}{W_x}\left(M_x + c \cdot M_y\right).$$

Binderentfernung 4,0 m, Pfettenentfernung 3,5 m (Abb. 72).

$$\alpha = 45°; \quad \sin \alpha = \cos \alpha = 0,707.$$

Belastung je m² Dachfläche:

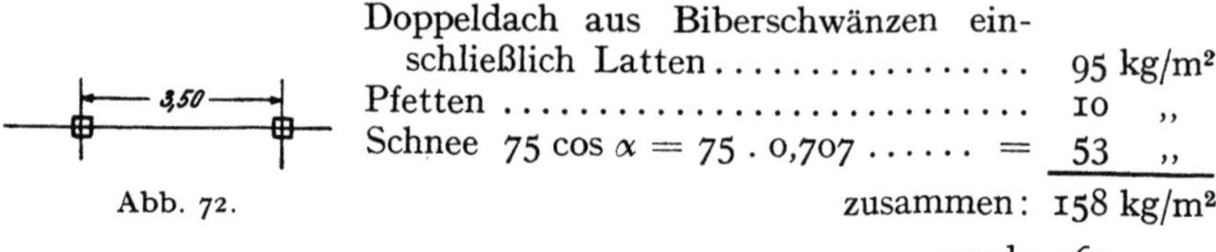

Abb. 72.

Doppeldach aus Biberschwänzen einschließlich Latten .... 95 kg/m²
Pfetten .... 10 ,,
Schnee $75 \cos \alpha = 75 \cdot 0,707 \ldots \ldots = $ 53 ,,

zusammen: 158 kg/m²

rund: 160 ,,

$$Q = 4,0 \cdot 3,50 \cdot 160 = 2240 \text{ kg.}$$

Winddruck senkrecht zur Dachfläche (Abb. 73):

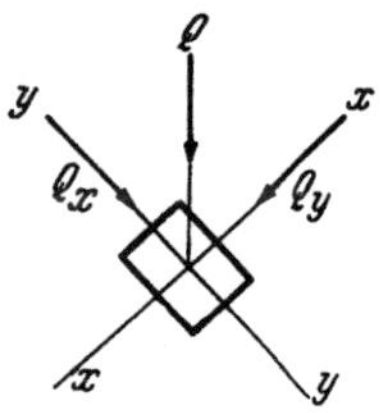

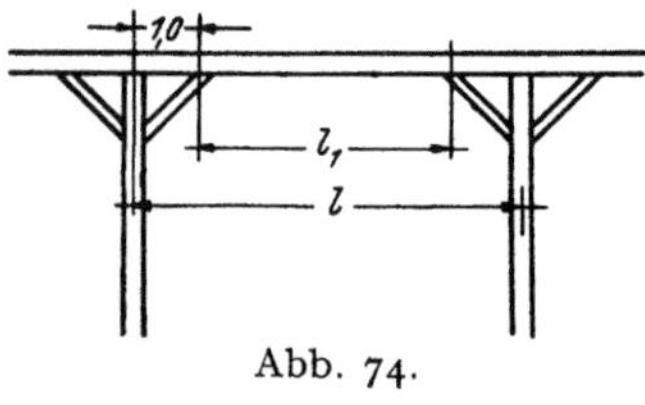

Abb. 73.

$$W = F \cdot 96 \sin \alpha = 4 \cdot 3,5 \cdot 96 \cdot 0,707 = 950 \text{ kg/m}^2,$$
$$Q_x = Q \cos \alpha = 2240 \cdot 0,707 = 1584 \text{ kg,}$$
$$Q_y = Q \sin \alpha = 2240 \cdot 0,707 = 1584 \text{ kg;}$$
$$M_x = \frac{(Q_x + W)\, 4,0}{8} = \frac{(1584 + 950) \cdot 4,0}{8} = 126\,700 \text{ kgcm,}$$
$$M_y = \frac{Q_y \cdot 4,0}{8} = \frac{1584}{8} \cdot 4,0 = \ldots \ldots = 79\,200 \text{ kgcm,}$$
$$W_x = \frac{M_x + 1,4\, M_y}{\sigma_{\text{zul}}} = \frac{126\,700 + 1,4 \cdot 79\,200}{90} = 2639 \text{ cm}^3;$$

gewählt 20/26 mit $W_x = 2250$ und $w_y = 1730$ cm³,

dann ist die Gesamtspannung

$$\sigma = \frac{126\,700}{2250} + \frac{79\,200}{1730} = 56 + 45 = $$
$$= 101 \text{ kg/cm}^2.$$

Diese hohe Gesamtspannung bedeutet, daß schiefstehende Dachpfetten nicht wirtschaftlich sind, daher soll man trachten, die Pfetten nur lotrecht zu stellen.

Abb. 74.

39. Beispiel. Berechnung von Pfetten mit Kopfbändern (Abb. 74).

Um große Pfettenquerschnitte zu vermeiden, kann man Kopfbänder bzw. Kopfstreben (unter 45° Neigung) verwenden.

Doppeldach aus Pappe einschließlich Sparren .. 50 kg/m²
Pfetten .... 10 ,,
Schnee .... 75 ,,

zusammen: 135 kg/m²

Die Dachneigung wurde mit 6° angenommen, daher wird der Winddruck vernachlässigt.

Binderabstand 5,0 m, Pfettenabstand 2,4 m.

Die Gleichlast auf den Pfetten beträgt:

$$q = 135 \cdot 2{,}4 = 324 \text{ kg/m.}$$

Kopfbandhöhe beträgt 1,0 m.

Durch die Kopfstreben wird die Stützweite l um je 1,0 m verkürzt.

$$l_1 = l - 2 = 5{,}0 - 2{,}0 = 3{,}0 \text{ m,}$$

$$\max M = \frac{324}{8} \cdot 3{,}0^2 = 36450 \text{ kgcm,}$$

$$W_{\text{erf}} = \frac{36450}{90} = 405 \text{ cm}^3,$$

gewählt 12/16 mit $\qquad W_x = 512 \text{ cm}^3.$

Belastung der Pfette mit Eigengewicht und einer Einzellast von $P = 100$ kg in der Mitte.

Eigengewicht für 1 m² Grundrißfläche:

$$\begin{aligned}
&\text{Dachlast} \dots\dots\dots\dots \quad 50 \text{ kg/m}^2 \\
&\text{Pfetten} \dots\dots\dots\dots\dots \quad \underline{10 \qquad ,,} \\
&\text{zusammen:} \quad 60 \text{ kg/m}^2
\end{aligned}$$

$$q = 60 \cdot 2{,}4 = 144 \text{ kg/m}^2,$$

$$\max M = \frac{144}{8} \cdot 3{,}0^2 + \frac{100}{4} \cdot 3{,}0 = 16200 + 7500 = 23700 \text{ kgcm,}$$

also kleiner wie vorher.

Die Kopfstreben, welche unter 45° geneigt sind, erhalten durch Vollbelastung (Abb. 75)

$$P = 324 \,(1{,}5 + 0{,}5) = 648 \text{ kg,}$$

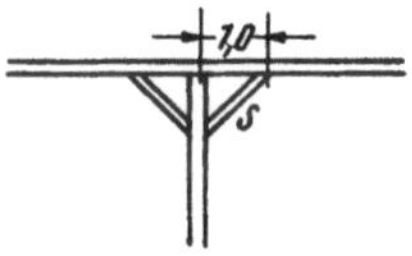

durch Eigengewicht und Einzellast

$$P' = 144 \,(1{,}5 + 0{,}5) + 100 = 388 \text{ kg.}$$

Strebendruck $\qquad S = \dfrac{P}{\sin 45} = \dfrac{648}{0{,}707} = 916 \text{ kg,}$

Abb. 75.

Knicklänge $\qquad\qquad l = 1{,}41 \text{ m,}$

gewählt 10/10 mit $\quad J_x = 833 \text{ cm}^4, \quad F = 100 \text{ cm}^2.$

Der Trägheitsradius beträgt

$$i_x = \sqrt{\frac{J_x}{F}} = \sqrt{\frac{833}{100}} = 2{,}89.$$

Schlankheitsgrad $\qquad \lambda = \dfrac{141}{2{,}89} = 49,$

$$\omega = 1{,}49.$$

Beanspruchung auf Druck

$$\sigma = \omega \cdot \frac{P}{F} = 1{,}49 \cdot \frac{916}{100} = 13{,}6 \text{ kg/cm}^2 \text{ zul. } 80 \text{ kg/cm}^2.$$

Die Kopfstreben werden sehr gering beansprucht.

40. Beispiel. Berechnung der Säule für einen Bretterzaun. Als Belastung kommt nur waagrechter Winddruck in Frage (Abb. 76).

$$w = c \cdot q = 1{,}2 \cdot 50 = 60 \text{ kg/m}^2.$$

Bei einer Säulenentfernung von 3,0 m ist die Größe der angreifenden Windlast

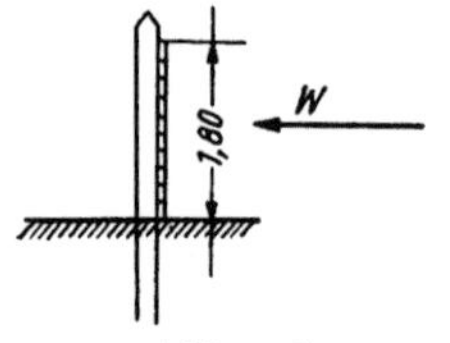

Abb. 76.

$$W = 60 \cdot 1{,}8 \overset{\cdot 3}{=} 324 \text{ kg}.$$

Nach Gl. (6) ist:

$$\max M = W \cdot \frac{1{,}80}{2} = 324 \cdot 0{,}9 = 29\,160 \text{ kgcm},$$

$$W_{\text{erf}} = \frac{M}{\sigma} = \frac{29\,160}{90} = 324 \text{ cm}^3,$$

gewählt ein Querschnitt 14/14 mit $W_x = 457$ cm^3.

Berechnung von Holzsäulen auf mittigen und außermittigen Druck (Knickung).

41. Beispiel. Eine Holzsäule aus weichem Holz soll eine mittige Last von 30000 kg aufnehmen. Die freie Knicklänge sei 3,0 m (Abb. 77).

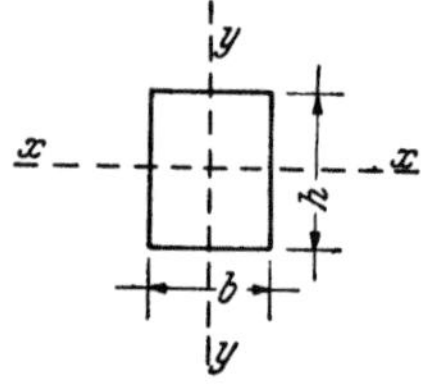

Abb. 77.

Frage: Wie groß ist die Beanspruchung σ_d?

1. Gewählt ein Querschnitt 24/24 cm.

$$J_x = J_y = \frac{h^4}{12} = \frac{24^4}{12} = 27\,650 \text{ cm}^4,$$

$$F = 24 \cdot 24 = 576 \text{ cm}^2.$$

Prüfung nach dem ω-Verfahren.

Der Trägheitsradius

$$i_x = \sqrt{\frac{J_x}{F}} = \sqrt{\frac{27\,650}{576}} = 6{,}93.$$

Schlankheitsgrad

$$\lambda = \frac{\text{Knicklänge in cm}}{\text{Trägheitsradius}} = \frac{300}{6{,}93} = 43{,}3.$$

Diesem Wert von λ entspricht ein $\omega = 1{,}4$.

$$\sigma_d = \omega \cdot \frac{P}{F} = 1{,}4 \cdot \frac{30\,000}{576} = 72 \text{ kg/cm}^2 \text{ (zul. 80)},$$

gewählt ein kreisförmiger Querschnitt, z. B. $\varnothing$ 30 cm.

$$J_x = \frac{\pi \cdot d^4}{64} = \frac{3{,}14 \cdot 30^4}{64} = 39\,740 \text{ cm}^4;$$

$$F = 706{,}5 \text{ cm}^2, \quad i_x = \sqrt{\frac{39\,740}{706{,}5}} = 7{,}5;$$

$$\lambda = \frac{300}{7{,}5} = 40, \quad \omega = 1{,}36;$$

$$\sigma_d = 1{,}36 \cdot \frac{30\,000}{706{,}5} = 57 \text{ kg/cm}^2 \text{ (zul. 80)}.$$

2. Gewählt ein rechteckiger Querschnitt 22/26 cm; in diesem Falle kommt J_y in Betracht.

$$J_y = 23070 \text{ cm}^4, \quad F = 572 \text{ cm}^2, \quad i_y = 6{,}36, \quad \lambda = 47, \quad \omega = 1{,}46,$$

dann ist
$$\sigma_d = 1{,}46 \cdot \frac{30000}{572} = 76 \text{ kg/cm}^2.$$

J_x = Trägheitsmoment bezogen auf die x-Achse;

J_y = Trägheitsmoment bezogen auf die y-Achse.

42. Beispiel. Eine Säule hat einen Querschnitt von 24/24 cm. Die Höhe beträgt 3,0 m.

Welche mittige Last kann sie bei voller Ausnützung der zulässigen Spannung ohne Knickgefahr tragen?

$$\sigma_{zul} = \omega \cdot \frac{P}{F};$$

daraus ergibt sich für $P = \dfrac{\sigma \cdot F}{\omega}$

$$P = \frac{80 \cdot 576}{1{,}4} = 32914 \text{ kg}.$$

43. Beispiel. Eine quadratische Säule soll eine mittige Last von 40 t aufnehmen. Gesucht der Querschnitt?

$$h = 4{,}0 \text{ m}.$$

Das erf. kleinste Trägheitsmoment (wobei P in t und s_k in m bedeutet) J_{min} in Zentimeter ist nach der Formel

$$J_{erf} = 100 \cdot P \cdot s_k{}^2 = 100 \cdot 40 \cdot 4^2 = 64000 \text{ cm}^4,$$

aus der Formel
$$J = \frac{h^4}{12} \text{ ist } h^4 = J \cdot 12$$

$$h = \sqrt[4]{64000 \cdot 12} = 29{,}6 \text{ cm};$$

gewählt ein Querschnitt 28/28 cm mit $J = 51220 \text{ cm}^4$ und $F = 784 \text{ cm}^2$;

daraus wird
$$i_x = \frac{51220}{784} = 8{,}08,$$

$$\lambda = \frac{400}{8{,}08} = 49;$$

dem entspricht ein $\omega = 1{,}49$

$$\sigma_d = 1{,}49 \cdot \frac{40000}{784} = 76 \text{ kg/cm}^2.$$

Soll der Querschnitt kreisförmig sein, so ist: $J = \dfrac{\pi \cdot d^4}{64}$ und daraus

$$d = \sqrt[4]{\frac{64000 \cdot 64}{3{,}14}} = 33 \text{ cm};$$

gewählt ein kreisförmiger Querschnitt $\varnothing = 32$ cm:

$$F = 804{,}0 \text{ cm}^2 \text{ und } i_x = 8{,}00,$$

$$\lambda = \frac{400}{8} = 50 \text{ und } \omega = 1{,}5,$$

$$\sigma_d = 1{,}5 \cdot \frac{40000}{804{,}0} = 74 \text{ kg/cm}^2.$$

44. Beispiel. Eine Säule (Holz) mit rechteckigem Querschnitt soll eine mittige Last von 30000 kg aufnehmen. Die freie Knicklänge beträgt 3,0 m (Abb. 78).

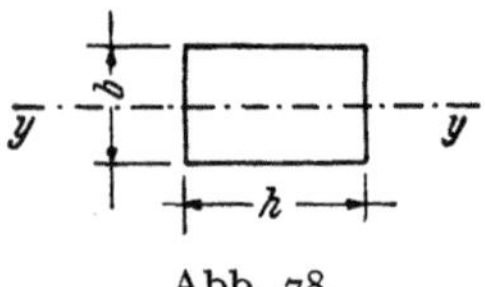

Abb. 78.

Querschnitt?

Nach dem vorigen Beispiel ist

$$J_{\text{erf}} = 100 \cdot P \cdot s_k{}^2 = 100 \cdot 30 \cdot 3{,}0^2 = 27000 \text{ cm}^4.$$

Angenommene Breite $b = 22$ cm; als $J_{\min}$ ist die y-Achse maßgebend.

$$b^3 = 22^3 = 10648.$$

$$J_y = \frac{h \cdot b^3}{12}; \quad h = \frac{12 \cdot J}{b^3} = \frac{12 \cdot 27000}{10648} = 30 \text{ cm}.$$

Gewählt ein Querschnitt 26/22 cm.

$$J_y = \frac{h \cdot b^3}{12} = \frac{26 \cdot 22^3}{12} = 23070 \text{ cm}^4;$$

$$F = 572 \text{ cm}^2;$$

$$i_y = \sqrt{\frac{J_y}{F}} = \sqrt{\frac{23070}{572}} = 6{,}35;$$

$$\lambda = \frac{300}{6{,}35} = 47;$$

dann ist $\omega = 1{,}46$

$$\sigma_d = 1{,}46 \cdot \frac{30000}{572} = 76 \text{ kg/cm}^2.$$

45. Beispiel. Eine Holzsäule aus Kiefernholz wird außermittig mit einer Last von 30000 kg belastet. Der Querschnitt der Säule beträgt 30/30 cm. Höhe $h = 3{,}0$ m (Abb. 79).

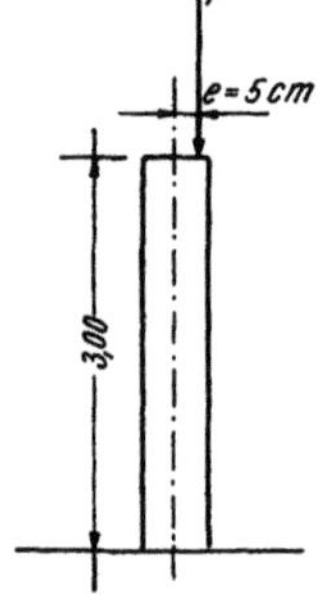

Abb. 79.

Die im Querschnitt auftretenden Spannungen sind:

$$\sigma = \omega \cdot \frac{P}{F} + \frac{M}{W}.$$

Die Kraft P hat von der Säulenachse den Abstand $e = 5$ cm.

Bei einem Querschnitt 30/30 cm ist

$$i_x = 8{,}66;$$

$$\lambda = \frac{300}{8{,}66} = 34{,}6 = 35; \quad \omega = 1{,}30;$$

$$\sigma_d = \omega \cdot \frac{P}{F} + \frac{M}{W} = 1{,}3 \cdot \frac{30000}{900} + \frac{30000 \cdot 5}{4500} = 43{,}3 + 33{,}3 = 76{,}6 \text{ kg/cm}^2.$$

46. Beispiel. Berechnung eines einfachen Hängewerkes (Abb. 80).
Dachlast $P_1 = 2000$ kg.
Gleichlast an Binderbalken $p = 500$ kg/m.

$$A = B = \frac{3}{8} p \cdot l = \frac{3}{8} \cdot 500 \cdot 4 = 750 \text{ kg};$$

$$C = P_2 = \frac{5}{4} p \cdot l = \frac{5}{4} \cdot 500 \cdot 4 = 2500 \text{ kg}.$$

Die Hängesäule ist mit $2000 + 2500 = 4500$ kg belastet.
Die Stabkräfte wurden nach nebenstehender Figur ermittelt. Es betragen:

$S_1 = S_2 = 3800$ kg (Druck)
$H = 3050$ kg (Zug).

Gewählt ein Querschnitt 14/16 mit

$J_y = 3659$ cm⁴ und $J_x = 4779$ cm⁴.

Die Stablänge beträgt: $\sqrt{3^2 + 4^2} = 5$ m.

$$i_y = \sqrt{\frac{J_y}{F}} = \sqrt{\frac{3659}{224}} = 4{,}05;$$

$$\lambda = \frac{500}{4{,}05} = 123;$$

demnach ist $\omega = 4{,}82$.

Die Beanspruchung

$$\sigma = \omega \cdot \frac{S}{F} = 4{,}82 \cdot \frac{3800}{224} = 82 \text{ kg/cm}^2.$$

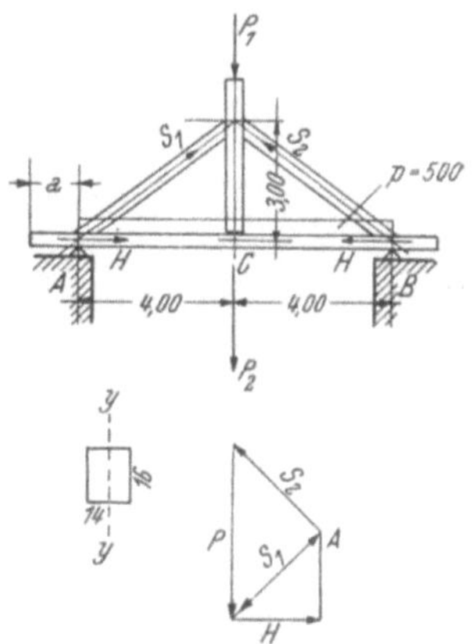

Abb. 80.

Berechnung des Binderbalkens:

Ohne Berücksichtigung der Kontinuität ergibt ein Moment

$$M = \frac{1}{8} \cdot 500 \cdot 4{,}0^2 = 100000 \text{ kgcm}; \quad W_{x\,\text{erf}} = \frac{100000}{90} = 1111 \text{ cm}^3.$$

Gewählt ein Balken 16/22 mit einem $W_x = 1291$ cm³.
Die Zugspannung im Binderbalken beträgt:

$$\frac{H}{F} = \frac{3050}{352} = 8{,}70 \text{ kg/cm}^2.$$

Die Gesamtspannung im Binderbalken beträgt somit:

$$\sigma = \frac{100000}{1291} + \frac{3050}{352} = 77{,}5 + 8{,}7 = 86{,}2 \text{ kg/cm}^2.$$

Berechnung der Hängesäule:
Querschnitt 16/16 cm mit $F = 256$ cm².

Bei einer Belastung von 2500 kg beträgt

$$\sigma = \frac{2500}{256} = 9{,}8 \text{ kg/cm}^2.$$

Trotz der geringen Zugspannung wird aus praktischen Gründen ein
Querschnitt von 16/16 cm gewählt.

Berechnung der Länge a des überstehenden Balkenendes (Abb. 81):

$$\alpha = 36° 52',$$
$$\cos \alpha = 0{,}800 = \frac{H}{S},$$

somit $$H = S \cos \alpha = 3800 \cdot 0{,}8 = 3040 \text{ kg};$$

$$F = \frac{H}{\tau_{\text{zul}}} = \frac{3040}{12} = 253 \text{ cm}^2;$$

$$a = \frac{253}{16} = 16 \text{ cm}.$$

Ausgeführt mit a = 25 cm.

47. Beispiel. Berechnung eines doppelten Hängewerkes (Abb. 82).

Gewicht des Daches einschließlich Sparren, Latten, Schnee und Wind in der Grundfläche gemessen:

$$p_1 = 306 \text{ kg/m}^2.$$

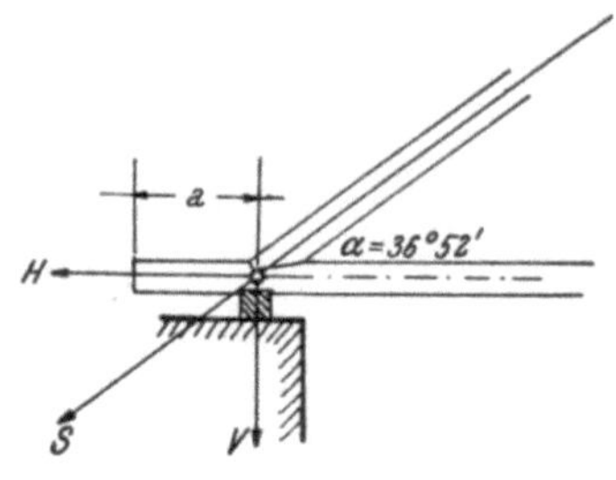

Abb. 81.

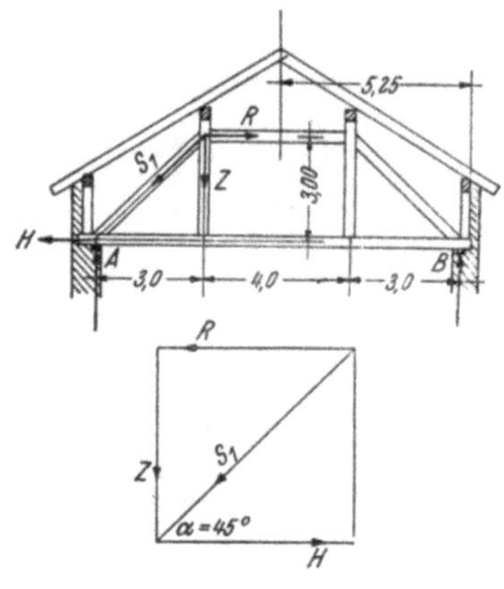

Abb. 82.

Dachneigungswinkel: $\alpha = 45°$.

Nutzlast am Dachboden: $p_2 = 200 \text{ kg/m}^2$.

Die Hängelast der Säule beträgt somit bei einer Binderentfernung von 4,0 m

vom Dach $$\frac{4{,}0 + 3{,}25}{2} \cdot 4{,}0 \cdot 306 = 4437 \text{ kg}$$

von der Decke $$\frac{4{,}0 + 3{,}25}{2} \cdot 4{,}0 \cdot 200 = 2900 \text{ ,,}$$

zusammen $Z = 7337$ kg

Nach nebenstehender Figur ist

$$S_1 = 7337 \cdot \sqrt{2} = 10345 \text{ kg},$$
$$R = H = 7337 \text{ kg}.$$

Berechnung der Strebe S_1: Länge $l = 3 \cdot \sqrt{2} = 4{,}23$ m.

Gewählt ein Querschnitt 18/18 mit

$$J_x = 8748 \text{ cm}^4, \ F = 324 \text{ cm}^2, \ i_x = 5{,}20,$$

dann ist
$$\lambda = \frac{423}{5{,}2} = 81{,}4; \quad \omega = 2{,}19;$$

$$\sigma = \omega \cdot \frac{P}{F} = 2{,}19 \cdot \frac{10\,345}{324} = 70 \text{ kg/cm}^2.$$

Berechnung des Riegels:

$$R = 7337 \text{ kg}, \ l = 4{,}0 \text{ m},$$

gewählt Querschnitt 18/18 cm $\ i_x = 5{,}20,$

somit
$$\lambda = \frac{400}{5{,}2} = 77, \quad \omega = 2{,}05,$$

dann ist
$$\sigma = 2{,}05 \cdot \frac{7337}{324} = 46{,}4 \text{ kg/cm}^2.$$

Die Berechnung der Hängesäule ergibt eine Spannung von

$$\sigma = \frac{7337}{324} = 22{,}6 \text{ kg/cm}^2.$$

Berechnung des Binderbalkens:
Die Belastung des Mittelteiles beträgt

$$P = 4{,}00 \cdot 4{,}00 \cdot 200 = 3200 \text{ kg},$$

bei Vernachlässigung der Kontinuität ergibt das Moment

$$\max M = \frac{P \cdot l}{8} = \frac{3200 \cdot 4{,}0}{8} = 160\,000 \text{ kg/cm},$$

$$W_{\text{erf}} = \frac{160\,000}{90} = 1777 \text{ cm}^3,$$

gewählt ein Querschnitt 20/26 mit $W_x = 2253$ cm^3, $F = 520$ cm^2.

Gesamtspannung im Binderbalken

$$\sigma = \frac{160\,000}{2253} + \frac{7337}{520} = 71 + 14{,}1 = 85{,}1 \text{ kg/cm}^2.$$

48. Beispiel. Berechnung eines hölzernen Vordaches (Abb. 83).

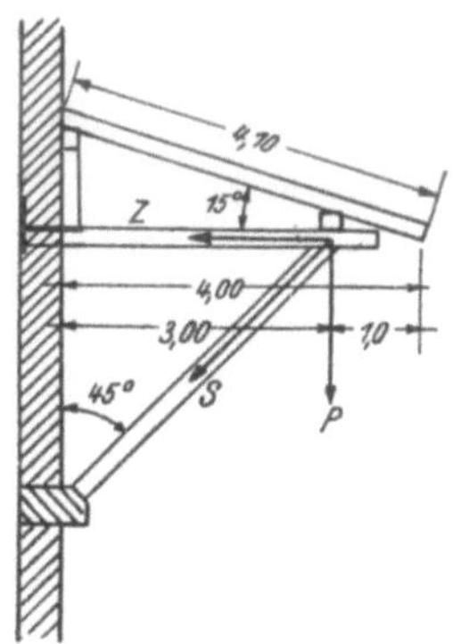

Abb. 83.

Dachdeckung Zinkdach mit Zinkblech Nr. 13, Gesamtlänge 8,0 m.
Strebenentfernung 3,5 m.
Sparrenbelastung je m^2 Grundrißfläche:

Zinkblechdach einschließlich Schalung.. 46 kg
Schnee .... 75 ,,
Wind .... 26 ,,

zusammen: 147 kg, rund 150 kg/m'

Sparrenentfernung 80 cm,

somit je Sparren Laufmeter

$$150 . 0,8 \dots\dots\dots\dots\dots\dots = 120 \ \text{kg/m}'$$
$$\text{Sparren } 8/14 \dots\dots\dots\dots\dots\dots \underline{\quad 7,3 \ \text{kg/m}'}$$

zusammen: $127,3$ kg/m', rund 130 kg/m'

$$\max M = \frac{1}{8} . 130 . 3,1^2 = 15\,600 \text{ kgcm,}$$

$$W_{\text{erf}} = \frac{15\,600}{100} = 156 \text{ cm}^3;$$

gewählt $8/14$ mit $W_x = 261$ cm^3.

Fußpfette: Stützweite $3,5$ m.

Belastung:

$$\text{vom Dache } (1,0 + 1,5)\ 150 \dots. = 375 \text{ kg/m}'$$
$$\text{Sparren } \frac{3 \text{ Stk.} . 2,05 . 7,3}{3,5} \dots\dots = 13 \quad ,,$$
$$\text{Fußpfette } 13/18 \dots\dots\dots\dots \underline{\quad 15 \quad ,,}$$

zusammen: 403 kg/m', rund 410 kg/m'

$$\max M = \frac{1}{8} . 410 . 3,5^2 = 62\,800 \text{ kgcm,}$$

$$W_{\text{erf}} = \frac{62\,800}{100} = 628 \text{ cm}^3;$$

gewählt $13/18$ mit $W_x = 702$ cm^3.

Mittelstrebe:

Belastung:

$$\text{vom Dache } 4,0 . 2,5 . 150 \dots\dots\dots = 1500 \quad \text{kg}$$
$$\text{Sparren } 5 \text{ Stück} . 2,05 . 7,3 \dots\dots. = 75 \quad ,,$$
$$\text{Fußpfette } 4,0 . 15,2 \dots\dots\dots\dots = \underline{\quad 60,8 \ ,,}$$

zusammen: $1635,8$ kg, rund 1640 kg

$$S = 1640 . \sqrt{2} = 2312 \text{ kg;}$$

gewählt $12/14$ mit $W_y = 336$ cm^3, $l = 3 . \sqrt{2} = 4,23$ m.

$$F = 168 \text{ cm}^2, \ i_y = 3,47;$$

$$\lambda = \frac{423}{3,47} = 122, \ \omega = 4,73;$$

$$\sigma = 4,73 . \frac{2312}{168} = 65 \text{ kg/cm}^2.$$

Der Zugriegel wird ebenfalls mit $12/14$ gewählt.

49. Beispiel. Berechnung eines hölzernen Trägers mit teilweiser Mauerlast (Abb. 84 und 85).

$$\text{Nutzlast} \dots\dots\dots\dots\dots\dots\dots\dots\ 200 \text{ kg/m}^2$$
$$\text{Eigengewicht der Decke} \dots\dots\dots\dots\ 250 \quad ,,$$
$$\text{zusammen: } 450 \text{ kg/m}^2$$

Abstand der Balken $= 0,8$ m

$$\text{je Balken } 0,8 \cdot 450 \dots\dots\dots\dots\ = 360 \text{ kg/m}'$$
$$\text{Eigengewicht des Balkens } 16/22 \dots\dots\ 23 \quad ,,$$
$$\text{zusammen: } 383 \text{ kg/m}'$$

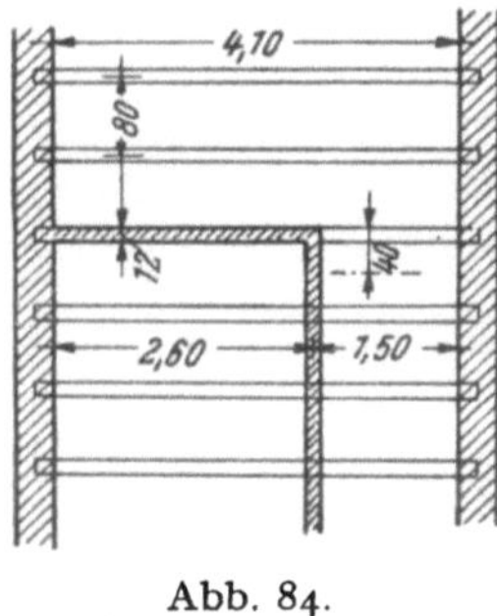

Abb. 84.

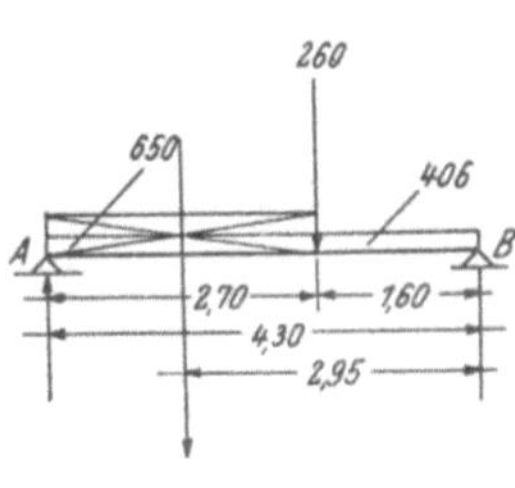

Abb. 85.

Mauerhöhe $h = 3,0$ m.

Mauergewicht je Laufmeter $3,0 \cdot 0,12 \cdot 1800 = 648 \approx 650$ kg/m'.

Einzellast durch die Mauer senkrecht zum Balken $650 \cdot 0,40 = 260$ kg.

Balkenstützweite $l = 4,10 + 0,2 = 4,30$ m.

Berechnung des Balkens ohne Mauergewicht:

$$\max M = \frac{1}{8} \cdot 383 \cdot 4,3^2 = 88\,520 \text{ kgcm,}$$

$$W_{\text{erf}} = \frac{88\,520}{100} = 885 \text{ cm}^3;$$

mit Rücksicht auf die Durchbiegung gewählt $16/22$ mit $W_x = 1291$ cm³.

Berechnung des Balkens einschließlich Mauerlasten:

$$\text{von der Decke} \dots\dots\dots\dots\dots\dots\dots\ 360 \text{ kg/m}$$
$$\text{Eigengewicht 2 mal 23} \dots\dots\dots\dots\ = 46 \quad ,,$$
$$\text{zusammen: } 406 \text{ kg/zm}$$

$$A = 406 \cdot \frac{4,3}{2} + \frac{1}{4,3} \cdot (650 \cdot 2,70 \cdot 2,95 + 260 \cdot 1,60),$$

$$A = 873 + 1300 = 2173 \text{ kg.}$$

Berechnung der Lage des gefährdeten Querschnittes:

Querkraft im gefährdeten Querschnitt ist gleich Null, daher gilt die Gleichung nach Gl. 14:

$$A - q \cdot x = 0,$$

$$q = 650 + 406 = 1056 \ \text{kg/m};$$

$$2173 - 1056 \cdot x = 0, \quad x = 2{,}05 \ \text{m};$$

$$\max M = A \cdot x - q \cdot \frac{x^2}{2} = 2173 \cdot 2{,}05 - 1056 \cdot \frac{2{,}05^2}{2} = 223\,600 \ \text{kgcm},$$

$$W_{\text{erf}} = \frac{223\,600}{90} = 2484 \ \text{cm}^3;$$

gewählt $2 \cdot 16/22$, $W_x = 2582 \ \text{cm}^3$.

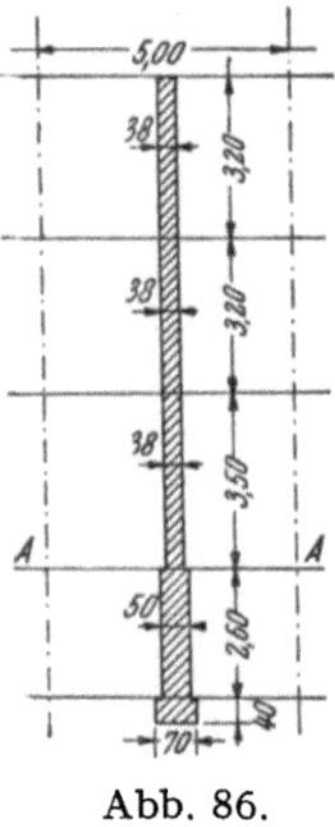

Abb. 86.

50. Beispiel. Untersuchung der Mittelmauer eines Wohngebäudes auf Tragfähigkeit des Parterre- und Fundamentmauerwerkes einschließlich Bodenbeanspruchung (Abb. 86).

Mauerstärken laut nebenstehender Zeichnung.

Geschoßhöhen: im Keller . . . . 2,6 m

               Parterre . . . . 3,5 ,,

               I. und II. Stockwerk . . . 3,2 ,,

Nutzlast in allen Geschossen $p = 200 \ \text{kg/m}^2$.

Eigengewicht der Holzdecken in allen Geschossen $g = 250 \ \text{kg/m}^2$.

Das Dach erhält eine eigene Konstruktion, so daß vom Dache auf die zu untersuchende Mittelmauer keine Last entfällt.

Tiefe der Wohnräume 5,0 m.

Zusammenstellung der Lasten auf der Mittelmauer je Laufmeter:

a) Vom Dachboden:

Nutzlast $200 \cdot 5{,}0$ . . . . = 1000 kg/m

Eigengewicht der Holzdecke $250 \cdot 5{,}0$ . . . . = 1250 ,,

Eigengewicht der Mittelmauer $0{,}38 \cdot 3{,}2 \cdot 1800$ . . . . . = 2189 ,,

b) I. Stockwerk:

Nutzlast $200 \cdot 5{,}0$ . . . . = 1000 ,,

Eigengewicht der Holzdecke $250 \cdot 5{,}0$ . . . . = 1250 ,,

Eigengewicht der Mittelmauer $0{,}38 \cdot 3{,}2 \cdot 1800$ . . . . . = 2189 ,,

c) Parterredecke:

Nutzlast $200 \cdot 5{,}0$ . . . . = 1000 ,,

Eigengewicht der Holzdecke $250 \cdot 5{,}0$ . . . . = 1250 ,,

Eigengewicht der Mittelmauer $0{,}38 \cdot 3{,}5 \cdot 1800$ . . . . . = 2394 ,,

                                     zusammen: 13522 kg/m

Beanspruchung in der Fuge A:

$$\sigma = \frac{13522}{3800} = 3{,}56 \text{ kg/cm}^2,$$

$$\sigma_{zul} = 7 \text{ kg/cm}^2$$

bei Ziegelmauerwerk II. Klasse in Kalkmörtel;

d) Kellerdecke:

Nutzlast 200 . 5,0	=	1000 kg/m
Eisenbetondecke 350 . 5,0	=	1750　,,
Mittelmauer (Stampfbeton) 2,6 . 0,5 . 2200	=	2860　,,
Fundamentbeton 0,7 . 0,4 . 2200	=	616　,,

Gesamtlast zusammen: 19748 kg/m

Bodenpressung　　　　$\sigma = \dfrac{19748}{7000} = 2{,}82 \text{ kg/cm}^2,$

somit nur für gewachsenen Boden bestehend aus Mittelsand, festgelagertem trockenem Ton, Lehm, Kies mit Schichten von geringem Sandgehalt zulässig.

51. Beispiel. Berechnung eines Mauerpfeilers aus Ziegelmauerwerk II. Klasse, ausgeführt in Kalkmörtel (Abb. 87).

Nutzlast in allen Geschossen $p = 200 \text{ kg/m}^2$.

Eigengewichte der Tramdecken in allen Geschossen $g = 250 \text{ kg/m}^2$.

Raumtiefe 5,0 m.

Mauerstärke: III. Obergeschoß .... 38 cm
　　　　　　　II. Obergeschoß .... 38　,,
　　　　　　　 I. Obergeschoß .... 51　,,
　　　　　　　Erdgeschoß .... 51　,,

Querschnitt des Pfeilers 51 . 120 cm.

Zunächst müssen die Lasten, welche auf den Pfeiler übertragen werden, aufgestellt werden. Man beginnt vom obersten Geschoß aus.

Die Dachlast (Eigengewicht plus Schnee und Wind) beträgt 300 kg/m² Grundrißfläche.

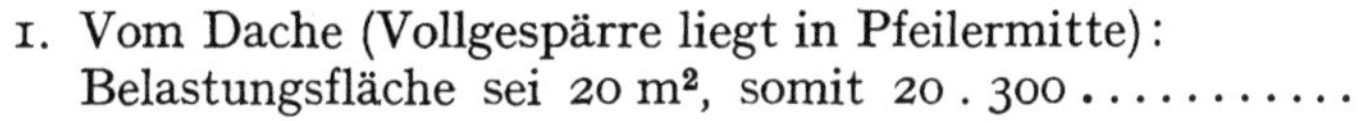

Abb. 87.

Aufstellung der Belastung:

1. Vom Dache (Vollgespärre liegt in Pfeilermitte):
Belastungsfläche sei 20 m², somit 20 . 300 .... = 6000 kg

2. Deckenlasten:

$$\frac{6,9}{2} . \frac{5}{2} (200 + 250) . 4,0 \dotfill = 15525 \text{ ,,}$$

3. Mauerlasten:

$$\frac{6,9}{2} . 0,38 (1,4 + 2 . 0,8 + 0,60) . 1800 \dotfill = 8495 \text{ ,,}$$

$$2,5 . 0,38 . 2 . 1,8 . 1800 \dotfill = 6155 \text{ ,,}$$

$$\frac{6,9}{2} . 0,51 (0,9 + 1,2) . 1800 \dotfill = 6650 \text{ ,,}$$

$$2,5 . 0,51 . 1,80 . 1800 \dotfill = 4130 \text{ ,,}$$

4. Eisenbetonüberlage:

$$\frac{6{,}9}{2} \cdot 0{,}51 \cdot 0{,}4 \cdot 2400 \ \ldots\ldots\ldots\ldots\ldots\ldots\ldots\ldots\ldots\ldots\ldots\ldots = 1689 \text{ kg}$$

5. Mauerpfeilergewicht:

$$1{,}2 \cdot 0{,}51 \cdot 3{,}70 \cdot 1800 \ \ldots\ldots\ldots\ldots\ldots\ldots\ldots\ldots\ldots\ldots\ldots = \underline{4075 \ „}$$

zusammen: 52719 kg

Die Beanspruchung auf mittigen Druck rechnet man nach der Formel

$$\sigma = \frac{P}{F} = \frac{\text{Last in kg}}{\text{Fläche in cm}^2}.$$

Somit erhält man für die Beanspruchung des Pfeilers auf mittigen Druck

$$\sigma = \frac{52\,719}{120 \cdot 51} = 8{,}60 \text{ kg/cm}^2.$$

Für die Untersuchung auf zulässigen Druck des Mauerwerkes ist auch das Schlankheitsverhältnis der Höhe des Pfeilers zur kleinsten Dicke maßgebend.

$$h : d = 370 : 51 = 7{,}25.$$

Bei einem Mauerpfeiler aus Ziegelmauerwerk mit Ziegeln II. Klasse und Kalkmörtel ist aber bei diesem errechneten Schlankheitsverhältnis nur 1 kg/cm² zulässig. Daher muß dieser Pfeiler, falls eine Verbreiterung nicht möglich ist, aus Hartbrandziegeln in Kalkzementmörtel hergestellt werden, in welchem Falle eine Beanspruchung auf Druck von

$$\sigma_{d \text{ zul}} = 9 \text{ kg/cm}^2$$

zulässig erscheint. Bei einer Ausführung des Pfeilers aus Stampf- oder Eisenbeton könnten die Querschnittsmaße herabgemindert werden.

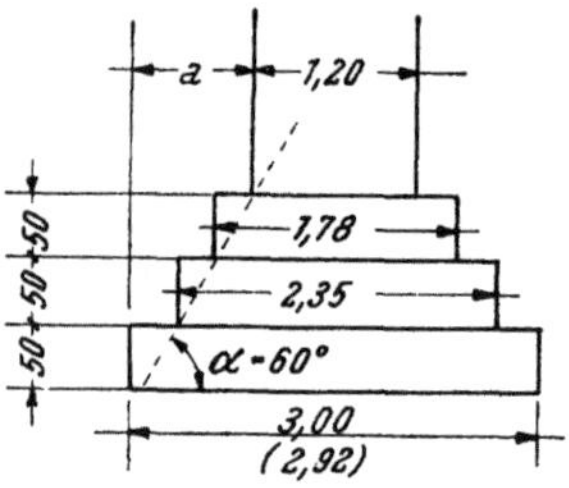

Abb. 88.

52. Beispiel. Zu dem obigen Beispiele sollen die Fundamente und auch die Bodenpressung berechnet werden (Abb. 88).

Der Boden ist bei einer Tiefe von 1,5 m tragfähig für einen zulässigen Bodendruck von 3 kg/cm². Die einzelnen Betonsockel sind 50 cm hoch. Die Verbreiterung a ergibt sich aus dem Winkel von 60°. Demnach ist

$$a = \frac{h}{\operatorname{tg} \alpha} = \frac{1{,}5}{1{,}73} = 0{,}86 \text{ m.}$$

Die Länge des untersten Fundamentsockels beträgt somit

$$1{,}2 + 2 \cdot 0{,}86 = 2{,}92 \text{ m.}$$

Im zweiten Sockel erhalten wir

$$1{,}2 + 2 \cdot \frac{2}{3} \cdot 0{,}86 = 2{,}35 \text{ m.}$$

Schließlich Länge des ersten Sockels

$$1{,}2 + \frac{2}{3} \cdot 0{,}86 = 1{,}78 \text{ m.}$$

Beträgt die Fundamentbreite 70 cm, so erhalten wir nachstehende Belastung zur Errechnung der Bodenpressung:

vom Pfeiler..................................... 52719 kg

vom ersten Sockel 0,5 . 1,78 . 0,7 . 2200.............. = 1370 „

vom zweiten Sockel 0,5 . 2,35 . 0,7 . 2200 .... = 1809 „

vom dritten Sockel 0,5 . 2,92 . 0,7 . 2200.............. = 2248 „

zusammen: 58146 kg

Bodenpressung

$$\sigma = \frac{P}{F} = \frac{58146}{292 \cdot 70} =$$

$$= 2{,}84 \text{ kg/cm}^2 < 3 \text{ kg zul.}$$

Anmerkung: Bei Überschreitung der Bodenpressung muß die Fundamentfläche entsprechend vergrößert werden.

53. Beispiel. Berechnung der Fensterpfeiler in einer Frontmauer (Abb. 89).

1. Fensterpfeiler im II. Stockwerk:

$$\sin \alpha = \sin 30° = 0{,}5,$$

$$\cos 30° = --0{,}866.$$

Dachlast:

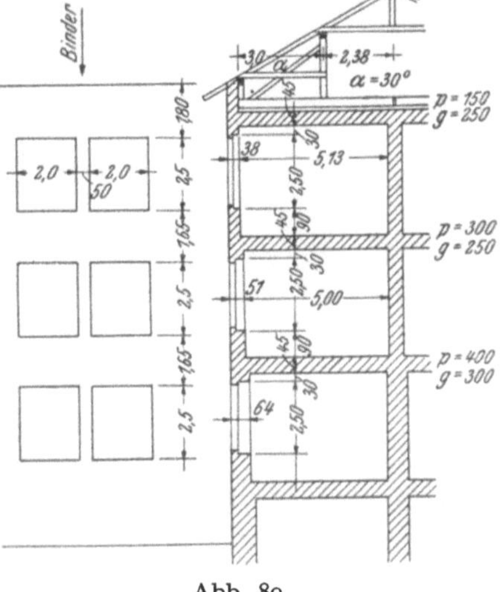

Abb. 89.

Doppeltes Ziegeldach mit Biberschwänzen einschließlich Latten und Sparren je m Grundrißfläche .... 107 kg/m²

Schnee für $\alpha = 30°$ .... 65 „

Wind $\dfrac{96 \sin 30}{\cos^2 30} = 96 \cdot 0{,}5$..................................... = 64 „

somit Dachlast je m² Grundrißfläche .... 236 kg/m²

Binderentfernung 4,0 m,

somit Belastung der Säule S

$\dfrac{1}{2}(3{,}0 + 2{,}38) \cdot 4{,}00 \cdot 236$.............................. = 2539 kg

Binderlast geschätzt .... 111 „

2650 kg

Auf der Außenmauer entsteht infolge der Säulenlast der Auflagerdruck

$$A = \frac{2650 \cdot 2{,}38}{5{,}38} = 1172 \text{ kg.}$$

Die Außenmauer erhält vom Dache noch die Gleichlast je Laufmeter

$$\frac{3,00}{2} \cdot 236 = 354 \text{ kg/m}.$$

Zusammenstellung der Lasten auf den Fensterpfeiler im II. Stockwerk. Die Kontinuität der Fensterüberlage wird berücksichtigt.

Vom Vollgespärre in der Mitte der Säule.................... 1172 kg
vom Dache: 1,25 . 354 . 2,25...................... = 995 ,,
Mauerwerk: 1,25 . 0,38 . 1,5 . 1800 . 2,25.................. = 2885 ,,
Eisenbetonüberlage: 0,38 . 0,30 . 2400 . 1,25 . 2,25 .... = 770 ,,

von der Dachbodendecke: 1,25 . $\dfrac{5,13}{2}$ (150 + 250) . 2,25... = 2886 ,,

Eigengewicht des Mauerpfeilers: 0,5 . 0,38 . 2,5 . 1800...... = 855 ,,

Gesamtlast: 9563 kg

Größte Schlankheit:

$$\frac{h}{d} = \frac{250}{38} = 6{,}5.$$

Diesem Schlankheitsverhältnis entspricht eine maximale zulässige Spannung von 3 kg/cm², wenn Mauerziegel I. Klasse mit Kalkmörtel in Verwendung kommen.

Querschnitt des Mauerpfeilers: 38 . 50 = 1900 cm², somit

$$\sigma = \frac{P}{F} = \frac{9563}{1900} = 5 \text{ kg/cm}^2.$$

Diese Spannung ist zu hoch, daher muß als Mörtel Kalkzementmörtel verwendet werden. Die zulässige Spannung ist in diesem' Falle

$$\sigma = 6 \text{ kg/cm}^2.$$

2. Fensterpfeiler im I. Stockwerk:

Belastung vom oberen Pfeiler .... 9563 kg
Mauerwerk: 1,25 . 0,38 . 1,35 . 1800 . 2,25................. = 2557 ,,
Eisenbetonüberlage 1,25 . 0,38 . 0,30 . 2500 . 2,25 .... = 770 ,,

Deckenlast: 1,25 . $\dfrac{5,13}{2}$ (300 + 250) 2,25 .... = 3967 ,,

Eigengewicht des Mauerpfeilers: 0,5 . 0,51 . 2,5 . 1800 .... = 1147 ,,

Gesamtlast: 18004 kg

Größte Schlankheit $\quad \dfrac{h}{d} = \dfrac{250}{51} = 4{,}9.$

Zulässige Spannung für Mauerziegel I. Klasse mit Kalkmörtel

$$\sigma = 7 \text{ kg/cm}^2,$$

$$\sigma = \frac{18004}{51 . 50} = \frac{18004}{2550} = 7 \text{ kg/cm}^2.$$

Diese Spannung liegt schon an der erlaubten Grenze, daher wird man auch hier Kalkzementmörtel verwenden.

$$\sigma_{zul} = 10 \text{ kg/cm}^2.$$

3. Fensterpfeiler im Erdgeschoß:

Pfeilerlasten vom ersten und zweiten Stockwerk .... 27567 kg

Mauerwerk: 1,25 . 0,51 . 1,35 . 1800 . 2,25 .... = 3485 „

Eisenbetonüberlage: 1,25 . 0,64 . 0,30 . 2400 . 2,25 .... = 1296 „

Deckenlast: $1{,}25 \cdot \dfrac{5{,}00}{2} (400 + 300) \cdot 2{,}25$ .... = 4922 „

Eigengewicht des Mauerpfeilers: 0,50 . 0,64 . 2,5 . 1800 ... = 1440 „

Gesamtlast: 38710 kg

Größte Schlankheit

$$\frac{h}{d} = \frac{250}{64} = 3{,}9.$$

Zulässige Spannung für Mauerziegel 1. Klasse mit Kalkmörtel

$$\sigma = 10 \text{ kg/cm}^2,$$

$$\sigma = \frac{38710}{3200} = 12 \text{ kg/cm}^2.$$

Diese Spannung ist zu hoch! Daher Kalkzementmörtel erforderlich

$$\sigma_{zul} = 14 \text{ kg/cm}^2.$$

54. Beispiel. Berechnung der Standsicherheit eines Säulenfundamentes, welches durch eine außermittige Vertikalkraft und durch einen Horizontalschub belastet wird (Abb. 90).

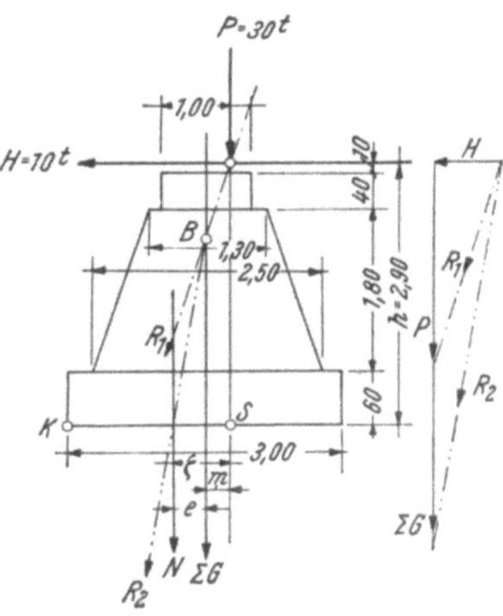

Abb. 90.

$$P = 30 \text{ t}, \quad H = 10 \text{ t}.$$

Eigengewichte der einzelnen Fundamentteile:

Sockel I: $1^2 . 0{,}4 . 2400 = G_1$ .... = 960 kg

Sockel II: $\left(\dfrac{1{,}3 + 2{,}5}{2}\right)^2 . 1{,}8 . 2200 = G_2$ .... = 14295 „

Sockel III: $3^2 . 0{,}6 . 2200 = G_3$ .... = 11880 „

zusammen: 27135 kg

Die Größe der Mittelkraft aller lotrechten Kräfte beträgt:

$$30 + 27{,}135 = 57{,}135 \text{ t}.$$

Zunächst sucht man die Mittelkraft der Kräfte P und H. Diese schneidet die Schwerachse der Sockeleigengewichtskräfte im Punkte B. Von hier aus nimmt die Mittelkraft sämtlicher auf das Fundament einwirkenden Kräfte die Richtung nach R_2.

Zur rechnerischen Bestimmung der Lage der Mittelkraft R_2 in der Entfernung ζ von dem Punkte S stellen wir die nachfolgende Momentengleichung auf:

$$H . h + \Sigma G . m = N . \zeta,$$
$$N = \Sigma G + P = 57134 \text{ kg}.$$

Nach Einsatz der Werte erhält man:

$$10\,000 \cdot 2,9 + 27\,135 \cdot 0,25 = 57\,135 \cdot \zeta,$$

daraus
$$\zeta = \frac{35\,783}{57\,135} = 0,626 \text{ m},$$

$$e = \zeta - m = 62,6 - 25 = 37,6 \text{ cm}.$$

Für die Berechnung der Kantenpressungen an der Fundamentsohle gilt die Gleichung

$$\sigma = \frac{N}{F} \pm \frac{M}{W} =$$

$$= \frac{57\,135}{90\,000} \pm \frac{57\,135 \cdot 37,6 \cdot 6}{300 \cdot 300^2},$$

$$\sigma_1 = 0,635 + 0,476 = 1,111 \text{ kg/cm}^2,$$

$$\sigma_2 = 0,635 - 0,476 = 0,159 \text{ kg/cm}^2.$$

Graphische Lösung: Man teilt die Basis $A\,B$ in drei gleiche Teile und

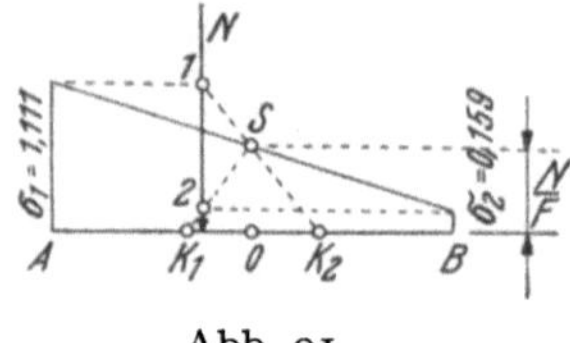

Abb. 91

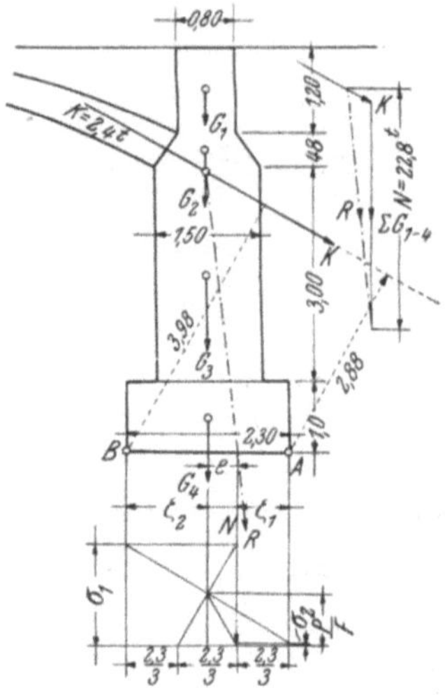

Abb. 92.

trägt auf der Senkrechten in O die Strecke $\overline{OS} = N/F$ auf. Der Maßstab kann gewählt werden. Die Verbindungslinien $\overline{K_1 S}$ und $\overline{K_2 S}$ schneiden auf der Strecke der Kraft N die Punkte 1 und 2 ab. Parallele Linien durch 1 und 2 zur Basis ergeben die Größen σ_1 und σ_2 (Abb. 91).

55. Beispiel. Berechnung eines Pfeilers auf Standsicherheit, wenn das rechte Gewölbe nicht vorhanden ist (Abb. 92).

Kämpferdruck $K = 2,4$ t.

Berechnung der einzelnen Pfeilergewichte:

$$G_1 = 0,8 \cdot 1,2 \cdot 2600 \dots\dots\dots = 2496 \text{ kg}$$

$$G_2 = \frac{0,8 + 1,5}{2} \cdot 0,48 \cdot 2600 \dots = 1435 \text{ ,,}$$

$$G_3 = 3,0 \cdot 1,5 \cdot 2600 \dots\dots\dots = 11\,700 \text{ ,,}$$

$$G_4 = 1,0 \cdot 2,3 \cdot 2600 \dots\dots\dots = 5980 \text{ ,,}$$

$$\Sigma\,G_{1-4} = 21\,611 \text{ kg}$$

Nun setzt man das Gesamtpfeilergewicht mit dem Kämpferdruck zusammen und erhält die Mittelkraft R, welche als Vertikalkomponente die Kraft $N = 22,8$ t ergibt.

Berechnung des Abstandes der Kraft N von der Pfeilerachse. Nimmt man den Punkt A als Drehpol an, so erhält man

$$2{,}4 \cdot 2{,}88 - 21{,}611 \cdot 1{,}15 = -22{,}8 \cdot \zeta_1,$$

daraus $$\zeta_1 = 0{,}79 \text{ m}.$$

Punkt B als Drehpol ergibt:

$$2{,}4 \cdot 3{,}98 + 21{,}611 \cdot 1{,}15 = 22{,}8 \cdot \zeta_2,$$

daraus $$\zeta_2 = 1{,}51;$$

Kontrolle: $\zeta_1 + \zeta_2 = 2{,}30$ m.

Der Abstand der Kraft N von der Pfeilerachse beträgt:

$$e = 1{,}15 - 0{,}79 = 0{,}36 \text{ m}.$$

Ermittlung der Spannungen an der Fundamentsohle:

$$\sigma = \frac{P}{F} \pm \frac{M}{W}, \quad W = \frac{100 \cdot 230^2}{6};$$

$$\sigma = \frac{22\,800}{23\,000} \pm \frac{22\,800 \cdot 36 \cdot 6}{100 \cdot 230^2} = \sigma = 0{,}991 \pm 0{,}930,$$

$\sigma_1 = 1{,}921$ und $\sigma_2 = 0{,}061$, in beiden Fällen Druck.

Die Randspannungen kann man auch auf graphischem Wege nach obenstehender Zeichnung ermitteln.

Kippsicherheit:

$$M_k = 2{,}4 \cdot 2{,}88 = 6{,}912 \text{ tm},$$

$$M_g = 21{,}611 \cdot 1{,}15 = 24{,}853 \text{ tm}.$$

$$\text{Kippsicherheit} \quad k = \frac{24{,}853}{6{,}912} = 3{,}6\text{fach}.$$

56. Beispiel. In einer Mittelmauer eines Wohnhauses soll eine Öffnung mit einer lichten Weite von 4,6 m hergestellt werden. Die Stärke der Mittelmauer beträgt in den beiden Obergeschossen 38 cm, im Erdgeschoß 51 cm (Abb. 93).

Infolge der Gewölbewirkung wird die freie Öffnung entlastet. Daher bleibt die Belastung durch die Decke des obersten Geschosses außer Rechnung.

Die Höhe h kann als Belastungshöhe des über dem zu errichtenden Unterzuges angenommen werden.

Die Raumtiefe beiderseits der Mittelmauer soll je 5,0 m betragen.

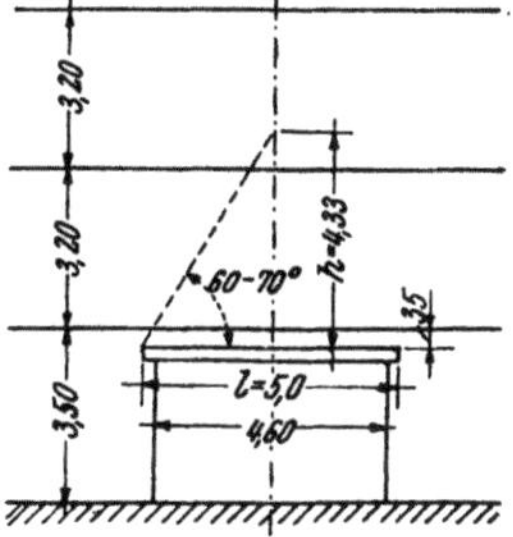

Abb. 93.

Die Deckenbalken sind auf zwei Stützen freiaufliegend anzunehmen. Stützweite $l = 5{,}0$ m, demnach ist:

$$h = 2{,}5 \cdot \text{tg } 60^\circ = 2{,}5 \cdot 1{,}732 = 4{,}33 \text{ m}.$$

Berechnung der Last auf dem Unterzuge:

a) Von der Decke des I. Obergeschosses:

Nutzlast 250 . 5,0 .... $=$ 1250 kg/m
Eigengewicht der Decke 200 . 5,0 .... $=$ 1000   ,,

b) Erdgeschoßdecke:

Nutzlast 250 . 5,0 .... $=$ 1250   ,,
Eigengewicht der Decke 200 . 5,0 .... $=$ 1000   ,,
Mauerlast 0,38 . 4,33 . 1800 .... $=$ 2962   ,,
Eigengewicht des Unterzuges einschließlich der eisernen
    Träger (geschätzt) 370   ,,

Gesamtlast je Laufmeter: 7832 kg/m
rund: 7840   ,,

$$\max M = \frac{1}{8} . 7840 . 5{,}0^2 = 24{,}5 \text{ tm,}$$

erforderliches $\qquad W_x = \dfrac{2\,450\,000}{1200} = 2042 \text{ cm}^3,$

gewählt 4 I 28 mit $W_x = 4 . 542 = 2168 \text{ cm}^3$.

Berechnung der Durchbiegung:

Die errechnete Durchbiegung darf $^1/_{500}$ nicht überschreiten. Nach der Biegeformel für den einfachen Balken mit Gleichlast ist

$$f = \frac{5 . q . l^4}{384 . E . J},$$

nach Einsetzen der Werte ist

$$f = \frac{5 . 19{,}6 . 5^4 . 10^8}{384 . 2{,}1 . 10^6 . 7590} = 1 \text{ cm (zul } 500/500 = 1 \text{ cm),}$$

$$J = 7590 \text{ cm}^4.$$

57. Beispiel. Aufgabe wie im vorangegangenen Beispiel, jedoch unter der Annahme, daß 4 I 28 nicht vorhanden sind.

Es muß also in der Mitte des Unterzuges eine Säule angeordnet werden. Der Unterzug wird als durchlaufender Balken über drei Stützen mit gleicher Stützweite und Gleichlast zu berechnen sein.

Die Stützweiten sind: $l_1 = l_2 = 2{,}50$ m.

Aufstellung der Belastung:

a) Verkehrslast:

I. Obergeschoß—Erdgeschoß 2 . 250 . 5,0 $= p$ .... 2500 kg/m

b) Ruhende Last:

Eigengewicht der Decken im Ober- und Erdgeschoß
    2 . 200 . 5,0 .... $=$ 2000 kg/m
Mauerlast über dem Unterzug 0,38 . 4,33 . 1800 ..... $=$ 2962   ,,
Eigengewicht des Unterzuges einschließlich 4 I 16
    0,51 . 0,16 . 1800 — 4 . 17,9 .... $=$ 218   ,,

$g = $ 5180 kg/m

Das maximale Moment im ersten Felde erhält man, wenn nur das linke Feld mit $p + g = q_1$ belastet wird. Im rechten Felde ist $q_2 = g$.

$q_1 = p + g = 2500 + 5180 = 7680$ kgm,
$q_2 = g = 5180$ kgm.

Belastungsschema (Abb 94):
Die Clapeyronsche Gleichung lautet:

$$M_A \cdot l_1 + 2\,M_C\,(l_1 + l_2) + M_B \cdot l_2 =$$
$$= - \frac{1}{4}\,(q_1\,l_1{}^3 + q_2\,l_2{}^3).$$

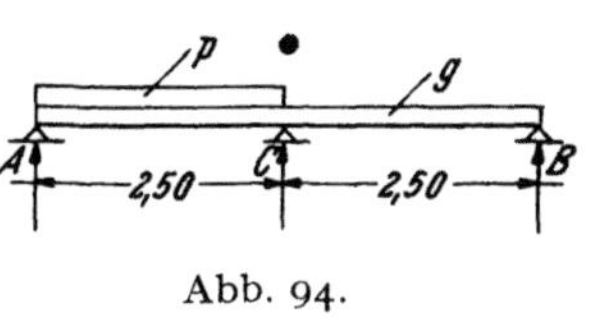

Abb. 94.

Da $M_A = M_B = 0$, so ist nach Einsetzen der Werte:

$$2\,M_C\,(2{,}5 + 2{,}5) = - \frac{1}{4}\,(7680 \cdot 2{,}5^3 + 5180 \cdot 2{,}5^3),$$

daraus $\qquad\qquad M_C = - 5023$ kgm.

max A erhält man aus der Gleichung:

$$M_C = A \cdot l_1 - q_1 \cdot \frac{l_1{}^2}{2}; \quad -5023 = A \cdot 2{,}5 - 7680 \cdot \frac{2{,}5^2}{2},$$

daraus wird $\qquad\qquad A = 7590$ kg.

An der Stelle des größten Momentes ist die Querkraft Null, somit

$$A - q_1 \cdot x = 0; \quad 7590 - 7680 \cdot x = 0,$$

daraus $\qquad\qquad x = 0{,}98$ m.

Das maximale Moment an der Stelle x findet man aus der Gleichung

$$M_1 = A \cdot x - q_1 \cdot \frac{x^2}{2},$$

nachdem aber $q_1 \cdot x = A$, so ist

$$M_1 = A \cdot \frac{x}{2} = 7590 \cdot 0{,}49 = 3{,}7 \text{ tm.}$$

Probe nach WINKLER:

$$\max M = (0{,}07 \cdot g + 0{,}095 \cdot p)\,l_1{}^2 = (0{,}07 \cdot 5{,}18 + 0{,}095 \cdot 2{,}5)\,2{,}5^2 = 3{,}75 \text{ tm.}$$

Das größte Stützmoment in C wird gefunden, wenn beide Felder mit $p + g = q_1 = q_2$ belastet sind, dann ist nach CLAPEYRON (Abb. 95):

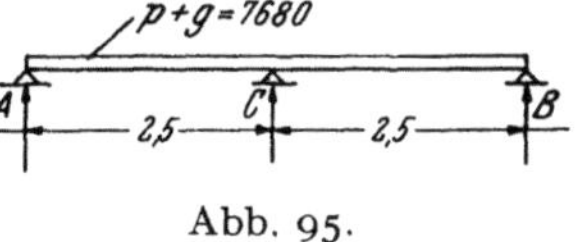

Abb. 95.

$$2\,M_C \cdot 5 = - \frac{1}{4}\,(7680 \cdot 2{,}5^3 + 7680 \cdot 2{,}5^3),$$

daraus ist $M_C = - 6000$ kgm.

Nimmt man C als Drehpunkt zur Aufstellung der Momentengleichung, dann ist

$$M_C = A \cdot l_1 - q_1 \cdot \frac{l_1{}^2}{2},$$

$$-6000 = A \cdot 2{,}5 - 7680 \cdot \frac{2{,}5^2}{2},$$

daraus für $\qquad\qquad A = 7200$ kg,

$$= B.$$

Aus obigem Belastungsfall erhält man den größten Stützendruck in C.

$$C = 7680 \cdot 5 - 2 \cdot 7200 = 24\,000 \text{ kg}.$$

Bemessung des Unterzuges:

$$\max M = 370\,000 \text{ kgcm},$$

$$W_{x\,\mathrm{erf}} = \frac{370\,000}{1200} = 308 \text{ cm}^3;$$

mit Rücksicht auf die Durchbiegung gewählt:

$$4 \text{ I } 16 \text{ mit } W_x = 4 \cdot 117 = 468 \text{ cm}^3.$$

Berechnung der Säule:

Die Säule hat den größten Stützendruck aufzunehmen, wenn man die Kontinuität des Trägers berücksichtigt.

Höhe der Säule $h = 3,5 - 0,35 - 0,16 = 3,00$ m.

Gewählt eine Säule aus Eisenbeton mit einem Querschnitt 50 . 30 cm.

Schlankheitsverhältnis $\dfrac{h}{d} = \dfrac{300}{30} = 10 < 15$, somit herrscht keine Knickgefahr.

d bedeutet die kleinste Abmessung der Säule.

Als Längsbewehrung wurden $6 \varnothing 18 = 15,26$ cm² gewählt.

Die Druckspannung im Beton beträgt:

$$\sigma_b = \frac{P}{F_b + 15 \cdot F_e} = \frac{24\,000}{1500 + 15 \cdot 15,26} = 13,8 \text{ kg/cm}^2,$$

zulässig $\sigma_b = 35$ kg/cm².

Bewehrungsverhältnis: $\qquad \dfrac{F_e}{F_b} = \dfrac{13,8}{1500} = 0,0092 = 0,92\%,$

zulässig 3%.

58. Beispiel. Unter den beiden Fenstern einer Hauptmauer ist eine 4 m breite Einfahrt zu errichten (Abb. 96).

Die Lichtweite des Tores beträgt 4,0 m.

Die Dachlast beträgt für Schnee-, Wind- und Eigenlast 290 kg je Quadratmeter Grundrißfläche.

Die Raumtiefe sei 5,0 m.

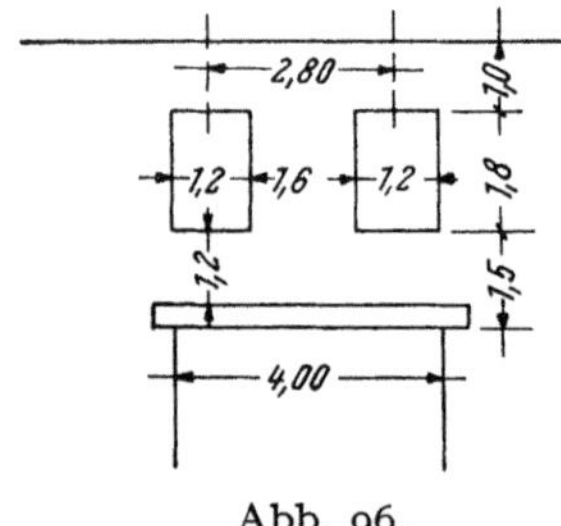

Abb. 96.

Pfeilerlast:

a) $725 \cdot 2,8 = 2030$ kg
b) $500 \cdot 2,8 = 1400$,,
c) $510 \cdot 2,8 = 1428$,,
d) $684 \cdot 2,8 = 1915$,,
e) $1281 \cdot 1,60 = 2050$,,

zusammen: 8823 kg als Gleichlast in der Mitte des Trägers.

Aufstellung der Belastung je laufenden Meter Unterzug.

a) Vom Dache 290 . 2,5 ....= 725 kg/m
b) Nutzlast vom Dachboden 200 . 2,5 ....= 500 ,,
c) Holzbalkendecke:
  Ziegelpflaster 3 cm stark 0,03 . 1800 ....== 54 kg
  10 cm Koksaschenschüttung 10 . 7 ....== 70 ,,
  Balken 18/24 cm mit 0,9 m Abstand von Mitte zu Mitte 30 ,,
  Sturzschalung 3 cm........................ 20 ,,
  Rohrdeckenputz einschließlich Rohr .... 30 ,,

             2,5 . 204 kg = 510 ,,

d) Mauerwerk über den Fenstern 0,38 . 1,0 . 1800 ....= 684 ,,
e) Pfeilermauerwerk in einer Höhe von 1,8 m; 0,38 . 1,80 . 1800..= 1281 ,,
f) Mauerwerk unter den Fenstern 0,38 . 1,2 . 1800 ....= 820 ,,
g) Nutzlast von der Parterredecke .... 200 kg
  Fußboden 2,5 cm stark .... 15 ,,
  Balken 18/24 cm .... 30 ,,
  10 cm Koksaschenschüttung........................ 70 ,,
  Sturzschalung .... 20 ,,
  Rohrdeckenputz .... 30 ,,

             2,5 . 365 kg = 913 ,,

h) 3 eiserne Träger Normalprofil 28 .... 144 ,,

Ferner Gleichlast von $f + g + h = 820 + 913 + 144 = 1377 = 1400$ kg am ganzen Träger. Das Moment dieser Belastung beträgt (Abb. 97):

$$M_1 = \frac{1}{8} . 1400 . 4{,}25^2 = 316093 \text{ kgcm};$$

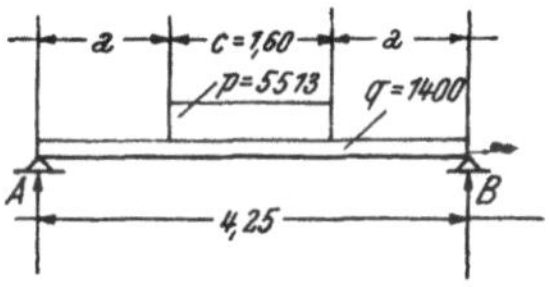

für die Gleichlast in der Mitte gilt die Formel:

$$M_2 = \frac{p . c}{2} \left(\frac{l}{2} - \frac{c}{4} \right) = \frac{p\,c}{2} \left(\frac{2\,l - c}{4} \right),$$

$$= \frac{p . c}{8} (c + 4\,a),$$

$$= \frac{8823}{8} (1{,}6 + 4 . 1{,}325) = 760380 \text{ kgcm}.$$

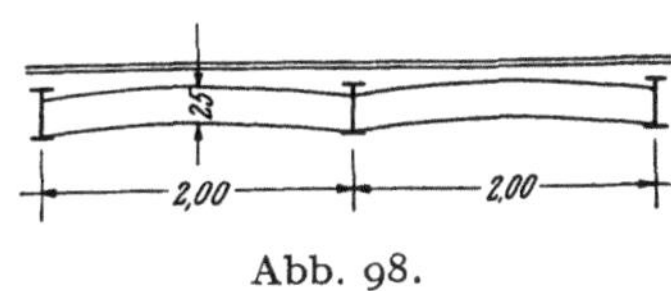

Abb. 97.

$$M_{\max} = 316093 + 760380 = 1076473 \text{ kgcm},$$

$$W_{\text{erf}} = \frac{1076473}{1200} = 897 \text{ cm}^3,$$

gewählt drei Stück I 26 mit $W_x = 3 . 442 = 1326$ cm³.

59. Beispiel. Berechnung einer Decke mit Ziegelgewölbe zwischen eisernen Traversen (Abb. 98).

Abb. 98.

Traversenabstand 2,0 m.

Stützweite der Traversen $l = 6{,}3$ m.

Belastung:

$$\begin{array}{lr}
\text{Bretterfußboden 2,5 cm stark} \ldots\ldots\ldots & 15 \ \text{kg/m}^2 \\
\text{Lehmschüttung 10 cm} \ldots\ldots\ldots\ldots & 160 \quad ,, \\
\text{Gewölbe } {}^1\!/_2 \text{ Stein stark} \ldots\ldots\ldots & 275 \quad ,, \\
\text{Putz einschließlich Rohrung} \ldots\ldots\ldots & 30 \quad ,, \\
\text{Nutzlast} \ldots\ldots\ldots\ldots\ldots\ldots\ldots & 320 \quad ,, \\
\hline
\text{zusammen: } & 800 \ \text{kg/m}^2
\end{array}$$

Somit entfällt auf den Träger je Laufmeter eine Last

$$2 \cdot 800 = 1600 \ \text{kg/m}$$

Eigengewicht des Trägers I 30 $\ldots\ldots\ldots = \underline{54 \quad ,,}$

$$\text{zusammen: } \quad 1654 \ \text{kg/m} = q.$$

$$M = \frac{1}{8} \cdot 1654 \cdot 6{,}30^2 = 820\,000 \ \text{kgcm},$$

$$W_{\text{erf}} = \frac{820\,000}{1200} = 683 \ \text{cm}^3,$$

gewählt I 32 mit $W_x = 782 \ \text{cm}^3$ und $J_x = 12\,510 \ \text{cm}^4$.

Die Formel für die Durchbiegung bei einem freitragenden Träger lautet:

$$f = \frac{5 \cdot P \cdot l^3}{384 \cdot E \cdot J},$$

dabei ist einzusetzen: q in kg und J in cm^4;

$$P = q \cdot l, \quad E = 2\,100\,000 \quad \text{und} \quad J = \text{Trägheitsmoment}.$$

Obige Gleichung für f kann man auch schreiben:

$$f = \frac{5 \cdot q \cdot l^4 \cdot 10^8}{384 \cdot 2{,}1 \cdot 10^6 \cdot J},$$

$$f = \frac{5 \cdot 16{,}54 \cdot 6{,}3^4 \cdot 10^8}{384 \cdot 2{,}1 \cdot 10^6 \cdot 12\,510} = 1{,}29 \ \text{cm}; \quad \frac{630}{500} = 1{,}26 \ \text{cm}.$$

60. Beispiel. Statische Untersuchung einer Stützmauer auf Erddruck nach dem Verfahren nach REBHANN (Abb. 99).

Die Wandlinie $A\,C$ steht lotrecht.

Die Größe und Lage des Erddruckes wird nach folgendem Verfahren (REBHANN) bestimmt: Man zeichnet im Punkte A den natürlichen Böschungswinkel mit der Waagrechten, welcher Winkel für jede Erdgattung, bzw. für verschiedene Lagerstoffe (Schüttgüter) einen bestimmten Wert erreicht (s. Anhang). Der Böschungswinkel wurde in unserem Beispiel mit $\varrho = 30^\circ$ angenommen. Hierauf trägt man im Punkte C den Winkel $\varphi = (\varrho + \vartheta)$ auf und bringt diese Linie zum Schnitt mit der Geraden $A\,B$. ϑ bezeichnet den Reibungswinkel zwischen der Mauerwand und der Hinterfüllung. Er richtet sich nach dem Feuchtigkeitsgrade der Hinterfüllung und der Rauhigkeit der Stützmauerwand. Bei sehr nassem Erdreich kann der Winkel ϑ gleich Null werden. Er wird meistens mit $\frac{\varrho}{2}$ bei trockener Erde (bzw. Hinterfüllung) und rauher Wand angenommen.

Nach Erhalt des Punktes D macht man $DF \| CB$, ferner HF senkrecht auf AC, indem man über AC einen Halbkreis errichtet hat. $AH = AJ$ und $JK \| CB$. Man erhält den Punkt K. Zu demselben Resultate kommt man, wenn man im Punkte D eine Senkrechte auf

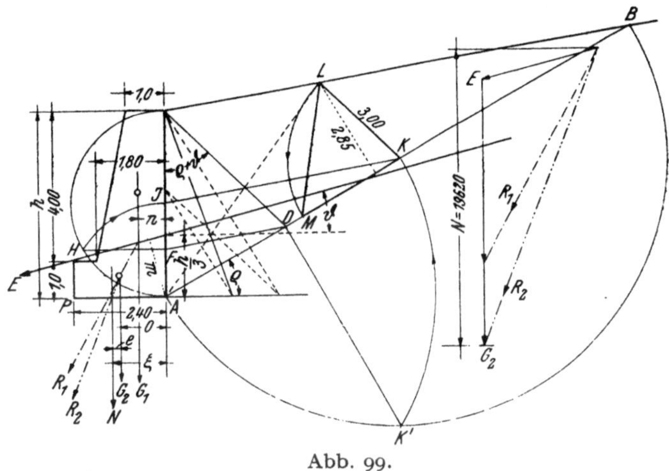

Abb. 99.

AB errichtet, Halbkreis über AB, ferner AK' nach AK überträgt. Der erstere Vorgang wird dann angewendet, wenn infolge stark geneigter Erdlinie (CB) der Schnittpunkt B weit hinausgeschoben wird.

Man zieht nun $KL \| DC$, macht $KM = KL$ und erhält das Erddruckdreieck KLM, welches mit dem spezifischen Gewichte des Erdkörpers multipliziert, den

Erddruck

je laufenden Meter Stützmauer darstellt. Die Linie KL nennt man das Erddruckmaß. Die Linie AL ist die Gleitfläche.

Der Erddruck greift im ersten Drittel der Wandlinie AC unter dem Winkel ϑ an. Nach Bestimmung der Größe und Lage des Erddruckes wird dieser mit den einzelnen Kräften der Eigengewichte des Mauerkörpers graphisch zusammengesetzt. Zu diesem Zwecke ermittelt man zunächst die Gewichte der Mauerkörper.

$$G_1 = \frac{1{,}00 + 1{,}8}{2} \cdot 1{,}0 \cdot 4{,}0 \cdot 2200 = 12\,320 \text{ kg},$$

$$G_2 = 2{,}4 \cdot 1{,}0 \cdot 1{,}0 \cdot 2200 = 5280 \text{ kg}.$$

Bezeichnet man den Abstand der Kraft G_1 von der Lotrechten $A\,C$ mit n, dann ist (Abb. 100):

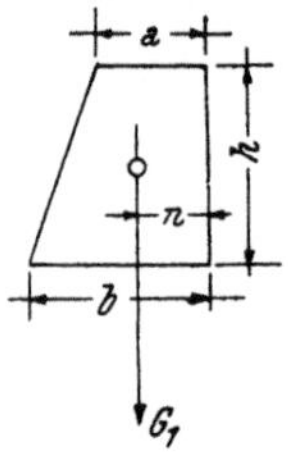

$$n = b \cdot \varepsilon,$$

$$\varepsilon = 0{,}5 - 0{,}5 \cdot \beta \, (1 - \alpha),$$

$$a : b = \alpha,$$

$$\beta = \frac{1 + 2\,\alpha}{3\,(1 + \alpha)}.$$

$$\alpha = 0{,}555, \quad \beta = 0{,}452 \quad \text{und} \quad \varepsilon = 0{,}4,$$

somit $n = 1{,}8 \cdot 0{,}4 = 0{,}72$ m.

Abb. 100.

Bezeichnen wir noch den Abstand der Erddruckkraft E im Punkte A mit m, dann ist:

$$m = \frac{h}{3} \cdot \cos \vartheta = \frac{5}{3} \cdot \cos 15^\circ = \frac{5}{3} \cdot 0{,}9659 = 1{,}61 \text{ m}.$$

A als Drehpol angenommen, ergibt die Gleichung:

$$N \cdot \zeta = E \cdot m + G_1 \cdot n + G_2 \cdot 0.$$

N bedeutet die lotrechte Komponente der Mittelkraft R_2.

$$N = 19620 \text{ kg},$$

$$E = \frac{3{,}00 \cdot 2{,}85}{2} \cdot 1800 = 7695 \text{ kg},$$

dann ist:

$$\zeta = \frac{7695 \cdot 161 + 12320 \cdot 72 + 5280 \cdot 120}{19620} = 140 \text{ cm}.$$

Die Entfernung e der Komponente N von der Fundamentachse beträgt:

$$e = 140 - 240/2 = 20 \text{ cm}.$$

Für die Bodenbeanspruchung erhält man

$$\sigma = \frac{N}{F} \pm \frac{M}{W} = \frac{19620}{24000} \pm \frac{6 \cdot 19620 \cdot 20}{100 \cdot 240^2},$$

$$\sigma_1 = 0{,}82 + 0{,}41 = 1{,}23 \text{ kg/cm}^2 \text{ (Druck)},$$

$$\sigma_2 = 0{,}82 - 0{,}41 = 0{,}41 \text{ kg/cm}^2 \text{ (Druck)}.$$

61. Beispiel. Statische Untersuchung einer Stützmauer auf Erddruck, wobei das Erdreich mit einer gleichmäßig verteilten Verkehrslast von $p = 2000$ kg/m² belastet wird (Abb. 101).

Man denkt die Verkehrslast durch eine Aufschüttung von der Höhe h_p ersetzt und erhält

$$h_p = \frac{p}{\gamma} = \frac{2000}{1800} = 1{,}11 \text{ m}.$$

Der Angriffspunkt des Erddruckes liegt im Schwerpunkte des Trapezes, welchen man nach der Wand $A\,C$ verlegt.

$$E = \frac{0{,}3 + 1{,}75}{2} \cdot 5{,}0 \cdot 1800 = 9225\ \text{kg.}$$

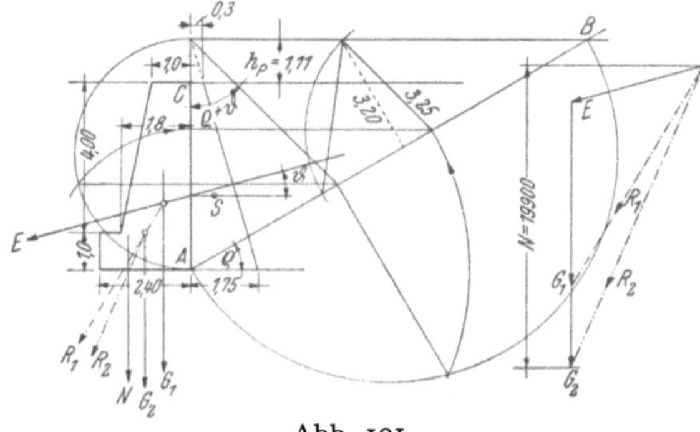

Abb. 101.

Die Konstruktion des Erddruckdreieckes wird wie im vorangegangenen Beispiel durchgeführt.

62. Beispiel. Statische Untersuchung einer Ufermauer mit gefülltem Wasserbecken (Abb. 102).

Wir müssen bei der statischen Untersuchung außer dem Erddruck noch den entgegenwirkenden Wasserdruck berücksichtigen. Der Untersuchung mit gefülltem Becken muß zunächst die Berechnung der Ufermauer mit Erddruck allein vorangehen, weil das Wasserbecken auch einmal kein Wasser enthalten könnte.

Bei gefülltem Becken ist die Mittelkraft aus dem Erddruck, dem Gewichte des Mauerkörpers und dem Wasserdruck zu bestimmen. Infolge Gegendruck durch die Beckensohle wird die

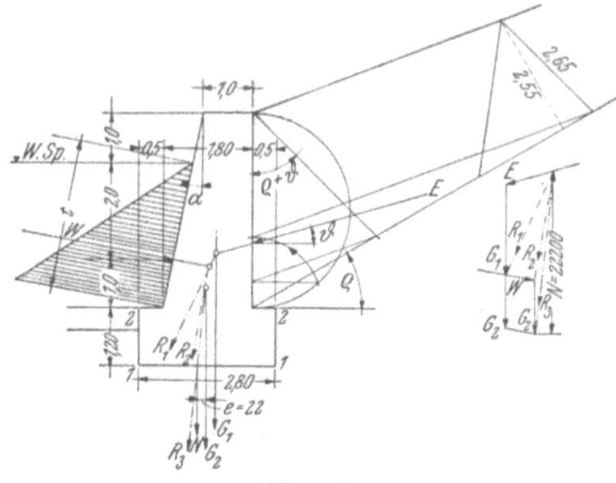

Abb. 102.

Konstruktion des Erddruckes nur bis zur Fuge 2—2 vorgenommen.

$$E = \frac{2{,}65 \cdot 2{,}55}{2} \cdot 1800 = 4680\ \text{kg}$$

$$G_1 = \frac{1{,}0 + 1{,}8}{2} \cdot 4 \cdot 2200 = 12320\ \text{kg}$$

$$G_2 = 2{,}8 \cdot 1{,}2 \cdot 2200 = 7392\ \text{kg}$$

Bestimmung der Tiefe „t":

$$\operatorname{tg} \alpha = \frac{0,80}{4,0} = 0,2, \quad \alpha = 11^\circ\,20',$$

$$\cos \alpha = 0,9805,$$

somit
$$t = \frac{2,80}{\cos \alpha} = \frac{2,80}{0,9805} = 2,85 \text{ m}.$$

$$W = \frac{t \cdot t}{2} \cdot 1000 = \frac{2,85^2}{2} \cdot 1000 = 4061 \text{ kg}.$$

Die Beanspruchung in der Fuge 1—1 beträgt:

$$\sigma_{1,2} = \frac{22\,200}{28\,000} \pm \frac{6 \cdot 22\,200 \cdot 22}{100 \cdot 280^2} = 0,79 \pm 0,37,$$

$$\sigma_1 = 1,16 \text{ kg/cm}^2 \text{ (Druck)},$$

$$\sigma_2 = 0,42 \text{ kg/cm}^2 \text{ (Druck)}.$$

63. Beispiel. Konstruktion des Erddruckes bei gebrochener Böschungslinie der Hinterfüllung, ohne Auflast (Abb. 103).

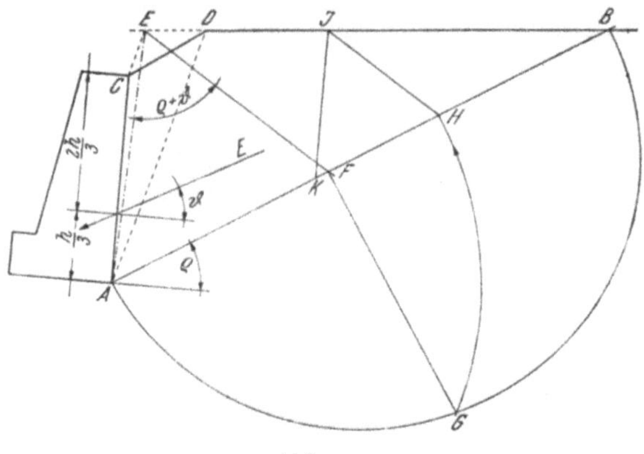

Abb. 103.

Man verwandelt das Dreieck $A\,C\,D$ in ein flächengleiches Dreieck $A\,E\,D$ mit der Basis $A\,D$. $C\,E\,\|\,A\,D$. Dann trägt man im Punkte E den Winkel $\varrho + \vartheta$ von der Linie $A\,E$ auf.

Die weitere Konstruktion ist nach den vorher beschriebenen Vorgängen auszuführen.

64. Beispiel. Statische Untersuchung eines 36 m hohen Schornsteines bezüglich seiner Standsicherheit.

Außer der Höhe des Schornsteines ist noch der innere Durchmesser desselben an der Schornsteinmündung gegeben. Der Schornstein besteht aus einzelnen Trommeln, welche nicht über 5 bis 7 m hoch auszuführen sind.

Die Verjüngung des äußeren Durchmessers wird im Mittel mit 5 cm pro Meter Höhe angenommen.

Der Winddruck wird nach der Formel:

$$W = 120 + 0{,}6 \cdot h$$

berechnet und gilt für die senkrecht getroffene Fläche. Diese Ziffer des Winddruckes ist je nach der Querschnittsform des Schaftes mit einem Abminderungskoeffizienten zu multiplizieren. Derselbe beträgt für

$$\text{runde Schornsteine} \dots\dots\dots 0{,}67,$$
$$\text{achteckige Schornsteine} \dots\dots 0{,}71,$$
$$\text{viereckige Schornsteine} \dots\dots 1{,}0.$$

In Ländern, wo erfahrungsgemäß ein höherer Winddruck aufzutreten pflegt, ist, unbeschadet der diesbezüglichen Bestimmung der Bauordnung, die konstatierte Windstärke zu berücksichtigen.

Der Schornstein muß an seiner Basis eine mindestens zweifache Sicherheit gegen Umkippen durch den Wind besitzen.

Größte Druckinanspruchnahme bei Verwendung von gewöhnlichen Mauerziegeln $5 + 0{,}15 \cdot h$.

Größte Zuginanspruchnahme bei Schornsteinen bis zu 30 m Höhe $1{,}2$ kg/cm², und für jeden Meter Mehrhöhe um $0{,}05$ kg/cm² weniger. Die Inanspruchnahme des Mauerwerkes (größte Kantenpressung) darf in keinem Querschnitte die angegebenen Werte überschreiten.

Der Wind greift im Schwerpunkte der getroffenen Fläche an. In unserem Beispiele ist

$$W = (120 + 0{,}6 \cdot 36) \cdot 0{,}67 = 94{,}87 = 95 \text{ kg.}$$

Den Abstand des Schwerpunktes für den Angriff des Windes bezüglich der Fuge 1—1 errechnet man aus der Formel (Abb. 104):

$$s = \frac{h}{3} \cdot \frac{b + 2a}{b + a},$$

$$= \frac{36}{3} \cdot \frac{3{,}8 + 2 \cdot 2{,}0}{3{,}8 + 2{,}0} = 16{,}13 \text{ m.}$$

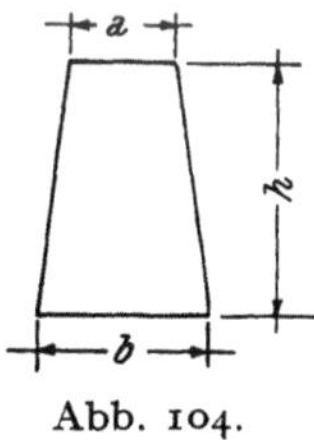

Abb. 104.

Demnach ist

$$W = 95 \cdot 36 \cdot \frac{3{,}8 + 2{,}0}{2} = 9{,}918 \text{ t.}$$

Umsturzmoment:

$$M_1 = W \cdot s = 9{,}918 \cdot 16{,}13 = 159{,}97 \text{ tm.}$$

Gegenmoment:

$$M_2 = G \cdot \frac{D}{2} = 182{,}254 \cdot 1{,}9 = 346{,}28 \text{ tm}$$

Kippsicherheit:

$$\frac{346{,}28}{159{,}97} = 2{,}1 \text{ fach.}$$

Die Fuge 1—1 hat die Fläche:

$$F = 4{,}824 \text{ m}^2.$$

Trägheitsmoment:

$$J = \frac{(3,8^4 - 2,88^4)}{64} \cdot \pi = \frac{(208,51 - 68,797)}{64} \cdot 3,14 = 6,85 \text{ m}^4.$$

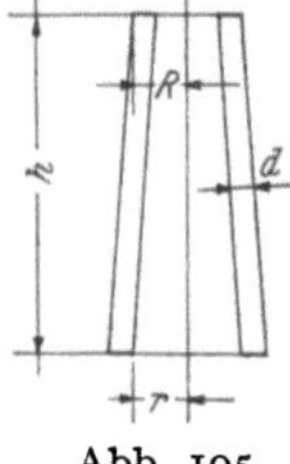

Abb. 105.

Widerstandsmoment:

$$W = \frac{2\,J}{D} = \frac{2 \cdot 6,85}{3,8} = 3,6 \text{ m}^3.$$

Die Beanspruchungen betragen:

$$\sigma = \frac{G}{F} \pm \frac{M_1}{W} = \frac{182,254}{4,824} \pm \frac{159,97}{3,6} = 37,7 \pm 44,4,$$

$$\sigma_1 = 8,21 \text{ kg/cm}^2 \text{ (Druck)} < 5 + 0,15 \cdot 36 =$$
$$= 10,4 \text{ kg/cm}^2,$$
$$\sigma_2 = -0,67 \text{ kg/cm}^2 \text{ (Zug)}.$$

Berechnung des Gewichtes der einzelnen Trommeln (Abb. 105):

Bei runden Schornsteinen berechnet man das Gewicht in einfacher Weise.

Der Inhalt eines durch Umdrehung einer Fläche entstandenen Körpers ist gleich dem Inhalt dieser Fläche multipliziert mit dem Wege des Schwerpunktes derselben.

Entfernung des Schwerpunktes von der Mittelachse ist

$$\frac{R + r}{2}$$

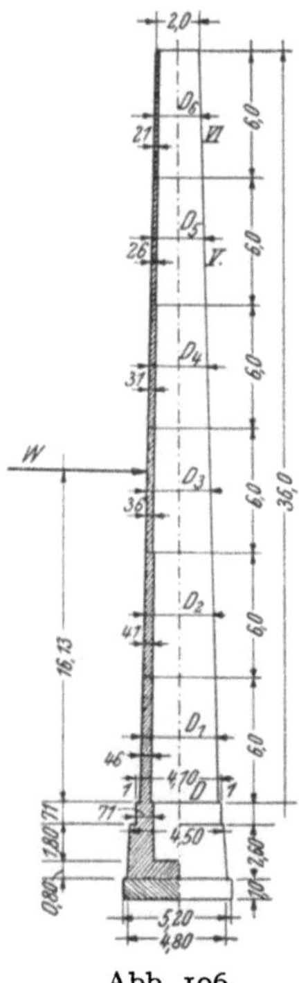

Abb. 106.

der Weg des Schwerpunktes somit

$$(R + r) \cdot \pi,$$

dann ist der Inhalt der Trommel:

$$V = (R + r) \cdot \pi \cdot h \cdot d$$

und das Gewicht einer Trommel:

$$G = V \cdot \gamma;$$

auf diese Weise erhält man:

$$G_{VI} = [(1,0 + 0,94) \cdot 3,14 \cdot 6 \cdot 0,21] \cdot 1800 =$$
$$= 13,815 \text{ t,}$$

oder nach einer anderen Formel:

$$G_{VI} = \frac{\pi}{4} (D_6{}^2 - d_6{}^2) \cdot h \cdot \gamma,$$

$$= \frac{3,14}{4} (2,15^2 - 1,73^2)\, 6 \cdot 1800 = 13,815 \text{ t.}$$

In der gleichen Weise erhält man die Gewichte der anderen Trommeln.

$$G_\mathrm{V} = 19{,}309 \text{ t}$$
$$G_\mathrm{IV} = 25{,}651 \text{ t}$$
$$G_\mathrm{III} = 32{,}840 \text{ t}$$
$$G_\mathrm{II} = 40{,}877 \text{ t}$$
$$G_\mathrm{I} = 49{,}762 \text{ t}$$

$$G = G_\mathrm{I}, G_\mathrm{II}, \ldots G_\mathrm{VI} = 182{,}254 \text{ t} = 182254 \text{ kg} \quad \text{(Abb. 106).}$$

$D_6 = 2{,}0 \ + 3 \cdot 0{,}05 = 2{,}15$ m	$d_6 = 2{,}15 + 2 \cdot 0{,}21 = 1{,}73$ m
$D_5 = 2{,}15 + 6 \cdot 0{,}05 = 2{,}45$ m	$d_5 = 2{,}45 + 2 \cdot 0{,}26 = 1{,}93$ m
$D_4 = 2{,}45 + 6 \cdot 0{,}05 = 2{,}75$ m	$d_4 = 2{,}75 + 2 \cdot 0{,}31 = 2{,}13$ m
$D_3 = 2{,}75 + 6 \cdot 0{,}05 = 3{,}05$ m	$d_3 = 3{,}05 + 2 \cdot 0{,}36 = 2{,}33$ m
$D_2 = 3{,}05 + 6 \cdot 0{,}05 = 3{,}35$ m	$d_2 = 3{,}35 + 2 \cdot 0{,}41 = 2{,}53$ m
$D_1 = 3{,}35 + 6 \cdot 0{,}05 = 3{,}65$ m	$d_1 = 3{,}65 + 2 \cdot 0{,}46 = 2{,}73$ m
$D \ = 3{,}65 + 3 \cdot 0{,}05 = 3{,}80$ m	$d \ = 3{,}80 + 2 \cdot 0{,}46 = 2{,}88$ m

Berechnung der einzelnen Trommeln:

Trommel VI: $\qquad G_\mathrm{VI} = 13{,}815 \text{ t.}$

Winddruck:
$$W_6 = 95 \cdot 6 \cdot \frac{2{,}30 + 2{,}0}{2} = 1{,}225 \text{ t.}$$

Abstand des Schwerpunktes von der Fuge 6—6:
$$s_6 = \frac{6}{3} \cdot \frac{2{,}3 + 2 \cdot 2{,}0}{2{,}3 + 2{,}0} = 2{,}92 \text{ m.}$$

Umsturzmoment:
$$M = W_6 \cdot s_6 = 1{,}225 \cdot 2{,}92 = 3{,}577 \text{ tm.}$$

Gegenmoment:
$$M = G_6 \cdot \frac{2{,}3}{2} = 13{,}815 \cdot 1{,}15 = 15{,}887 \text{ tm.}$$

Kippsicherheit:
$$\frac{15{,}887}{3{,}577} = 4{,}4 \text{ fach.}$$

Fläche an der Fuge 6—6:
$$F_6 = \frac{\pi}{4}\,(2{,}3^2 - 1{,}88^2) = 0{,}785\,(2{,}3^2 - 1{,}88^2) = 1{,}38 \text{ m}^2.$$

Trägheitsmoment an der Fuge 6—6:
$$J_6 = \frac{2{,}3^4 - 1{,}88^4}{64} \cdot \pi = 0{,}76 \text{ m}^4.$$

Widerstandsmoment 6—6:
$$W_6 = \frac{2 \cdot J}{D} = \frac{2 \cdot 0{,}76}{2{,}3} = 0{,}66 \text{ m}^3.$$

Beanspruchungen 6—6:

$$\sigma = \frac{G}{F} \pm \frac{M}{W} = \frac{13{,}815}{1{,}38} \pm \frac{3{,}577}{0{,}66} = 10{,}0 \pm 5{,}42.$$

$$\sigma_1 = 15{,}42 \text{ tm}^2 = 1{,}542 \text{ kg/cm}^2 \text{ (Druck)}.$$

$$\sigma_2 = 4{,}58 \text{ tm}^2 = 0{,}458 \text{ kg/cm}^2 \text{ (Druck)}.$$

Trommeln VI und V: $G_6 + G_5 = 33{,}124$ t.

$$W_{6,5} = 95 \cdot 12 \cdot \frac{2{,}6 + 2{,}0}{2} = 2{,}622 \text{ t,}$$

$$s_{6,5} = \frac{12}{3} \cdot \frac{2{,}6 + 2 \cdot 2{,}0}{2{,}6 + 2{,}0} = 5{,}72 \text{ m.}$$

Umsturzmoment: $M = 2{,}622 \cdot 5{,}72 = 14{,}997$ tm.

Gegenmoment: $M = 33{,}124 \cdot 1{,}3 = 43{,}06$ tm.

Kippsicherheit: $\dfrac{43{,}06}{14{,}997} = 2{,}87$ fach.

$$F_5 = 0{,}785 \,(2{,}6^2 - 2{,}08^2) = 1{,}91 \text{ m}^2,$$

$$J_5 = \frac{2{,}60^4 - 2{,}08^4}{64} \cdot \pi = 1{,}322 \text{ m}^4,$$

$$W_5 = \frac{2 \cdot 1{,}322}{2{,}6} = 1{,}01 \text{ m}^3,$$

$$\sigma = \frac{33{,}124}{1{,}91} \pm \frac{14{,}997}{1{,}01} = 17{,}3 \pm 14{,}80,$$

$$\sigma_1 = 3{,}21 \ \text{ kg/cm}^2 \text{ (Druck)},$$

$$\sigma_2 = 0{,}250 \ \text{ kg/cm}^2 \text{ (Druck)}.$$

Trommeln VI bis IV:

$$G_6 + G_5 + G_4 = 58{,}775 \text{ t.}$$

$$W_{6-4} = 95 \cdot 18 \cdot \frac{2{,}9 + 2{,}0}{2} = 4{,}19 \text{ t,}$$

$$s_{6-4} = \frac{18}{3} \cdot \frac{2{,}9 + 2 \cdot 2{,}0}{2{,}9 + 2{,}0} = 8{,}46 \text{ m.}$$

Umsturzmoment: $M = 4{,}19 \cdot 8{,}46 = 35{,}45$ tm.

Gegenmoment: $M = 58{,}775 \cdot 1{,}45 = 85{,}22$ tm.

Kippsicherheit: $\dfrac{85{,}22}{35{,}45} = 2{,}40$ fach.

$$F_4 = 0{,}785 \,(2{,}9^2 - 2{,}28^2) = 2{,}52 \text{ m}^2,$$

$$J_4 = \frac{\pi}{64} \,(2{,}9^4 - 2{,}28^4) = 2{,}14 \text{ m}^4,$$

$$W_6 = \frac{2 \cdot 2{,}14}{2{,}9} = 1{,}47 \text{ m}^3,$$

$$\sigma = \frac{58{,}775}{2{,}52} \pm \frac{35{,}45}{1{,}47} = 23{,}3 \pm 24{,}1.$$

$$\sigma_1 = 4{,}74 \text{ kg/cm}^2 \text{ (Druck)},$$

$$\sigma_2 = -0{,}08 \text{ kg/cm}^2 \text{ (Zug)}.$$

Trommeln VI bis III:

$$G_6 + G_5 + G_4 + G_3 = 91{,}615 \text{ t.}$$

$$W_{6-3} = 95 \cdot 24 \cdot \frac{3{,}2 + 2{,}0}{2} = 5{,}928 \text{ t,}$$

$$s_{6-3} = \frac{24}{3} \cdot \frac{3{,}2 + 2 \cdot 2{,}0}{3{,}2 + 2{,}0} = 11{,}04 \text{ m.}$$

Umsturzmoment: $\quad M = 5{,}928 \cdot 11{,}04 = 65{,}445$ tm.

Gegenmoment: $\quad M = 91{,}615 \cdot 1{,}6 = 146{,}58$ tm.

Kippsicherheit: $\quad \dfrac{146{,}58}{65{,}445} = 2{,}23$ fach.

$$F_3 = 0{,}785 \,(3{,}2^2 - 2{,}48^2) = 3{,}21 \text{ m}^2,$$

$$J_3 = \frac{\pi}{64} \cdot (3{,}2^4 - 2{,}48^4) = 3{,}324 \text{ m}^4,$$

$$W'_3 = \frac{2 \cdot 3{,}324}{3{,}20} = 2{,}04 \text{ m}^3.$$

$$\sigma = \frac{91{,}615}{3{,}21} \pm \frac{65{,}445}{2{,}04} = 28{,}5 \pm 32{,}1,$$

$$\sigma_1 = 6{,}06 \text{ kg/cm}^2 \ (\text{Druck}),$$

$$\sigma_2 = -0{,}36 \text{ kg/cm}^2 \ (\text{Zug}).$$

Trommeln VI bis II: $\quad G_{6-2} = 132{,}49$ t.

$$W'_{6-2} = 95 \cdot 30 \cdot \frac{3{,}5 + 2{,}0}{2} = 7{,}84 \text{ t,}$$

$$s_{6-2} = \frac{30}{3} \cdot \frac{3{,}5 + 2 \cdot 2{,}0}{3{,}5 + 2{,}0} = 13{,}6 \text{ m.}$$

Umsturzmoment: $\quad M = 7{,}84 \cdot 13{,}6 = 106{,}624$ tm.

Gegenmoment: $\quad M = 132{,}49 \cdot 1{,}75 = 231{,}857$ tm.

Kippsicherheit: $\quad \dfrac{231{,}857}{100{,}776} = 2{,}31$ fach.

$$F_2 = 0{,}785 \,(3{,}5^2 - 2{,}68^2) = 3{,}979 \text{ m}^2,$$

$$J_2 = \frac{\pi}{64} \,(3{,}5^4 - 2{,}68^4) = 4{,}827 \text{ m}^4,$$

$$W'_2 = \frac{2 \cdot 4{,}827}{3{,}5} = 2{,}76 \text{ m}^3.$$

$$s = \frac{132{,}49}{3{,}979} \pm \frac{106{,}624}{2{,}76} = 33{,}4 \pm 38{,}6,$$

$$\sigma_1 = 7{,}20 \text{ kg/cm}^2 \ (\text{Druck}),$$

$$\sigma_2 = -0{,}52 \text{ kg/cm}^2 \ (\text{Zug}).$$

Fundament und Beanspruchung der Fundamentsohle: Fundament über Terrain, quadratisch:

$$G_1 = (4{,}1^2 - 2{,}68^2) \, 1{,}0 \cdot 2200 = 21{,}186 \text{ t.}$$

Trommel-Tabelle

Trommel Nr.	Höhe der Trommel (m)	Mittlerer äußerer Durchmesser (m)	Mittlerer innerer Durchmesser (m)	Wandstärke (cm)	Äußerer Durchmesser an der Basis (m)	Innerer Durchmesser an der Basis (m)
VI	6	2,15	1,73	21	2,3	1,88
V	6	2,45	1,93	26	2,6	2,08
IV	6	2,75	2,13	31	2,9	2,28
III	6	3,05	2,33	36	3,2	2,48
II	6	3,35	2,53	41	3,5	2,68
I	6	3,65	2,73	46	3,8	2,88
	36					

Trommel Nr.	Gewicht der Trommeln (t)	Winddruck (t)	Abstand des Schwerpunktes von der Basis (m)	Windmoment (tm)	Moment des Eigengewichtes (tm)
VI	13,815	1,225	2,92	3,577	15,887
V	19,309	2,622	5,72	14,997	43,06
IV	25,651	4,19	8,46	35,45	85,22
III	32,840	5,928	11,04	65,445	146,58
II	40,877	7,84	13,60	106,624	231,857
I	49,762	9,918	16,13	159,97	346,28
	182,254				

Trommel Nr.	Kippsicherheit	Querschnittsfläche an der Basis (m²)	Trägheitsmoment (m⁴)	Widerstandsmoment (m³)	Beanspruchung an der Basis — Druck (kg/cm³)	Beanspruchung an der Basis — Zug (kg/cm²)
VI	4,4	1,38	0,76	0,66	1,542 / 0,458	—
V	2,87	1,91	1,322	1,01	3,21 / 0,25	—
IV	2,4	2,52	2,14	1,47	4,74	0,08
III	2,23	3,21	3,324	2,04	6,06	0,36
II	2,31	3,979	4,827	2,76	7,20	0,52
I	2,1	4,824	6,85	3,6	8,21	0,67

Fundamentsockel:

$$G_2 = \left[\frac{2,6}{3}\,(4,8^2 + 4,5^2 + \sqrt{4,8^2 \cdot 4,5^2}) - 2,68^2 \cdot 1,8\right] \cdot 2200 =$$

$$= \left[0,866\,(23,04 + 20,25 + \sqrt{466,56}) - 12,928\right] \cdot 2200 =$$

$$= 95{,}187\ \text{t}.$$

Fundamentplatte:

$$G_3 = 5{,}2^2 \cdot 1{,}0 \cdot 2200 = 59{,}488\ \text{t}.$$

Gewicht des Fundamentes:

$$G_1 + G_2 + G_3 = 175{,}861\ \text{t}.$$

Bodenpressung bei Windstille:

$$\sigma = \frac{182{,}254 + 175{,}861}{5{,}2 \cdot 5{,}2} =$$

$$= 1{,}32\ \text{kg/cm}^2.$$

Bodenbeanspruchung bei Winddruck:

$$\sigma = \frac{182{,}254 + 175{,}861}{5{,}2 \cdot 5{,}2} \pm$$

$$\pm\, \frac{159{,}97 \cdot 6}{5{,}2 \cdot 5{,}2 \cdot 5{,}2} = 1{,}32 \pm 0{,}68.$$

$$\sigma_1 = 2{,}00\ \text{kg/cm}^2\ (\text{Druck}).$$

$$\sigma_2 = 0{,}64\ \text{kg/cm}^2\ (\text{Druck}).$$

Der Schornstein entspricht allen geforderten Bedingungen. In der Praxis wird es selten vorkommen, daß gleich bei der ersten Standberechnung der Schornstein allen Bedingungen entsprechen wird. Sind die Beanspruchungen zu klein, dann wird man die Stärke der einzelnen Trommeln kleiner halten können. Bei zu großen Beanspruchungen sind die Trommelwandstärken zu vergrößern.

Es empfiehlt sich, alle rechnungsgemäß erhaltenen Ergebnisse in einer Tabelle festzuhalten.

65. Beispiel. Berechnung einer Decke, ausgeführt als Eisenbetondecke zwischen Traversen. Die Eisenbetonplatte liegt unten (Abb. 107).

Trägerentfernung 2,0 m.

Stützweite $4,5 + 5\% = 4,72$ m.

Deckenlast:

Nutzlast . . . . 200 kg/m²
Bretterfußboden 2,5 cm . . . . 15 ,,
Überschüttung (Kohlenschlacke) . . . . 80 ,,
Eigengewicht der Platte 0,8 . 2400 . . . $=$ 192 ,,
Putz einschließlich Verrohrung . . . . 30 ,,

zusammen: 517 kg/m²

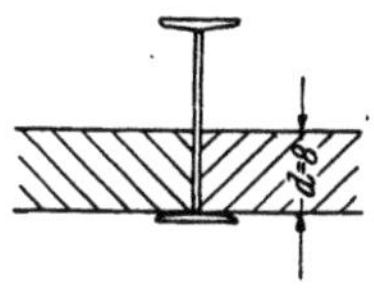

Abb. 107.

Berechnung der Platte: $l = 2,0$ m.

$$M = \tfrac{1}{8} . 517 . 2,0^2 = 25\,850 \text{ kgcm}, \qquad \sigma_b = 40/1200 \text{ kg/cm}^2,$$

$$h = 0,411 . \sqrt{\frac{25\,850}{100}} = 6,6 \text{ cm}, \; d = 8 \text{ cm}, \; k = 180,$$

$$F_e = \frac{b . h}{k} = \frac{100 . 6,6}{180} = 3,66 \text{ cm}^2,$$

gewählt $8 \oslash 8 = 4,02$ cm².

Nachweis der Spannungen.

Bestimmung der Nullinie:

$$x = \frac{n . F_e}{b} . \left[-1 + \sqrt{1 + \frac{2 . b . h}{n . F_e}} \right],$$

$$x = \frac{15 . 4,02}{100} \left[-1 + \sqrt{1 + \frac{2 . 100 . 6,6}{15 . 4,02}} \right] = 2,28 \text{ cm},$$

$$z = 0,889 . 6,6 = 5,86 \text{ cm},$$

$$\sigma_b = \frac{2\,M}{b . x . z} = \frac{2 . 25\,850}{100 . 2,28 . 5,86} = 38,8 \text{ kg/cm}^2,$$

$$\sigma_e = \frac{M}{F_e . z} = \frac{25\,850}{4,02 . 5,86} = 1100 \text{ kg/cm}^2.$$

Berechnung der Traversen:

Von der Decke . . . . 2,0 . 517 $=$ 1034 kg/m
Gewicht des Trägers I 20 . . . . $=$ 26 kg/m

zusammen: 1060 kg/m

$$M = \tfrac{1}{8} . 1060 . 4,72^2 = 295\,000 \text{ kgcm},$$

bei $\sigma_e = 1400$ ist $W_x = \dfrac{295\,000}{1400} = 212$ cm³,

gewählt I 20 mit $W_x = 214$ cm³ und $J_x = 2140$ cm⁴.

Berechnung der Durchbiegung:

$$f = \frac{5 \cdot 10{,}6 \cdot 4 \cdot 72^4 \cdot 10^8}{384 \cdot 2{,}1 \cdot 10^6 \cdot 2140} = 1{,}52 \text{ cm} \left(\text{zul.} \ \frac{472}{500} = 0{,}945 \text{ cm} \right).$$

Der Träger ist zu schwach, daher I 22 mit $J_x = 3060$ cm⁴, dann ist die Durchbiegung $f = 1{,}07$ cm.

66. Beispiel. Über einen Gang von 2,8 m Breite soll eine Eisenbetonplatte errichtet werden.

a) Berechnung der Platte mit handelsüblichem Rundeisen:

$$\begin{aligned}
&\text{Nutzlast } p\ldots\ldots\ldots\ldots\ldots\ldots\ldots = 300 \text{ kg/m}^2 \\
&\text{Terrazzo } 3 \cdot 20 \ldots\ldots\ldots\ldots\ldots = 60 \quad ,, \\
&\text{Platteneigengewicht } 0{,}13 \cdot 1 \cdot 2400 \cdot = 312 \quad ,, \\
&\text{Deckenputz } 2 \cdot 19 \ldots\ldots\ldots\ldots = \underline{38 \quad ,,} \\
&\hspace{5cm} \text{zusammen: } 710 \text{ kg/m}^2
\end{aligned}$$

Stützweite der Platte: $2{,}8 + 0{,}20 = 3{,}0$ m,

dann ist $\max M = \dfrac{1}{8} \cdot 710 \cdot 3{,}0^2 = 80\,000$ kgcm.

Bei Annahme einer Betondruckspannung von $\sigma_b = 40$ kg/cm² und $\sigma_e = 1200$ kg/cm², ausgedrückt durch $\sigma_b = 40/1200$ ist:

$$h = 0{,}411 \cdot \sqrt{\frac{80\,000}{100}} = 11{,}6 \text{ cm}, \quad d = 13 \text{ cm}, \quad k = 180,$$

$$z = 0{,}889 \cdot 11{,}6 = 10{,}3 \text{ cm},$$

$$F_e = \frac{b \cdot h}{k} = \frac{100 \cdot 11{,}6}{180} = 6{,}45 \text{ cm}^2,$$

gewählt 9 ⌀ 10 = 7,06 cm².

b) Berechnung der Platte unter Verwendung von Baustahlgewebe (BStG); die Ersparnis beträgt 50%:

$$h = r \cdot \sqrt{\frac{M}{b}} = 0{,}415 \cdot \sqrt{\frac{80\,000}{100}} = 0{,}415 \cdot 28{,}3 = 11{,}7,$$

$$d = 11{,}8 + 1{,}5 = 13{,}3 = 13{,}5 \text{ cm}, \quad k = 346,$$

für $h = 12$ cm ist $F_e = \dfrac{b \cdot h}{k} = \dfrac{100 \cdot 12}{346} = 3{,}47$ cm²,

gewählt BStG 100 . 300 . 7,0 . 5 mm mit $F_e = 3{,}9$ cm².

c) Verwendung von Isteg-Stahl (Eisenersparnis etwa 30%):

$$M = 80\,000 \text{ kgcm},$$

$$\sigma_b = 50 \text{ kg/cm}^2 \text{ bei hochwertigem Zement},$$

$$\sigma_e = 1800 \text{ kg/cm}^2,$$

dann ist:

$$h = 0{,}388 \cdot \sqrt{\frac{80\,000}{100}} = 0{,}388 \cdot 28{,}3 = 11 \text{ cm},$$

$$d = 13 \text{ cm}, \quad k = 244{,}8,$$

$$F_e = \frac{11 \cdot 100}{244{,}8} = 4{,}5 \text{ cm}^2,$$

gewählt $6 \varnothing 7 = 4{,}62$ cm².

d) Berechnung mit Drillwulststahl:

$$\sigma_{e\,zul} = 1800 \text{ kg/cm}^2,$$

also dieselbe Berechnung wie unter c.

Gewählt Profil Nr. 5, 6 Stück $= 4{,}80$ cm².

67. Beispiel. Kellerdecke mit Eisenbetonplatte über drei Stützen, gleiche Stützweiten und Nutzlast von 250 kg/m². Belastung der Platte:

$$
\left.
\begin{array}{lr}
\text{Nutzlast } p \dots\dots\dots\dots\dots & = 250 \text{ kg/m}^2 \\
\text{Fußboden} \dots\dots\dots\dots\dots & 30 \quad ,, \\
\text{Deckenfüllstoff 10 cm} \dots\dots & 70 \quad ,, \\
\text{Lagerhölzer, 0,8 m Abstand}\dots & 8 \quad ,, \\
\text{Platte 9 cm} \dots\dots\dots\dots & 216 \quad ,, \\
\text{Putz}\dots\dots\dots\dots\dots\dots & 20 \quad ,,
\end{array}
\right\} g = 344 \text{ kg/m}^2
$$

Berechnung der Platte als Durchlaufträger über zwei gleiche Felder: Stützweite $l = 2{,}58$ m, dann beträgt das Feldmoment nach WINKLER:

bei $\qquad \dfrac{x}{l} = 0{,}4, \quad \max M = (0{,}0700 \cdot g + 0{,}0950 \cdot p) \cdot l^2,$

$$\max M = (0{,}07 \cdot 344 + 0{,}095 \cdot 250) \cdot 2{,}58^2 = 31\,840 \text{ kgcm}.$$

Stützmoment:

$$M = -0{,}125 \, (344 + 250) \cdot 2{,}58^2 = -49\,423 \text{ kgcm}.$$

Negatives Feldmoment:

$$M = \frac{l^2}{24} \cdot \left(g - \frac{p}{2}\right) = \frac{2{,}58^2}{24}\left(344 - \frac{250}{2}\right) = 6074 \text{ kgcm (positiv)}.$$

Bemessung der Platte für $\max M = 31\,840$ kgcm bei $\sigma_b = 40/1200$ ist:

$$h = r \cdot \sqrt{\frac{M}{b}} = 0{,}411 \cdot \sqrt{\frac{31\,840}{100}} = 7{,}5 \text{ cm}, \quad k = 180,$$

$$d = 7{,}5 + 1{,}5 = 9 \text{ cm}, \quad h = 7{,}5 \text{ cm},$$

$$F_e = \frac{b \cdot h}{k} = \frac{100 \cdot 7{,}5}{180} = 4{,}16 \text{ cm}^2,$$

gewählt $9 \varnothing 8 = 4{,}52$ cm².

Stützmoment: $\qquad M = -49\,423$ kgcm.

Bei Verwendung von Schrägen ist $h = 12,5$ cm, dann ist

$$r = \frac{12,5}{\sqrt{\dfrac{49\,423}{100}}} = 0,56,$$

dem entspricht $\sigma_b = 27$ und $k = 352,2$

$$F_e = \frac{100 \cdot 12,5}{352,2} = 3,5 \text{ cm}^2.$$

Anmerkung: Es wird jedes zweite Eisen aufgebogen und noch ein Zulageeisen angeordnet, so daß über dem Balken genau soviel Eisen zu liegen kommen wie in Feldmitte.

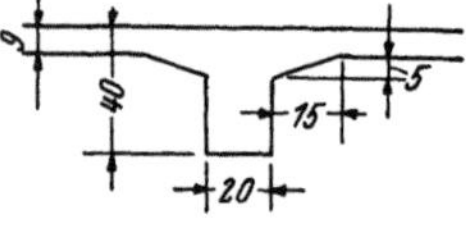
Abb. 108.

Für die Bemessung von durchlaufenden Platten kann das Stützmoment herabgemindert werden. Die Berechnungsart wird an einem anderen Beispiel gezeigt werden (Beispiel 72, Abb. 118).

Berechnung des Plattenbalkens (Abb. 108):
Stützweite:

$$l = 5,0 + 5\% = 5,25 \text{ m.}$$

Belastung:

Von der Platte $2,58 \cdot 1,25 \cdot 594 \ldots\ldots\ldots = 1916$ kg/m
Eigengewicht $0,20 \cdot 0,3 \cdot 2400 \ldots = \underline{144 \quad ,,}$

zusammen: 2060 kg/m

$$\max M = \frac{1}{8} \cdot 2060 \cdot 5,25^2 = 709\,730 \text{ kgcm.}$$

Bemessung nach LÖSER:

$$\varphi = d : h = 9 : 36 = 0,25$$

dann ist $i = 192$ und $s = 1080$

$$F_e = \frac{M}{s \cdot h} = \frac{709\,730}{1080 \cdot 36} = 18,2 \text{ cm}^2,$$

gewählt $4 \oslash 24 = 18,10$ cm².
Hebelarm der inneren Kräfte:

$$z = \frac{s \cdot h}{\sigma_e} = \frac{1080 \cdot 36}{1200} = 32,4 \text{ cm.}$$

Berechnung der Spannungen:
Die zulässige Plattenbreite beträgt:

$$b = 12 \cdot d + 2\,b_s + b_0 = 12 \cdot 9 + 2 \cdot 15 + 20 = 158 \text{ cm,}$$

somit ist bei Vernachlässigung der Stegspannungen unterhalb der Platte:

$$x = \frac{\frac{1}{2} \cdot b \cdot d^2 + 15 \cdot F_e \cdot h}{b \cdot d + 15 \cdot F_e} = \frac{\frac{1}{2} \cdot 158 \cdot 9^2 + 15 \cdot 18,1 \cdot 36}{158,9 + 15 \cdot 18,1} = 9,9 \text{ cm,}$$

$$z = h - \frac{d}{3} \cdot \frac{3\,x - 2\,d}{2\,x - d} = 36 - \frac{9}{3} \cdot \frac{3 \cdot 9,9 - 2 \cdot 9}{2 \cdot 9,9 - 9} = 32,75 \text{ cm,}$$

$$\sigma_e = \frac{M}{z \cdot F_e} = \frac{709\,730}{32,75 \cdot 18,1} = 1196 \text{ kg/cm}^2,$$

$$\sigma_b = \frac{\sigma e \cdot x}{15 \cdot (h - x)} = \frac{1196 \cdot 9,9}{15 \cdot (36 - 9,9)} = 30 \text{ kg/cm}^2.$$

68. Beispiel. Berechnung einer Decke aus Eisenbeton, ausgeführt als Plattenbalkendecke mit einer Platte über vier Stützen und drei gleichen Öffnungen (Abb. 109).

Stützweite der Platte $l = 2{,}0$ m.
Nutzlast $p = 500$ kg/m².
Estrichbelag.

Plattenbelastung:

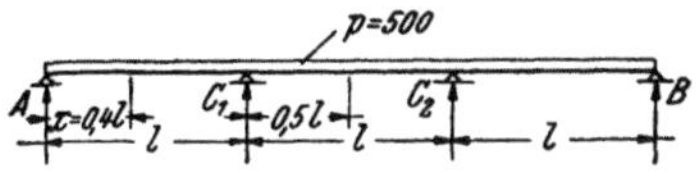

$$\text{Estrich} \dots\dots\dots\dots\dots\dots\dots\dots \quad 44 \text{ kg/m}^2$$
$$\text{Eigengewicht } 0{,}09 \cdot 2400 \dots\dots = 216 \quad ,,$$
$$g = 260 \text{ kg/m}^2$$

Abb. 109.

Nach WINKLER ist:

$$\max M_1 = \max M_3 = (0{,}080 \cdot 260 + 0{,}1 \cdot 500) \cdot 2{,}0^2 = 28320 \text{ kgcm,}$$
$$\max M_2 = (0{,}025 \cdot 260 + 0{,}075 \cdot 500) = 17600 \text{ kg/cm bei } x = 0{,}5 \cdot l,$$
$$\min M_2 = (0{,}025 \cdot 260 - 0{,}05 \cdot 500) \cdot 2^2 = -7400 \text{ kgcm,}$$
$$\min M_{c1} = \min M_{c2} = (-0{,}1 \cdot 260 - 0{,}11667 \cdot 500) \cdot 2^2 = -33734 \text{ kgcm,}$$
$$\max C_1 = \max C_2 = (1{,}1 \cdot 260 + 1{,}2 \cdot 500) \cdot 2 = 1772 \text{ kg.}$$

Bemessung der Platte:

Im Endfeld: $\qquad M_1 = 28320$ kgcm,

bei $\sigma_b = 40/1400$ ist

$$h \doteq 0{,}430 \cdot \sqrt{\frac{28320}{100}} = 7{,}2 \approx 7{,}5, \quad k = 233{,}3, \quad d = 9 \text{ cm,}$$

dann wird $\qquad F_e = \dfrac{100 \cdot 7{,}5}{233{,}3} = 3{,}22 \text{ cm}^2,$

gewählt $9 \varnothing 7 = 3{,}46$ cm².

Die errechnete Plattenhöhe wird in allen drei Feldern beibehalten. Dadurch wird der Eisenverbrauch im Mittelfeld geringer werden.

$$r = \frac{h}{\sqrt{\dfrac{M}{b}}} = \frac{7{,}5}{\sqrt{\dfrac{17600}{100}}} = 0{,}56.$$

Diesem Werte von r entspricht ein $\sigma_b = 29$ kg/cm² und $k = 407{,}3$,

somit $\qquad F_e = \dfrac{100 \cdot 7{,}5}{407{,}3} = 1{,}84 \text{ cm}^2; \quad 7 \varnothing 6 = 1{,}98 \text{ cm}^2.$

Das negative Feldmoment im Mittelfeld beträgt:

$$M = -7400 \text{ kgcm.}$$

$$r = \frac{7{,}5}{\sqrt{\dfrac{7400}{100}}} = \frac{7{,}5}{8{,}59} = 0{,}87,$$

daher $\sigma_b = 18$, $k = 962{,}1$

$$F_e = \frac{100 \cdot 7{,}5}{962{,}1} = 0{,}77 \text{ cm}^2.$$

Bemessung für das negative Stützmoment:

$$M = -33734 \text{ kgcm}.$$

Die Platte wird im Anschluß an den Plattenbalken durch Schrägen verstärkt, daher wird an dieser Stelle $h = 12,5$ cm.

$$r = \frac{12,5}{\sqrt{\dfrac{33734}{100}}} = 0,68, \quad \sigma_b = 23 \text{ kg/cm}^2, \quad k = 615,8,$$

$$F_e = \frac{100 \cdot 12,5}{615,8} = 2,0 \text{ cm}^2,$$

gewählt $8 \oslash 6 = 2,26$ cm².

Bemessung des Plattenbalkens:

Belastung:

$$\begin{array}{lr}
\text{Von der Platte} \dots\dots\dots\dots\dots\dots & 1772 \text{ kg/m } (C_1) \\
\text{Eigengewicht } 0,25 \cdot 0,36 \cdot 2400 = & 216 \quad \text{,,} \\
\hline
\text{zusammen:} & 1988 \text{ kg/m} \approx 2000 \text{ kg/m}
\end{array}$$

$$M = \frac{1}{8} \cdot 2000 \cdot 6,0^2 = 900000 \text{ kgcm},$$

wenn die Stützweite des Balkens $l = 6,0$ m beträgt.

Nach LÖSER:

$$\varphi = 9 : 36 = 0,25,$$

daher $i = 240$ und $s = 1266$, $\sigma_b = 40/1400$,

$$F_e = \frac{M}{s \cdot h} = \frac{900000}{1266 \cdot 36} = 19,7 \text{ cm}^2,$$

gewählt $5 \oslash 20 + 1 \oslash 22 = 19,50$ cm².

Höhe des Balkens $= 40$ cm, Balkenbreite $b_0 = 25$ cm,

$$z = \frac{s \cdot h}{\sigma_e} = \frac{1266 \cdot 36}{1400} = 32,5 \text{ cm}.$$

Auflagerkraft $=$ Querkraft am Auflager:

$$A = \frac{1}{2} \cdot 2000 \cdot 6,0 = 6000 \text{ kg}.$$

Schubspannung:

$$\tau_0 = \frac{6000}{25 \cdot 32,5} = 7,3 \text{ kg/cm}^2.$$

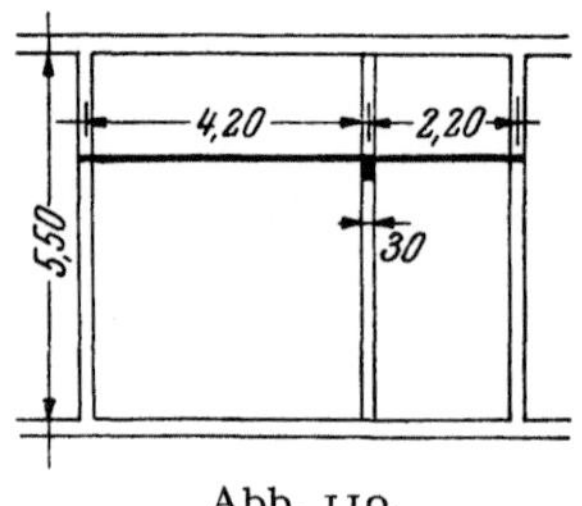

Abb. 110.

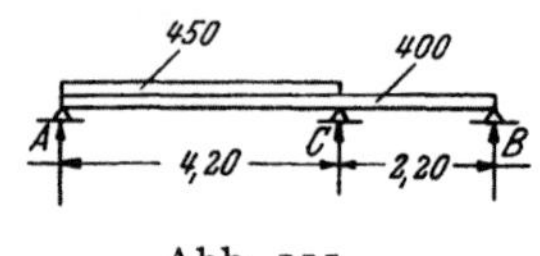

Abb. 111.

69. Beispiel. Decke aus Eisenbeton als Plattenbalkendecke über zwei ungleiche Öffnungen. Die Plattenstärke wurde in beiden Feldern beibehalten (Abb. 110).

Fall 1 gibt das größte Feldmoment im Feld 1 (Abb. 111).

Nutzlast $p = 450$ kg/m².

$$g = 0,16 \cdot 2400 = 384 \text{ kg/m}^2 \approx 400.$$

Nach CLAPEYRON ist:

$$2 M_c (4,2 + 2,20) = -\frac{1}{4} (850 \cdot 4,2^3 + 400 \cdot 2,2^3) = 16808,$$

daraus $M_C = -1313$ kgcm,

$$-1313 = A \cdot 4,2 - 850 \cdot \frac{4,2^2}{2},$$

daraus wird $A = 1472$ kg, nach der Gleichung

$$A - 850 \cdot x_1 = 0$$

wird $x_1 = 1,73$ m, dann ist:

$$M_1 = A \cdot \frac{x_1}{2} = 1472 \cdot \frac{1,73}{2} = 127328 \text{ kgcm,}$$

$$M_C = B \cdot 2,2 - 400 \cdot \frac{2,2^2}{2} = -1313,$$

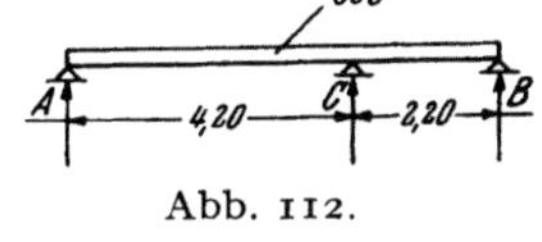

Abb. 112.

daraus $B = -157$ kg (Zug)

$$C = 850 \cdot 4,20 + 400 \cdot 2,2 - 1472 + 157 = 3135 \text{ kg.}$$

Belastungsfall 2 gibt das größte Stützmoment in C (Abb. 112).

$$12,8 M_c = -\frac{1}{4} 850 (4,2^3 + 2,2^3),$$

$$M_C = -1406 \text{ kgm.}$$

Bemessung:

1. Feld:

$$\max M_1 = 127328 \text{ kgcm, } h = 16 - 1,5 = 14,5 \text{ cm,}$$

$$r = \frac{14,5}{\sqrt{1273,28}} = \frac{14,5}{35,6} = 0,408, \ \sigma_b = 40/1200, \ k = 180,$$

$$F_e = \frac{100 \cdot 14,5}{180} = 8,05 \text{ cm}^2,$$

gewählt 8 ⌀ 12 = 9,05 cm².
Stützmoment (Abb. 113):

$$\max M_C = -140600 \text{ kgcm,}$$

$$M_C = A \cdot 4,2 - 850 \cdot \frac{4,2^2}{2} = -1406 \text{ kgm,}$$

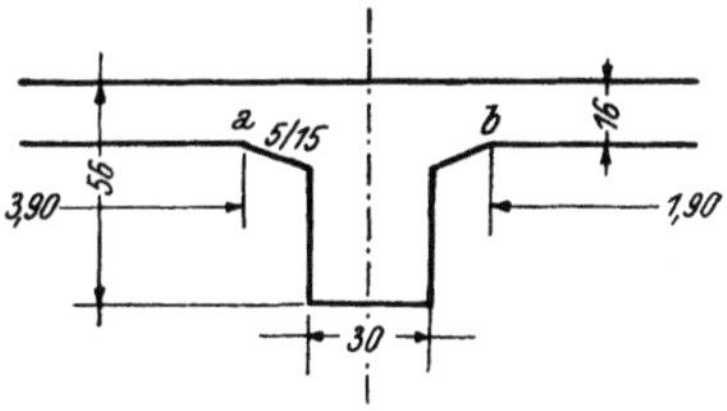

Abb. 113.

daraus $A = 1450$ kg,

$$M_a = 1450 \cdot 3,9 - 850 \cdot \frac{3,9^2}{2} = -809 \text{ kgm, } h = 14,5 \text{ cm,}$$

$$r = \frac{14,5}{\sqrt{809}} = 0,512, \ \sigma_b = 30/1200, \ k = 293,3,$$

$$F_e = \frac{100 \cdot 14,5}{293,3} = 4,94 \text{ cm}^2,$$

gewählt 4 ⌀ 12 + 1 ⌀ 8 = 5,02 cm².

2. Feld:

$$-1450 = B \cdot 2,2 - 850 \cdot \frac{2,2^2}{2}, \quad \text{daraus } B = 276 \text{ kg},$$

$$B - 850 \cdot x_2 = 0, \quad \text{daraus } x_2 = 0,32 \text{ m},$$

$$M_2 = 276 \cdot \frac{0,32}{2} = 44,16 \text{ kgcm}.$$

Nach den Bestimmungen darf aber das Biegemoment nicht kleiner sein als

$$M = \frac{1}{24} \cdot 850 \cdot 2,2^2 = 8570 \text{ kgcm},$$

somit wird dieses Moment in Anrechnung gebracht. $F_e = 7 \varnothing 7$.

Berechnung des Plattenbalkens:
Stützweite $l = 5,5 + 5\% = 5,77$ m.
Belastung:

$$\frac{4,2 + 2,2}{2} \cdot 850 \ldots\ldots\ldots\ldots\ldots = 2720 \text{ kg}$$

$$\text{Eigengewicht } 0,3 \cdot 0,44 \cdot 2400 \ldots = \underline{ 317 \text{ ,,}}$$

$$\text{zusammen: } 3037 \text{ kg} \approx 3040 \text{ kg/m}$$

$$M = \frac{1}{8} \cdot 3040 \cdot 5,77^2 = 1\,260\,000 \text{ kgcm},$$

nach LÖSER:

$$\varphi = \frac{d}{h} = \frac{16}{54} = 0,296,$$

$$\sigma_b = 40/1200, \quad i = 183, \quad s = 1071,$$

dann ist:

$$F_e = \frac{M}{s \cdot h} = \frac{1\,260\,000}{1071 \cdot 54} = 22 \text{ cm}^2,$$

gewählt $7 \varnothing 20 = 21,91$ cm².
Schubspannung:

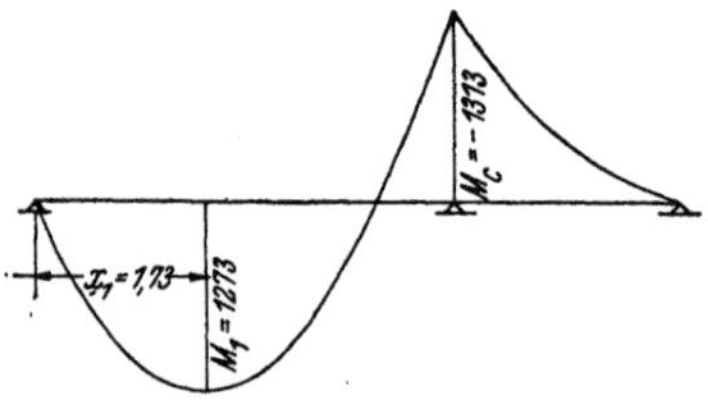

$$\max A = \frac{3040 \cdot 5,77}{2} = 8770 \text{ kg},$$

$$z = \frac{s \cdot h}{1200} = \frac{1071 \cdot 54}{1200} = 48,2 \text{ cm},$$

$$\tau_0 = \frac{8770}{30 \cdot 48,2} \approx 6,0 \text{ cm}^2;$$

$x_1 = 1,73$, $M_1 = 1273$, $M_c = -1313$

Abb. 114.

die gesamte Schubkraft ist:

$$T = \tau_0 \frac{1}{2} \cdot b = 6,00 \cdot \frac{5,77}{2} \cdot 30 \ldots\ldots = 51\,930 \text{ kg}$$

$$\text{aufgebogen } 4 \varnothing 20 \ldots\ldots\ldots\ldots \underline{- 24\,900 \text{ ,,}}$$

$$\text{somit bleiben für die Bügel noch} \ldots\ldots 27\,030 \text{ kg}$$

erforderlicher Eisenquerschnitt

$$F_{e\,\text{erf}} = \frac{27\,030}{1200} = 22,5 \text{ cm}^2.$$

Darstellung der Momente für den Fall 1 (Abb. 114).

Im Fall 2 ist (Abb. 115): $M_C = -1406$ kgm,

$$-1406 = A \cdot 4{,}2 - 850 \cdot \frac{4{,}2^2}{2}, \text{ daraus } A = 1450 \text{ kg},$$

$$1450 - 850 \cdot x_1 = 0; \quad x_1 = 1{,}71 \text{ m},$$

$$M_1 = 1450 \cdot \frac{1{,}71}{2} = 1239 \text{ kgm}.$$

70. Beispiel (Abb. 116). Berechnung einer Eisenbetonplatte mit den Stützweiten 4 und 5 m mit kreuzweiser Bewehrung. Die gesamte Belastung einschließlich Eigengewicht sei

$$q = 800 \text{ kg/m}^2.$$

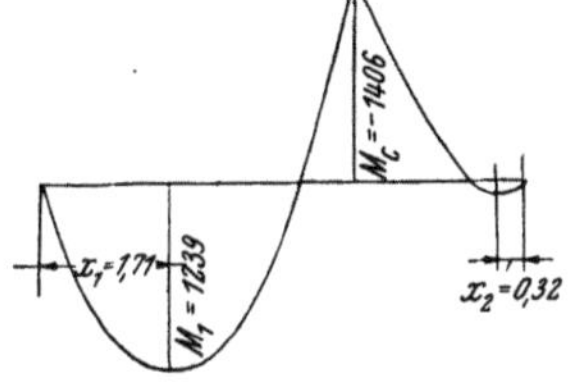

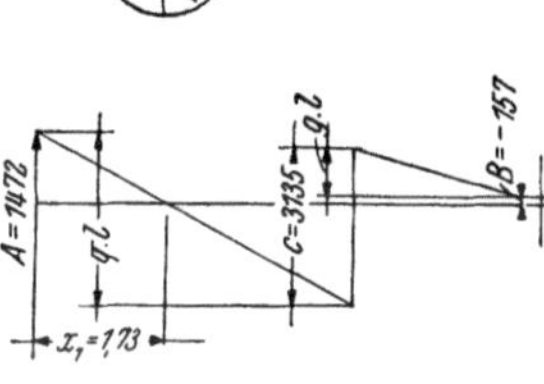

Abb. 115.

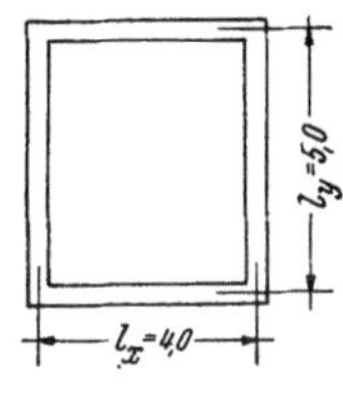

Abb. 116.

Man berechnet zunächst das Verhältnis der beiden Stützweiten

$$\varepsilon = \frac{l_y}{l_x},$$

wobei l_y die größere Stützweite bedeutet. Die Lastanteile sind nun:

$$\frac{q_x}{q} = \frac{\varepsilon^4}{1 + \varepsilon^4} \quad \text{und} \quad \frac{q_y}{q} = \frac{1}{1 + \varepsilon^4},$$

auf das Beispiel angewendet ergibt

$$\varepsilon = \frac{5{,}0}{4{,}0} = 1{,}25,$$

$$\frac{q_x}{q} = \frac{1{,}25^4}{1 + 1{,}25^4} = 0{,}71; \quad \frac{q_y}{q} = \frac{1}{1 + 1{,}25^4} = 0{,}29;$$

dann berechnen wir für den Fall der freien Auflagerung die Abminderungswerte

$$v_x = 1 - \frac{5}{6} \cdot \frac{\varepsilon^2}{1 + \varepsilon^4} = 1 - \frac{5}{6} \cdot \frac{1{,}562}{3{,}441} = 1 - 0{,}378 = 0{,}622,$$

$$v_y = 1 - \frac{5}{6} \cdot \frac{\varepsilon^2}{1 + \varepsilon^4} = 1 - \frac{5}{6} \cdot \frac{1{,}562}{3{,}441} = 0{,}622.$$

Anmerkung: l_x und l_y sind vertauschbar.

$$q_x = 0{,}71 \cdot q = 0{,}71 \cdot 800 = 568 \text{ kg/m}^2,$$

$$q_y = 0{,}29 \cdot q = 0{,}29 \cdot 800 = 232 \text{ kg/m}^2.$$

Nun sind die Plattenmomente:

$$M_x = v_x \cdot \frac{1}{8} \cdot q_x \cdot l_x^2 = 0{,}622 \cdot \frac{568 \cdot 4{,}0^2}{8} = 71\,000 \text{ kgcm,}$$

ebenso

$$M_y = v_y \cdot \frac{1}{8} \cdot q_y \cdot l_y^2 = 0{,}622 \cdot \frac{232 \cdot 5{,}0^2}{8} = 45\,000 \text{ kg/cm.}$$

Nach der Tabelle für kreuzweise bewehrte Platten (s. Betonkalender) ist:

$$\varepsilon = l_y : l_x = 1{,}25,$$

für diesen Wert für ε finden wir in der Tabelle den Wert:

$$m_x = \frac{19{,}4 + 17{,}0}{2} = 18{,}2,$$

desgleichen

$$m_y = \frac{40{,}3 + 48{,}6}{2} = 44{,}45,$$

dann ist:

$$M_{x\,max} = \frac{q \cdot l_x^2}{m_x} \quad \text{und} \quad M_y = \frac{q \cdot l_y^2}{m_y},$$

$$M_x = \frac{800 \cdot 4{,}0^2}{18{,}2} = 71\,000 \text{ kgcm,}$$

$$M_y = \frac{800 \cdot 5{,}0^2}{44{,}45} = 45\,000 \text{ kgcm.}$$

Sowohl nach der ersten Berechnung sowie nach den Tabellen ergeben die Plattenmomente denselben Wert.

Bemessung:

In der x-Richtung unter der Annahme von $h = 11{,}5$ cm und $d = 13$ cm

$$r = \frac{h}{\sqrt{\dfrac{M}{b}}} = \frac{11{,}5}{\sqrt{\dfrac{71\,000}{100}}} = 0{,}432,$$

diesem Wert entspricht bei $\sigma_e = 1400$ ein $\sigma_b = 40$ kg/cm², $k = 233{,}3$, somit

$$F_e = \frac{b \cdot h}{k} = \frac{100 \cdot 11{,}5}{233{,}3} = 4{,}95 \text{ cm}^2,$$

gewählt $7 \varnothing 10 = 5{,}50$ cm²;

in der y-Richtung:

$$r = \frac{11{,}5}{\sqrt{\dfrac{45\,000}{100}}} = 0{,}543, \quad \sigma_b = 30/1400, \quad k = 383{,}7,$$

$$F_e = \frac{100 \cdot 11{,}5}{383{,}7} = 3 \text{ cm}^2,$$

gewählt $6 \varnothing 8 = 3{,}01$ cm².

Berechnung der Spannungen:
In der x-Richtung, $F_e = 7 \varnothing 10 = 5,5$ cm^2,

$$x = \frac{15 \cdot 5,5}{100} \cdot \left[-1 + \sqrt{1 + \frac{2 \cdot 100 \cdot 11,5}{15 \cdot 5,5}} \right] = 3,61 \text{ cm},$$

$$z = 0,9 \cdot 11,5 = 10,35 \text{ cm},$$

$$\sigma_b = \frac{2 \cdot M}{b \cdot x \cdot z} = \frac{2 \cdot 71\,000}{100 \cdot 3,61 \cdot 10,35} = 38,1 \text{ kg/cm}^2,$$

$$\sigma_e = \frac{M}{F_e \cdot z} = \frac{71\,000}{5,5 \cdot 10,35} = 1250 \text{ kg/cm}^2;$$

in der y-Richtung erhält man in der gleichen Weise:

$$x = 2,8 \text{ cm} \quad \text{und} \quad z = 10,5 \text{ cm},$$

$$\sigma_b = 30,6 \text{ kg/cm}^2, \quad \sigma_e = 1420 \text{ kg/cm}^2.$$

71. Beispiel. Berechnung der kreuzweise bewehrten Platte wie vorher, jedoch unter der Annahme, daß die Platte beiderseits eingespannt ist.

Für $\varepsilon = 1,25$ erhält man in der Tabelle für kreuzweise eingespannte Platten durch Interpolierung die Werte m_x und m_y, dann ist:

$$m_x = \frac{40,9 + 36,9}{2} = 38,9,$$

$$m_y = \frac{84,8 + 105,4}{2} = 95,1,$$

somit

$$M_x = \frac{q \cdot l_x^2}{m_x} = \frac{800 \cdot 4,0^2}{38,9} = 33\,000 \text{ kgcm}$$

und

$$M_y = \frac{q \cdot l_y^2}{m_y} = \frac{800 \cdot 5,0^2}{95,1} = 21\,000 \text{ kgcm}.$$

Bemessung:
In der x-Richtung, $d = 12$ cm, $h = 10,5$ cm,

$$r = \frac{10,5}{\sqrt{\dfrac{33\,000}{100}}} = 0,582, \quad \sigma_b = 28/1400, \quad k = 433,3,$$

$$F_e = \frac{100 \cdot 10,5}{433,3} = 2,43 \text{ cm}^2,$$

$7 \varnothing 7 = 2,69$ cm^2;

in der y-Richtung:

$$r = \frac{10,5}{\sqrt{\dfrac{21\,000}{100}}} = 0,729, \quad \sigma_b = 22/1400, \quad k = 667,2,$$

$$F_e = \frac{100 \cdot 10,5}{667,2} = 1,57 \text{ cm}^2,$$

$5 \varnothing 7 = 1,97$ cm^2.
Man ersieht daraus, daß die Einspannung wirtschaftlicher ist.

Berechnung der Spannungen:

In der x-Richtung, $F_e = 7 \varnothing 7 = 2{,}69$, $z = 0{,}923 \cdot 105 = 9{,}7$ cm, $x = 2{,}52$ cm,

$$\sigma_b = \frac{2 \cdot 33000}{100 \cdot 2{,}52 \cdot 9{,}7} = 27{,}0 \text{ kg/cm}^2,$$

$$\sigma_e = \frac{33000}{2{,}69 \cdot 9{,}7} = 1270 \text{ kg/cm}^2;$$

in der y-Richtung, $F_e = 1{,}97$, $z = 0{,}937 \cdot 10{,}5 = 9{,}85$ cm, $x = 2{,}22$ cm,

$$\sigma_b = \frac{2 \cdot 21000}{100 \cdot 2{,}22 \cdot 9{,}85} = 19{,}2 \text{ kg/cm}^2,$$

$$\sigma_e = \frac{21000}{1{,}97 \cdot 9{,}85} = 1080 \text{ kg/cm}^2.$$

72. Beispiel. Eisenbetonplattenbalkendecke mit Unterzügen (Abb. 117). Nutzlast $p = 1000$ kg/m².

Berechnung der Platte zwischen Längsträgern. Plattenstärke 11 cm.

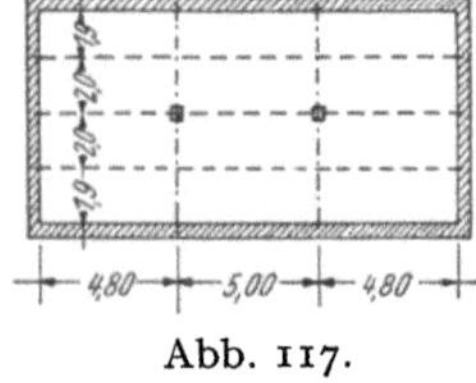

Abb. 117.

Eigengewicht .... 264 kg/m²
Estrich.............. 36   ,,
$$g = 300 \text{ kg/m}^2$$

Platte als durchlaufender Balken über fünf Stützen mit gleichen Feldweiten und Gleichlast auf allen Feldern.

Im Endfeld:
Nach WINKLER ist:

$$M_1 = (0{,}0771 \cdot 300 + 0{,}0986 \cdot 1000)\, 2^2 = 48692 \text{ kgcm.}$$

Im Mittelfeld:

$$M_2 = (0{,}0357 \cdot 300 + 0{,}0804 \cdot 1000)\, 2^2 = 36444 \text{ kgcm.}$$

Stützmoment bei B:

$$M_B = (-0{,}1071 \cdot 300 - 0{,}1205 \cdot 1000)\, 2^2 = -61052 \text{ kgcm.}$$

Stützendruck:

$$\max B = (1{,}1428 \cdot 300 + 1{,}2232 \cdot 1000)\, 2 = 3132 \text{ kg,}$$
$$\max C = (0{,}9286 \cdot 300 + 1{,}1428 \cdot 1000)\, 2 = 2842 \text{ kg.}$$

Bemessung:
Endfeld: $M \max = 48692$ kgcm, bei $\sigma_b = 40/1200$ ist:

$$h = 0{,}411 \cdot \sqrt{486} = 9{,}0 \text{ cm,}$$

gewählt mit 9,5 cm, $d = 11$ cm,

$$r = \frac{9{,}5}{\sqrt{486}} = 0{,}43; \quad \sigma_b = 38/1200 \text{ kg/cm}^2, \quad k = 196{,}1,$$

$$F_e = \frac{100 \cdot 9{,}5}{196{,}1} = 4{,}85 \text{ cm}^2,$$

gewählt $10 \varnothing 8 = 5{,}00$ cm².

Mittelfeld: max $M = 36\,444$ kgcm, $h = 9,5$ cm,

$$r = \frac{9,5}{\sqrt{364}} = 0,500, \quad \sigma_b = 31/1200, \quad k = 277,2,$$

$$F_e = \frac{100 \cdot 9,5}{277,2} = 3,43 \text{ cm}^2,$$

gewählt $7 \oslash 8 = 3,51$ cm².

Stützmoment: $M_B = -61\,052$ kgcm.

Nach der Gleichung der Parabel gilt im Punkte r
(Abb. 118)

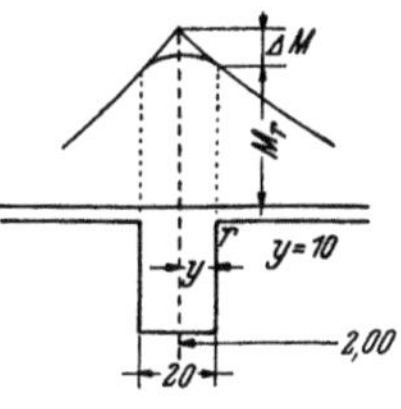
Abb. 118.

$$\triangle M = \frac{1}{2}\, q \cdot y\, (l - y) = \frac{1}{2} \cdot 1300 \cdot 0,10 \cdot 1,90 = 12\,350 \text{ kgcm,}$$

somit

$$M_r = -61\,052 + 12\,350 = -48\,702 \text{ kgcm,}$$

$$r = \frac{9,5}{\sqrt{487}} = 0,432; \quad \sigma_b = 37, \quad k = 205,1,$$

$$F_e = \frac{100 \cdot 9,5}{205,1} = 4,63 \text{ cm}^2,$$

gewählt $10 \oslash 8 = 5,00$ cm².

Jedes zweite Eisen wird aufgebogen!

Berechnung der Längsträger als Plattenbalken. Entfernung der Plattenbalken 2,0 m, Stützweite $l = 5,0$ m.

$$
\begin{array}{lll}
\text{Nutzlast } 2,0 \cdot 1000 = p \ldots\ldots\ldots\ldots\ldots & = & 2000 \text{ kg/m} \\
\text{Eigengewicht } (2,0 \cdot 0,11 + 0,2 \cdot 0,29)\, 2400 & = & 667 \quad ,, \\
\text{Estrich } 2 \cdot 30 \ldots\ldots\ldots\ldots\ldots\ldots & = & 60 \quad ,, \\
\hline
& g = & 727 \text{ kg/m}
\end{array}
$$

Berechnung der Momente wie für Balken über drei Öffnungen mit gleichen Stützweiten:

$$M_1 = (0,08 \cdot 727 + 0,1 \cdot 2000) \cdot 5^2 = 6454 \text{ kgm,}$$

$$M_2 = (0,025 \cdot 727 + 0,075 \cdot 2000) \cdot 5^2 = 4204 \text{ kgm.}$$

Stützmoment: $M_C = M_D = -(0,1 \cdot 727 + 0,1167 \cdot 2000) \cdot 5^2 =$
$$= -7653 \text{ kgm,}$$

$$\min M_2 = (0,025 \cdot 727 - 0,05 \cdot 2000) \cdot 5^2 = -2046 \text{ kgm.}$$

Bemessung der Längsträger:

Im Endfeld: max $M_1 = 645\,400$ kgcm,

$$d = 40 \text{ cm}, \quad h = 36 \text{ cm}, \quad \sigma_b = 40/1200 \text{ kg/cm}^2,$$

$$\varphi = d : h = 11 : 36 = 0,306 = 0,31; \quad i = 181 \text{ und } s = 1068,$$

$$F_e = \frac{M}{s \cdot h} = \frac{645\,400}{1068 \cdot 36} = 17,0 \text{ cm}^2, \quad 4 \oslash 24 = 18,10 \text{ cm}^2.$$

Im Mittelfeld: max $M_2 = 420\,400$ kgcm,

$$F_e = \frac{420\,400}{1068 \cdot 36} = 11 \text{ cm}^2, \quad 3 \oslash 22 = 11,4 \text{ cm}^2,$$

min $M_2 = -\,2046$ kgm, $b_0 = 20$ cm,

$$r = \frac{36}{\sqrt{\dfrac{204\,600}{20}}} = 0,35, \quad \sigma_b = 49, \quad k = 128,9,$$

$$F_e = \frac{20 \cdot 36}{128,9} = 5,58 \text{ cm}^2, \quad 4 \oslash 14 = 6,16 \text{ cm}^2.$$

Stützmoment: $M_C = -\,765\,300$ kgcm (Abb. 119).

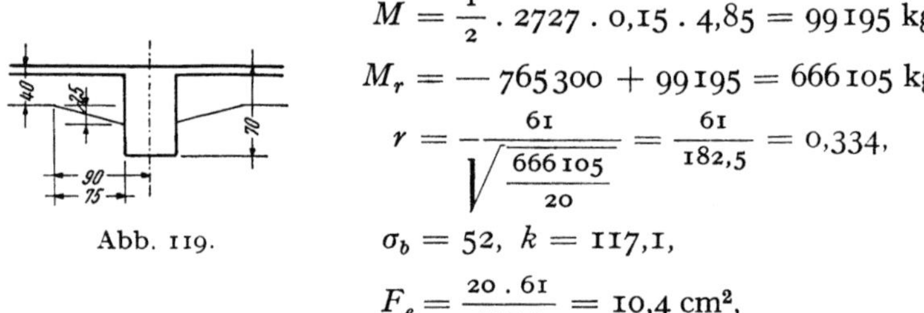

$$M = \frac{1}{2} \cdot 2727 \cdot 0,15 \cdot 4,85 = 99\,195 \text{ kgcm},$$

$$M_r = -\,765\,300 + 99\,195 = 666\,105 \text{ kgcm},$$

$$r = \frac{61}{\sqrt{\dfrac{666\,105}{20}}} = \frac{61}{182,5} = 0,334,$$

$$\sigma_b = 52, \quad k = 117,1,$$

$$F_e = \frac{20 \cdot 61}{117,1} = 10,4 \text{ cm}^2,$$

Abb. 119.

gewählt $2 \oslash 24 = 9,05$ cm^2.

Berechnung des Unterzuges:

Nach § 18, Abs. 3 dürfen die durch, Deckenträger auf Unterzüge übertragenen Lasten ohne Berücksichtigung etwaiger Kontinuität berechnet werden.

Belastungen: Einzellast vom Sek. Träger in der Feldmitte

$$727 \cdot 5 = 3635 \text{ kg} = G,$$

von der Nutzlast
$$2000 \cdot 5 = 10\,000 = P,$$

$$G + P = 13\,635 \text{ kg},$$

außerdem Gleichlast durch Eigengewicht.

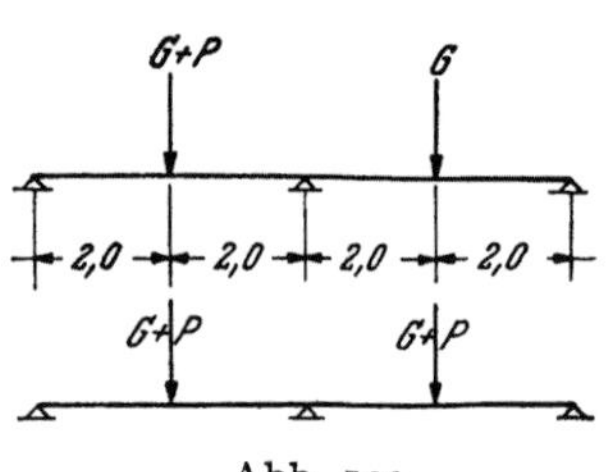

Belastungsfall 1 ergibt das größte Feldmoment:

$$M_1 = (0,156 \cdot 3635 + 0,203 \cdot 10\,000) \cdot 4 =$$
$$= 10\,388 \text{ kgm}.$$

Belastungsfall 2 ergibt das größte Stützmoment (Abb. 120):

$$M_C = -\,0,188 \cdot 13\,635 \cdot 4 = -\,10\,253 \text{ kgm}.$$

Abb. 120.

Anmerkung: Obige Momente wurden nach WINKLER berechnet.

Zu obigen Momenten kommen noch die Größtmomente aus der Gleichlast durch Eigengewichte des Unterzuges.

$$g = 0,30 \cdot 0,70 \cdot 2400 = 504 \text{ kg/m}.$$

Nach WINKLER ist:

$$M_1 = (0{,}07 \cdot 504) \cdot 4^2 = 564{,}48 \text{ kgm.}$$

Stützmoment:

$$M_C = -\,0{,}125 \cdot 504 \cdot 4^2 = -\,1008 \text{ kgm.}$$

Somit ist:

$$M_{1\,\text{max}} = 10388 + 564 = 1195200 \text{ kgcm}$$

und das Stützmoment:

$$M_{C\,\text{max}} = -\,10253 - 1008 = -\,1126100 \text{ kgcm.}$$

·Bemessung für das Endfeld: $d = 70$, $h = 66$ cm.

$$\varphi = 11 : 66 = 0{,}166 = 0{,}17,$$

bei $\sigma_b = 40/1200$ ist $i = 237$ und $s = 1109$,

$$F_e = \frac{M}{s \cdot h} = \frac{1195200}{1109 \cdot 66} = 16{,}3 \text{ cm}^2,$$

gewählt $4 \varnothing 20 + 1 \varnothing 22 = 16{,}37$ cm².
Bemessung für das Stützmoment: $h = 91$ cm, $b_0 = 30$ cm (Abb. 121).

$$r = \frac{91}{\sqrt{\dfrac{1126100}{30}}} = \frac{91}{194} = 0{,}46,$$

$$\sigma_b = 35/1200, \quad k = 225{,}3,$$

$$F_e = \frac{30 \cdot 91}{225{,}3} = 12{,}1 \text{ cm}^2,$$

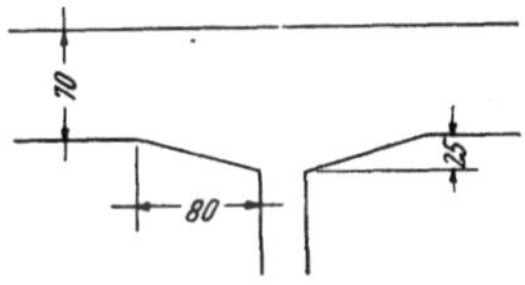

Abb. 121.

gewählt $4 \varnothing 20 = 12{,}57$ cm².
Berechnung der Säule:
Bei der Berechnung der Säulenlast wird die Kontinuität des Unterzuges berücksichtigt:
a) von der Eigenlast des Unterzuges

$$C_{1\,\text{max}} = 1{,}25 \cdot 504 \cdot 4 = 2520 \text{ kg,}$$

b) von den Lasten P und G

$$C_{2\,\text{max}} = 1{,}375 \cdot (G + P) = 1{,}375 \cdot 13635 = 18748 \text{ kg,}$$

somit Gesamtbelastung der Säule: $18748 + 2520 = 21268$ kg.
Querschnitt der Säule: $30 \cdot 30$ m.
Schlankheitsverhältnis:

$$h : d = 400 : 30 = 13{,}33 < 15 \text{ zul.,}$$

somit keine Knickgefahr;

$$\sigma_b = \frac{21268}{900 + 15 \cdot 12.57} = 19{,}6 \text{ kg/cm}^2,$$

gewählt wurde $F_e = 4 \varnothing 20 = 12{,}57$ cm²,

$$\frac{Fe}{F_b} = \frac{12{,}57}{900} = 0{,}0139 = 1{,}4\%, \text{ zulässig } 3\%.$$

$$\sigma_b = \frac{35150}{900 + 15 \cdot 12{,}57} = 35{,}6 \text{ kg/cm}^2,$$

gewählt wurden für $F_e = 4 \oslash 20 = 12{,}57\ \text{cm}^2$,

$$\frac{Fe}{F_b} = \frac{12{,}57}{900} = 0{,}0139 = 1{,}4\%,\ \text{zulässig}\ 3\%.$$

73. Beispiel. Berechnung eines Plattenbalkens mit Mauerlasten (Abb. 122).

Höhe der Ziegelwand $h = 3{,}0$ m.

Stützweite des Balkens $l = 5{,}80$ m.

Stärke der Eisenbetonplatte wurde mit $d = 8$ cm angenommen.

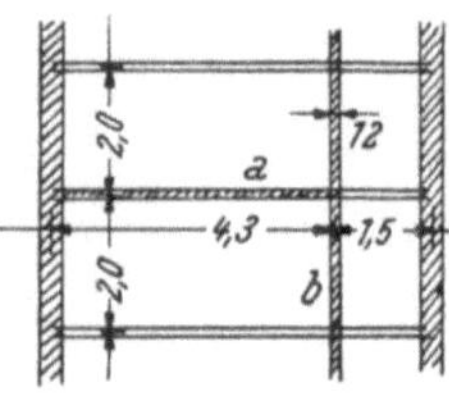

Abb. 122.

Belastung:

Nutzlast 2 . 250 .... $=$ 500 kg/m

Platte 0,08 . 2400 . 2 .... $=$ 384 ,,

Balken Eigengewicht 0,3 . 0,32 . 2400 $=$ 230 ,,

$$q_1 = 1114\ \text{kg/m}$$

Mauerlast a: 0,12 . 3,0 . 1800 $= q_2$ .. $=$ 648 ,,

Mauerlast b: 0,12 . 2 . 3 . 1800 $= P.$ $=$ 1296 kg

Auflagerdruck:

$$A = \frac{1}{2}(1114 \cdot 5{,}8) + \frac{4{,}3 \cdot 648 \cdot (2{,}15 + 1{,}5)}{5{,}80} +$$
$$+ \frac{1296 \cdot 1{,}5}{5{,}80} = 5320\ \text{kg}.$$

Am Punkte des maximalen Momentes ist die Querkraft gleich **Null**, daher:

$$A - q \cdot x = 0;\quad 5320 - (1114 + 648) \cdot x = 0,\quad x = 3{,}02\ \text{m}.$$

$$M_{\max} = A \cdot x - (q_1 + q_2) \cdot x \cdot \frac{x}{2} = 5320 \cdot 3{,}02 - 1762 \cdot \frac{3{,}02^2}{2} =$$
$$= 803\,100\ \text{kgcm}.$$

Bemessung nach Löser: $h = 36$ cm.

$$\varphi = d : h = 8 : 36 = 0{,}222,$$

bei $\sigma_b = 40/1200$ ist $i = 204$ und $s = 1090$,

somit
$$F_e = \frac{M}{s \cdot h} = \frac{803\,100}{1090 \cdot 36} = 20{,}5\ \text{cm}^2,$$

gewählt 6 $\oslash$ 22 $= 22{,}81\ \text{cm}^2$.

$$z = \frac{s \cdot h}{1200} = \frac{1090 \cdot 36}{1200} = 32{,}7\ \text{cm},$$

Schubspannung: $\quad \tau_0 = \dfrac{5320}{30 \cdot 32{,}7} = 5{,}42\ \text{kg/cm}^2.$

Spannungsnachweis:

$$b = 12 \cdot d + b_0 = 12 \cdot 8 + 30 = 126\ \text{cm}.$$

(Dieses Maß ist maßgebend.)

Der Abstand der Feldmitten beträgt 2,0 m und die halbe Balkenstützweite beträgt 2,9 m. In beiden Fällen ist das Maß für b größer als nach der Formel.

Abstand der Nullinie:

$$x = \frac{\frac{1}{2} \cdot b \cdot d^2 + 15 \cdot F_e \cdot h}{b \cdot d + 15 \cdot F_e}$$

$$= \frac{\frac{126 \cdot 8^2}{2} + 15 \cdot 22,81 \cdot 36}{126 \cdot 8 + 15 \cdot 22,81} = 12,1 \text{ cm},$$

die Nullinie liegt im Steg.

$$z = h - \frac{d}{3} \cdot \frac{3x - 2d}{2x - d} = 36 - \frac{8}{3} \cdot \frac{36,3 - 16}{24,2 - 8} = 32,6 \text{ cm},$$

$$\sigma_e = \frac{M}{z \cdot F_e} = \frac{803\,100}{32,6 \cdot 22,81} = 1079 \text{ kg/cm}^2,$$

$$\sigma_b = \frac{\sigma_e \cdot x}{15 \cdot (h - x)} = \frac{1079 \cdot 12,1}{15 \cdot 23,9} = 36,4 \text{ kg/cm}^2.$$

74. Beispiel. Berechnung eines durchlaufenden Plattenbalkens mit einer im linken Feld aufgesetzten Ziegelmauer in einer Stärke von 12 cm (Abb. 123).

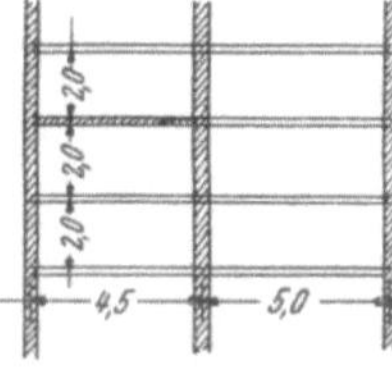

Abb. 123.

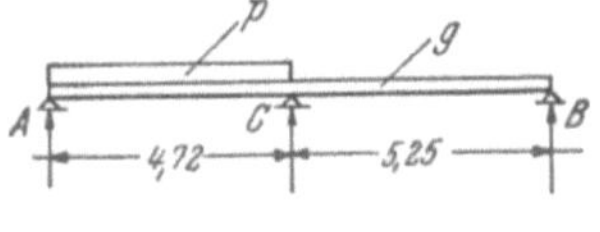

Abb. 124.

Höhe der Mauer $h = 3,0$ m.
Der Plattenbalken geht über zwei Öffnungen.
Nutzlast auf der Decke $p = 350$ kg/m².
Stärke der Eisenbetonplatte wurde mit 8 cm angenommen.

Stützweiten: $l_1 = 4,5 + 5\% = 4,72$ m,

$l_2 = 5,0 + 5\% = 5,25$ m.

Belastungsfall 1. $q_1 = 700 + 384 + 130 + 648 = 1862,$

(Abb. 124) $q_2 = 384 + 130 = 514.$

Lastaufstellung:

Im ersten Felde:

Nutzlast $p = 350 \cdot 2$ . . . . $= 700$ kg/m'
Eigengewicht der Platte $0,08 \cdot 2400 \cdot 2$ . . . . . $= 384$,,
Eigengewicht des Balkens $0,2 \cdot 0,27 \cdot 2400 \cdot$ $= 130$,,
Mauerlast $0,12 \cdot 3 \cdot 1800$ . . . . $= 648$,,

Im zweiten Felde: Nur Eigengewichte der Platte und Balken.
Nach CLAPEYRON ist:

$$2\,M_C\,(4{,}72 + 5{,}25) = -\frac{1}{4}\,(1862 \cdot 4{,}72^3 + 514 \cdot 5{,}25^3),$$

daraus $M_C = -3360$ kgm,

$$-3360 = A \cdot 4{,}72 - 1862 \cdot \frac{4{,}72^2}{2},$$

daraus wird $A = 3680$ kg,

$$A - q_1 \cdot x = 0; \quad 3680 - 1862 \cdot x = 0, \quad x = 1{,}98 \text{ m},$$

das Feldmoment im ersten Feld beträgt somit:

$$M_1 = A \cdot \frac{x}{2} = 3680 \cdot \frac{1{,}98}{2} = 3643 \text{ kgm.}$$

Bemessung nach LÖSER: h angenommen mit 31 cm.

$$\varphi = d : h = 8 : 31 = 0{,}258 = 0{,}26,$$

wenn $\sigma_b = 40/1200$, dann ist $i = 189$ und $s = 1077$,

$$F_e = \frac{364\,300}{1077 \cdot 31} = 10{,}90 \text{ cm}^2,$$

$$3 \varnothing 18 + 1 \varnothing 20 = 10{,}77 \text{ cm}^2,$$

$$z = \frac{1077 \cdot 31}{1200} = 27{,}8 \text{ cm,}$$

die Schubspannung beträgt

$$\tau_0 = \frac{3680}{20 \cdot 27{,}8} = 6{,}63 \text{ kg/cm}^2.$$

Belastungsfall 2. $q_1 = 384 + 130 + 648 = 1162,$
(Abb. 125) $q_2 = 700 + 384 + 130 = 1214.$

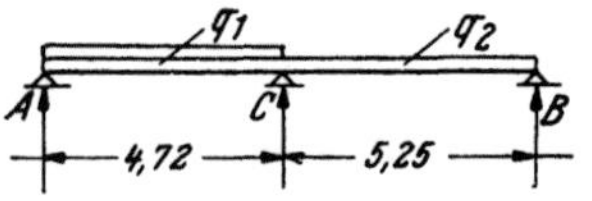

Abb. 125.

$$2\,M_C\,(9{,}97) = -\frac{1}{4}\,(1162 \cdot 4{,}72^3 + 1214 \cdot 5{,}25^3),$$

daraus $M_C = -3730$ kgm,

$$-3730 = A \cdot 4{,}72 - 1162 \cdot \frac{4{,}72^2}{2},$$

daraus $A = 1950$ kg,

$$1950 - 1162 \cdot x = 0,$$

daraus $x = 1{,}67,$

demnach ist $M_1 = 1950 \cdot 0{,}835 = 1628$ kgm,

$$M_C = B \cdot 5{,}25 - 1214 \cdot \frac{5{,}25^2}{2}; \quad B = 2470 \text{ kg,}$$

$$2470 - 1214 \cdot x = 0; \quad x = 2{,}03 \text{ m,}$$

$$M_2 = 2470 \cdot 1{,}015 = 2507 \text{ tm.}$$

Belastungsfall 3. $\quad q_1 = 384 + 130 + 700 + 648 = 1862,$

(Abb. 126) $\qquad q_2 = 384 + 130 + 700 = 1214.$

$$2 M_C \cdot 9{,}97 = -\frac{1}{4}(1862 \cdot 4{,}72^3 + 1214 \cdot 5{,}25^3),$$

$$M_C = -4660 \text{ kgm},$$

$$-4660 = A \cdot 4{,}72 - 1862 \cdot \frac{4{,}72^2}{2}, \quad A = 3400 \text{ kg},$$

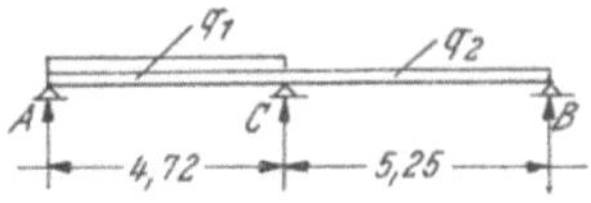

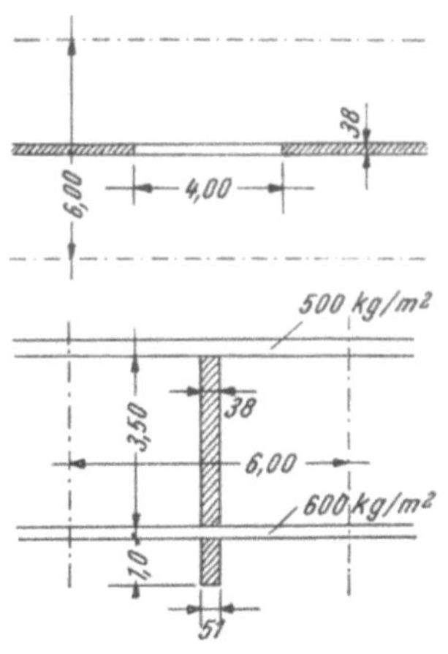
Abb. 126.

$$3400 - 1862 \cdot x = 0, \quad x = 1{,}83 \text{ m},$$

$$M_1 = 3400 \cdot 0{,}915 = 3111 \text{ kgm},$$

$$-4660 = B \cdot 5{,}25 - 1214 \cdot \frac{5{,}25^2}{2}, \quad B = 2300 \text{ kg},$$

$$2300 - 1214 \cdot x = 0, \quad x = 1{,}89 \text{ m},$$

$$M_2 = 2300 \cdot 0{,}945 = 2173 \text{ kgm}.$$

Das zweite Feld wird nach Fall 2 bemessen.

$$h = 31 \text{ cm}, \quad \frac{d}{h} = 0{,}26,$$

$$\sigma_b = 40/1200, \quad i = 189 \text{ und } s = 1077,$$

demnach ist

$$F_e = \frac{250\,700}{1077 \cdot 31} = 7{,}50 \text{ cm}^2,$$

gewählt $5 \oslash 14 = 7{,}70 \text{ cm}^2.$

Das größte Stützmoment entsteht im Fall 3.

$$M_C = -4660.$$

Die Höhe des Plattenbalkens muß durch Schrägen erhöht werden, die Berechnung erfolgt wie vorher.

75. Beispiel. Unterfangung einer Mittelmauer durch einen Eisenbetonbalken. Stärke der Mittelmauer 38 cm. Höhe der Mittelmauer 3,5 m über dem Betonbalken (Abb. 127). Deckengewicht über der Mittelmauer 500 kg/m².

Abb. 127.

Deckengewicht über dem Unterzug 600 kg/m².

Belastung je Laufmeter:

Obere Decke 6 . 500 . . . . $= 3000$ kg/m'
Untere Decke 6 . 600 . . . . $= 3600$,,
Mauer 0,38 . 3,5 . 1 . 1800 . . . . $= 2394$,,
Eigengewicht des Unterzuges 0,51 . 1 . 2400 $= 1224$,,

$\qquad\qquad\qquad$ zusammen: 10 218 kg/m'

Stützweite $4{,}0 + 5\% = 4{,}20$ m.

$$M = \frac{1}{8} \cdot 10\,218 \cdot 4{,}2^2 = 2\,253\,000 \text{ kgcm,}$$

$$\sqrt{\frac{M}{b}} = \sqrt{\frac{2\,253\,000}{51}} = 210,$$

für $\sigma_b = 40/1400$ kg/cm² ist $h = 0{,}430 \cdot 210 = 90{,}30$ cm,

ausgeführt mit $h = 97$ cm, dann ist

$$r = \frac{97}{210} = 0{,}461,$$

dem entspricht $\sigma_b = 37$ kg/cm² und $k = 266{,}6,$

$$z = 0{,}905 \cdot 97 = 87{,}78,$$

$$F_e = \frac{51 \cdot 97}{266{,}6} = 18{,}6 \text{ cm}^2,$$

gewählt $6 \oslash 20 = 18{,}84$ cm².

Querkraft am Auflager:

$$Q = \frac{10\,218 \cdot 4{,}2}{2} = 21\,458 \text{ kg,}$$

$$\tau_0 = \frac{21\,458}{51 \cdot 87{,}78} = 4{,}8 \text{ kg/cm}^2.$$

Spannungsnachweis:

$$x = \frac{15 \cdot 18{,}84}{51}\left[-1 + \sqrt{1 + \frac{2 \cdot 51 \cdot 97}{15 \cdot 18{,}84}}\right] = 27{,}70 \text{ cm,}$$

$$\sigma_b = \frac{2 \cdot 2\,253\,000}{51 \cdot 27{,}7 \cdot 87{,}78} = 36{,}4 \text{ kg/cm}^2,$$

$$\sigma_e = \frac{2\,253\,000}{18{,}84 \cdot 87{,}78} = 1360 \text{ kg/cm}^2.$$

76. Beispiel. Ein Eisenbetonbalken hat ein Moment von $2\,000\,000$ **kgcm** aufzunehmen.

Stützweite $l = 8{,}0$ m.

Plattenstärke $d = 10$ cm.

$A = 10\,000$ kg.

$b_0 = 25$ cm.

$$\varphi = d : h = 10 : 48 = 0{,}208 = 0{,}21,$$

bei $\sigma_b = 40/1200$ kg/cm² ist $i = 209$ und $s = 1094,$

$$F_e = \frac{M}{s \cdot h} = \frac{2\,000\,000}{1094 \cdot 48} = 38{,}2 \text{ cm}^2,$$

gewählt $9 \oslash 24 = 40{,}72$ cm² in zwei Reihen.

Die Balkenhöhe beträgt dann 54 cm.

$$\tau_0 = \frac{10\,000}{25 \cdot 43{,}8} = 9{,}15 \text{ kg/cm}^2, \text{ wenn } z = \frac{1094 \cdot 48}{1200} = 43{,}8.$$

Bei einer konstanten Bügelentfernung von 25 cm $= e$ und einem Bügelquerschnitt von $2f = 0{,}77$ übernehmen die Bügel eine Schubspannung von

$$\tau_B = \frac{2 \cdot f \cdot \sigma_e}{b_0 \cdot e} = \frac{0{,}77 \cdot 1200}{25 \cdot 25} = 1{,}48.$$

Der Rest der Schubspannungen mit $9{,}15 - 1{,}48 = 7{,}67$ kg/cm² muß den Schrägeisen zugewiesen werden.

Die Schrägeisen und Bügel müssen imstande sein, die gesamten schrägen Zugspannungen allein aufzunehmen.

Die Stelle, an welcher die Schrägeisen aufgebogen werden müssen, wird nach nachstehendem Vorgang durchgeführt (Abb. 128).

Man errichtet im Punkte C eine unter $45°$ gegen die Achse des Balkens geneigte Strecke $C—D$. Dasselbe wird auch im Mittelpunkt des Balkens in O durchgeführt.

Diese beiden Strecken $C—D$ und $O—E$ schneiden sich im Punkte F. Von dieser Stelle aus trägt man zunächst τ_0 auf und ebenso τ_B. Dann macht man $GH \parallel OF$.

In der Fläche $OFHG$ werden die Schubspannungen durch

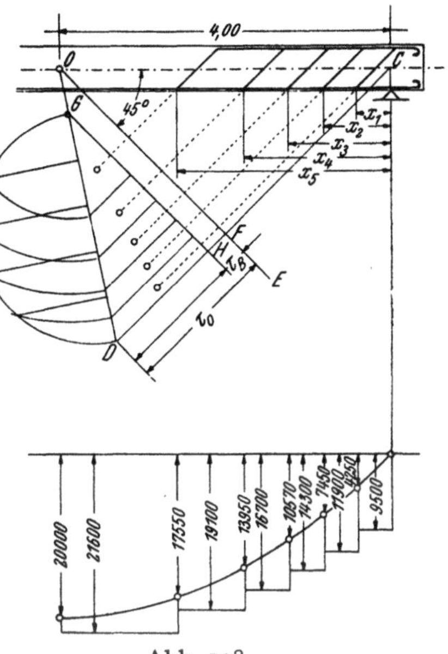

Abb. 128.

Bügel aufgenommen, während im übrigen Teil durch das Dreieck GHD dargestellt, die Schubspannungen durch die Schrägeisen aufzunehmen sind. Bei fünf Schrägeisen muß diese Fläche in fünf gleiche Teile zerlegt werden. Wir erhalten fünf Flächenstreifen, in welchen nun die Schwerpunkte gesucht werden.

Werden diese Schwerpunkte unter $45°$ auf die Balkenmittellinie projiziert, so erhält man die Lage der Aufbiegungen.

Diese Konstruktion gilt aber nur dann, wenn der Querschnitt des Balkens konstant ist. Nun wollen wir noch untersuchen, ob an den Abbiegestellen die noch vorhandenen Eisen für die Aufnahme der an diesen Stellen auftretenden Biegmomente ausreichen. Nach der allgemeinen Momentengleichung haben wir:

$$M_x = \frac{q}{2} \cdot x\,(l - x) = 2500 \cdot \frac{1}{2} \cdot x \cdot (8 - x).$$

Nun setzen wir die Momente an den Stellen x_1 bis x_6, wenn $x_1 = 0{,}45$,

$$x_2 = 0{,}83,\ x_3 = 1{,}25,\ x_4 = 1{,}8 \text{ und } x_5 = 2{,}6.$$

$$\text{Bei } x_1 = 0{,}45 \text{ ist } M_1 = \frac{2500}{2} \cdot 0{,}45\,(8 - 0{,}45) = 4250 \text{ kgm,}$$

$$x_2 = 0{,}83 \;\;,, \;\; M_2 = \frac{2500}{2} \cdot 0{,}83\,(8 - 0{,}83) = 7450 \;\;,, \;,$$

$$x_3 = 1{,}25 \;\;,, \;\; M_3 = \frac{2500}{2} \cdot 1{,}25\,(8 - 1{,}25) = 10570 \;\;,, \;,$$

$$x_4 = 1{,}8 \;\;,, \;\; M_4 = \frac{2500}{2} \cdot 1{,}8\,(8 - 1{,}8) = 13950 \;\;,, \;,$$

$$x_5 = 2{,}6 \;\;,, \;\; M_5 = \frac{2500}{2} \cdot 2{,}6\,(8 - 2{,}6) = 17550 \;\;,, \;\cdot$$

Aus der Gleichung $\sigma_e = \dfrac{M}{fe \cdot z}$ erhalten wir für

$$M = \sigma_e \cdot fe \cdot z.$$

Die zulässigen Momente haben die Werte:

$$
\begin{aligned}
\text{für} \quad F_e &= 4 \; \varnothing \; 24 \ldots\ldots 1200 \cdot 18{,}10 \cdot 43{,}8 = 9500 \text{ kgm,} \\
F_e &= 5 \; \varnothing \; 24 \ldots\ldots 1200 \cdot 22{,}62 \cdot 43{,}8 = 11900 \;\;,, \; , \\
F_e &= 6 \; \varnothing \; 24 \ldots\ldots 1200 \cdot 27{,}14 \cdot 43{,}8 = 14300 \;\;,, \; , \\
F_e &= 7 \; \varnothing \; 24 \ldots\ldots 1200 \cdot 31{,}66 \cdot 43{,}8 = 16700 \;\;,, \; , \\
F_e &= 8 \; \varnothing \; 24 \ldots\ldots 1200 \cdot 36{,}19 \cdot 43{,}8 = 19100 \;\;,, \; , \\
F_e &= 9 \; \varnothing \; 24 \ldots\ldots 1200 \cdot 40{,}72 \cdot 43{,}8 = 21600 \;\;,, \; \cdot
\end{aligned}
$$

Trägt man die Momente M_1 bis M_6 auf, so erhält man die Momentenparabel. Der Verlauf der zulässigen Momente zeigt, daß alle Momente vollkommen gedeckt sind.

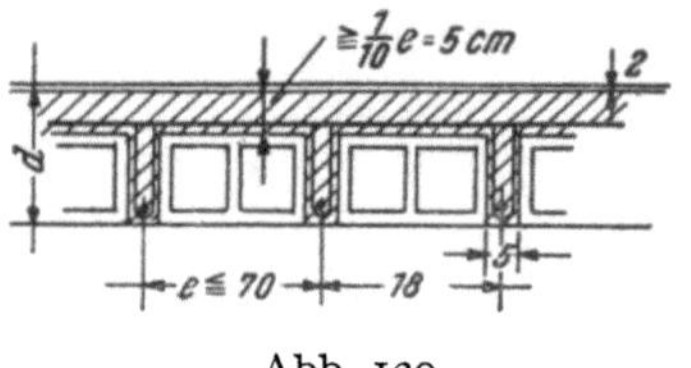

Abb. 129.

Die Bügel wurden in gleicher Entfernung voneinander in Anrechnung gebracht. Es ist aber besser, wenn man die Bügel gegen das Auflager zu enger setzt.

77. Beispiel. Berechnung einer Steineisendecke aus Hohlsteinen. Die Steine sind 10 cm hoch und 15 cm breit. Wandstärke 1,5 cm. Entfernung der Träger 2,80 m. Nutzlast 250 kg/m² (Abb. 129).

Vorbemerkungen:

Rippenabstand e höchstens 70 cm. Dicke der Druckplatte mindestens 0,1 des lichten Rippenabstandes und nicht kleiner als 5 cm.

In der Druckplatte müssen quer zu den Rippen auf 1 m Rippenlänge mindestens drei Rundeisen 7 mm liegen. Rippenbreite mindestens 5 cm.

In den Rippen sind Bügel anzuordnen, wenn der lichte Abstand der Rippen größer als 40 cm ist.

Zur Lastverteilung sind Querrippen von gleichem Querschnitt und gleicher Bewehrung wie die Tragrippen auszuführen, und zwar bei Deckenstützweiten von 4 bis 6 m eine Querrippe, bei Stützweiten über 6 m mindestens zwei. Werden Füllkörper aus gebrannten Hohlsteinen oder gleichfesten anderen Baustoffen verwendet, so können die lastverteilenden Querrippen entfallen.

Belastung: Hohlsteine .... 120 kg/m²
            Beton 0,05 . 2200 .... = 110 ,,
            Estrich 0,02 . 2200 .... = 44 ,,
            Linoleum ....   5 ,,
            Putz ....   21 ,,
            Nutzlast .... 250 ,,
                          zusammen: 550 kg/m²

$$M = \frac{1}{8} \cdot 550 \cdot 2{,}8^2 = 53\,900 \text{ kgcm,}$$

$$d = 14 \text{ cm,} \quad h = 14 - 3 = 11 \text{ cm,}$$

$$r = \frac{h}{\sqrt{\dfrac{M}{b}}} = \frac{11}{\sqrt{\dfrac{53\,900}{100}}} = 0{,}47,$$

$$\sigma_b = 34/1200 \text{ kg/cm²,} \quad k = 236{,}6,$$

$$F_\iota = \frac{100 \cdot 11}{236{,}6} = 4{,}65 \text{ cm².}$$

Entfernung der Rippen 18 cm, daher für einen Meter Breite $\frac{100}{18}$ = Fugenzahl = 5,55.

Querschnitt eines Eisens: $\frac{4{,}65}{5{,}55} = 0{,}84$ cm², gewählt 1 ∅ 12 = 1,13 cm².

Querkraft am Auflager:

$$Q = A = \frac{1}{2} \cdot 550 \cdot 2{,}8 = 770 \text{ kg,} \quad z = 0{,}901 \cdot 11 = 9{,}91 \text{ cm.}$$

Schubspannung:

$$\tau_0 = \frac{Q}{b_0 \cdot z} = \frac{770}{50 \cdot 9{,}91} = 1{,}56 \text{ kg/cm² (zul. 3 kg/cm²).}$$

$b_0 = 100$ cm Deckenbreite, abzüglich der Hohlräume, etwa 50%, somit $b_0 = 50$ cm.

Haftspannung:

$$\tau_1 = \frac{b_0 \cdot \tau_0}{U} = \frac{50 \cdot 1{,}56}{3{,}77 \cdot 6} = 3{,}45 \text{ (zul. 5 kg/cm²).}$$

Die Anzahl der Rundeisen beträgt 6.

78. Beispiel. Berechnung einer Fensterüberlage. Höhe des Parapettmauerwerkes 1,2 m. Raumtiefe 5,0 m. Stützweite $l = 1{,}6$ m (Abb. 130).

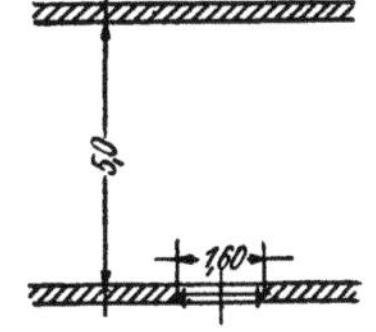

Abb. 130.

Belastung: Deckenlast 200 . 2,5 .... = 500 kg/m'
           Nutzlast 250 . 2,5 .... = 625 ,,
           Mauerwerk 0,38 . 1,2 . 1800 ..... = 820 ,,
           Eigengewicht 0,38 . 0,21 . 2400 ... = 191 ,,
                          zusammen: 2136 kg/m'
                             rund: 2140 ,,

$$M = \frac{1}{8} \cdot 2140 \cdot 1{,}6^2 = 68\,480 \text{ kgcm,}$$

bei $\sigma_b = 40/1200$ kg/cm^2 ist $k = 180$, dann ist:

$$h = 0{,}411 \cdot \sqrt{\frac{M}{b}} = 0{,}411 \cdot \sqrt{\frac{68\,480}{38}} = 17{,}4 \sim 18 \text{ cm,}$$

$$d = 21, \quad F_e = \frac{b \cdot h}{k} = \frac{38 \cdot 18}{180} = 3{,}8 \text{ cm}^2,$$

gewählt $5 \varnothing 10 = 3{,}93$ cm^2.

Querkraft am Auflager:

$$Q = A = \frac{1}{2} \cdot 2140 \cdot 1{,}6 = 1712 \text{ kg,}$$

$$z = 0{,}889 \cdot 18 = 16 \text{ cm.}$$

Schubspannung: $\qquad \tau_0 = \frac{Q}{b \cdot z} = \frac{1712}{38 \cdot 16} = 2{,}81$ kg/cm^2.

Trotz der geringen Schubspannung werden Bügel angeordnet.

79. Beispiel. Angaben wie im Beispiel vorher, jedoch als Durchlaufbalken über zwei gleiche Öffnungen.

$$p = 250 \cdot 2{,}5 \ldots\ldots\ldots\ldots\ldots = \quad 625 \text{ kg/m}'$$
$$g = 500 + 820 + 191 \ldots\ldots = 1511 \quad\quad ,,$$

Nach WINKLER errechnet man das Feldmoment:

$$M = (0{,}07 \cdot g + 0{,}095 \cdot p)\, l^2 =$$
$$= (0{,}07 \cdot 1511 + 0{,}095 \cdot 625)\, 1{,}6^2 = 42\,275 \text{ kgcm,}$$

bei Beibehaltung der Höhe $d = 21$ cm ist:

$$r = \frac{18}{\sqrt{\dfrac{42\,275}{38}}} = 0{,}542,$$

diesem Werte entspricht $\sigma_b = 28$, $k = 330{,}6$ und

$$F_e = \frac{38 \cdot 18}{330{,}6} = 2{,}07 \text{ cm}^2,$$

gewählt $5 \varnothing 8 = 2{,}51$ cm^2.

Für das negative Stützmoment erhält man:

$$M_C = -0{,}125\,(625 + 1511)\, 1{,}6^2 = -68\,500 \text{ kgcm,}$$

$$r = \frac{18}{\sqrt{\dfrac{68\,500}{38}}} = 0{,}424,$$

$$\sigma_b = 38/1200 \text{ kg/cm}^2, \quad k = 196{,}1,$$

demnach $\quad F_e = 3{,}5$ cm^2; gewählt $7 \varnothing 8 = 3{,}51$ cm^2.

80. Beispiel. Angaben wie vorher, jedoch als Überlage über drei gleiche Öffnungen.

$$p = 625, \quad g = 1511.$$

Nach WINKLER errechnet man die Feldmomente:

Endfeld:

$$M_1 = M_3 = (0{,}08 \cdot 1511 + 0{,}10 \cdot 625)\, 1{,}6^2 = 46\,945 \text{ kgcm,}$$
$$h = 18,\ r = 0{,}512,\ \sigma_b = 30/1200 \text{ und } k = 293{,}3,$$

dann ist:
$$F_e = \frac{38 \cdot 18}{293{,}3} = 2{,}33 \text{ cm}^2,$$

gewählt $5 \varnothing 8 = 2{,}51$ cm².

Mittelfeld:

$$M_2 = (0{,}025 \cdot 1511 + 0{,}075 \cdot 625)\, 1{,}6^2 = 21\,670 \text{ kgcm,}$$
$$h = 18,\ r = 0{,}756,\ \sigma_b = 19,\ k = 658{,}2,$$
$$F_e = \frac{38 \cdot 18}{658{,}2} = 1{,}04 \text{ cm}^2,$$

gewählt $3 \varnothing 7 = 1{,}15$ cm².

Die negativen Stützmomente sind:

$$M_C = M_D = -(0{,}1 \cdot 1511 + 0{,}1167 \cdot 625)\, 1{,}6^2 = -57\,354 \text{ kgcm,}$$
$$r = \frac{18}{\sqrt{\dfrac{57\,354}{38}}} = 0{,}462,\ \sigma_b = 34/1200 \text{ kgcm}^2,\ k = 236{,}6,$$
$$F_e = \frac{38 \cdot 18}{236{,}6} = 2{,}89 \text{ cm}^2,$$

gewählt $6 \varnothing 8 = 3{,}01$ cm².

81. Beispiel. Berechnung einer Fensterüberlage über eine Öffnung von 3,0 m. Mauerwerk 38 cm stark und 1,2 m hoch. Raumtiefe 5,0 m. Stützweite 3,15 m.

$$
\begin{array}{lll}
\text{Deckenlast } 200 \cdot 2{,}5 \ldots\ldots\ldots\ldots & = & 500 \text{ kg/m} \\
\text{Nutzlast von der Decke } 250 \cdot 2{,}5 \cdot & = & 625 \quad ,, \\
\text{Mauergewicht } 0{,}38 \cdot 1{,}20 \cdot 1800 \ldots & = & 820 \quad ,, \\
\text{Eigengewicht } 0{,}38 \cdot 30 \cdot 2400 \ldots\ldots & = & \underline{275 \quad ,,} \\
& \text{zusammen:} & 2220 \text{ kg/m}
\end{array}
$$

$$M = \frac{1}{8} \cdot 2220 \cdot 3{,}15^2 = 275\,000 \text{ kgcm.}$$

Annahme: Die Trägerhöhe sei auf $d = 35$ cm beschränkt.

$$\sqrt{\frac{M}{b}} = \sqrt{\frac{275\,000}{38}} = 85,$$
$$r = \frac{31}{85} = 0{,}365,$$

diesem r entspricht ein σ_b von 46 kg/cm², zulässig nur 40 kg/cm², daher Doppelbewehrung notwendig; bei $\sigma_b = 40/1200$ kg/cm² ist $\gamma = 0{,}00694$, $\alpha = 0{,}6$,

$$F_e = \gamma \cdot b \cdot h = 0{,}00694 \cdot 38 \cdot 31 = 8{,}17 \text{ cm}^2,$$

gewählt $4 \varnothing 14 + 1 \varnothing 16 = 8{,}17$ cm²;

$$F_e' = \alpha, \quad F_e = 0{,}6 \cdot 8{,}17 = 4{,}9 \text{ cm}^2,$$

gewählt $4 \varnothing 10 + 1 \varnothing 12 = 5{,}06.$

$$x = s \cdot h = 0{,}333 \cdot 31 = 10 \text{ cm}, \quad h' = 3 \text{ cm}.$$

Spannungsnachweis:

$$x = \frac{n}{b}(F_e + F_e')\left[-1 + \sqrt{1 + \frac{2 \cdot b\,(F_e \cdot h + F_e' \cdot h')}{n \cdot (F_e + F_e')^2}}\,\right],$$

$$x = \frac{15}{38}(8{,}17 + 5{,}06)\left[-1 + \sqrt{1 + \frac{2 \cdot 38\,(8{,}17 \cdot 31 + 5{,}06 \cdot 3)}{15 \cdot (8{,}17 + 6{,}06)^2}}\,\right],$$

$$x = 5{,}22\,[-1 + 2{,}9] = 10 \text{ cm}.$$

$$\sigma_b = \frac{2\,M \cdot x}{b \cdot x^2\left(h - \dfrac{x}{3}\right) + 2 \cdot n \cdot F_e'\,(x - h')\,(h - h')}$$

$$h' = 3{,}0 \text{ cm},$$

$$\sigma_b = \frac{2 \cdot 275000 \cdot 10}{38 \cdot 10^2\,(31 - 3{,}33) + 2 \cdot 15 \cdot 5{,}06\,(10 - 3{,}0)\,(31 - 3{,}0)} = 40{,}8 \text{ kg/cm}^2,$$

$$\sigma_e = \frac{n \cdot \sigma_b\,(h - x)}{x} = \frac{15 \cdot 40{,}8 \cdot 21}{10} = 1285 \text{ kg/cm}^2,$$

$$\sigma_e' = \frac{n \cdot \sigma_b\,(x - h')}{x} = \frac{15 \cdot 40{,}8 \cdot 7}{10} = 428 \text{ kg/cm}^2.$$

82. Beispiel. Berechnung einer Fundamentplatte aus Eisenbeton für eine Gebäudemittelmauer. Die Belastungslänge für die Deckenlasten sei 5,00 m (Abb. 131).

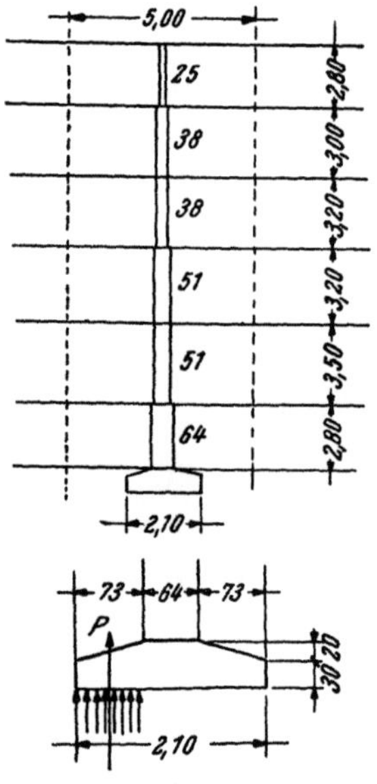

Belastung:

Mauerlasten je Laufmeter
$[0{,}25 \cdot 2{,}8 + 0{,}38\,(3{,}0 + 3{,}2) +$
$+ 0{,}51\,(3{,}2 + 3{,}5) +$
$+ 0{,}64 \cdot 2{,}80] \cdot 1800 \ldots\ldots\ldots = 14\,877$ kg

Deckenlasten aus Nutzlast und Eigengewicht $5 \cdot (350 + 3 \cdot 400 +$
$+ 2 \cdot 600) \ldots\ldots\ldots\ldots\ldots = 13\,750$ „

zusammen: $28\,627$ kg

Gewicht der Platte $\ldots\ldots\ldots\ldots = 2169$ „

insgesamt: $P\ 30\,796$ kg

Bei einer Bodenbeanspruchung von 1,5 kg/cm² beträgt die Fläche der Fundamentplatte an der Sohle

$$F = \frac{30\,796}{1{,}5} = 20\,530 \text{ cm}^2,$$

daher beträgt die Länge der Platte

$$l = \frac{20\,530}{100} = 2{,}05 \text{ m};$$

Abb. 131.

gewählt 2,10 m.

Die Kragplatte wird mit einer Kraft $P = 73 \cdot 1{,}5 \cdot 100 = 10\,950$ kg belastet.

$$M = 10\,950 \cdot \frac{73}{2} = 399\,675 \approx 400\,000 \text{ kgcm.}$$

Bemessung: Zwecks Ersparung von Bewehrungseisen wurde eine Höhe von 50 cm gewählt.

$$\sqrt{\frac{M}{b}} = 63,$$

$r = \frac{46}{63} = 0{,}73$ für $\sigma_e = 1200$ ist $\sigma_b = 20$ kg/cm² und $k = 600{,}0$, dann ist

$$F_e = \frac{100 \cdot 46}{600} = 7{,}77 \text{ cm}^2,$$

gewählt $7 \oslash 12 = 7{,}92$ cm².

$$z = 0{,}933 \cdot 46 = 42{,}91 \text{ cm,}$$

$$\tau_0 = \frac{10\,950}{100 \cdot 42{,}91} = 2{,}5 \text{ kg/cm}^2.$$

Obwohl die Schubspannung nicht überschritten wurde, wird man dennoch Stabaufbiegungen und Bügel vorsehen.

83. Beispiel. Eisenbetonplatte über eine unterkellerte Laderampe (Abb. 132).

Nutzlast p .... $=$ 500 kg/m²
Eigenlast einschließlich Estrich.. 720 ,,
somit $p + g = 500 + 720 \ldots =$ 1220 ,,

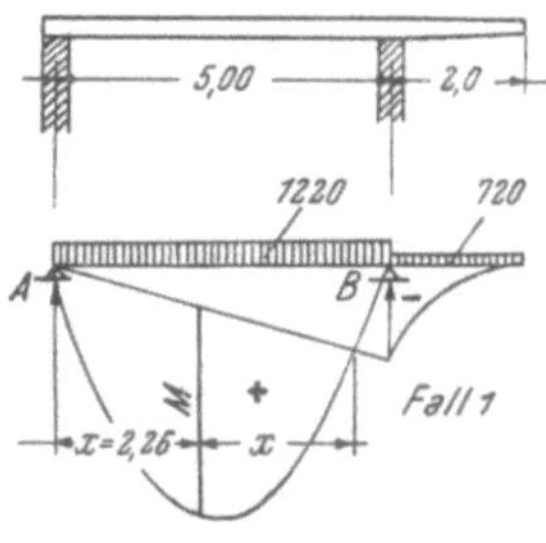

Lastfall 1. Linkes Feld vollbelastet, Kragplatte nur mit Eigengewicht.

$$A \cdot 5 - 1220 \cdot 5 \cdot \frac{5}{2} + 720 \cdot 2 \cdot \frac{2}{2} = 0,$$

daraus $A = 2762$ kg, $B = 4778$ kg;

$$A - (g + p) \cdot x = 0, \quad 2762 - 1220 \cdot x = 0,$$

daraus $x = 2{,}26$ m.

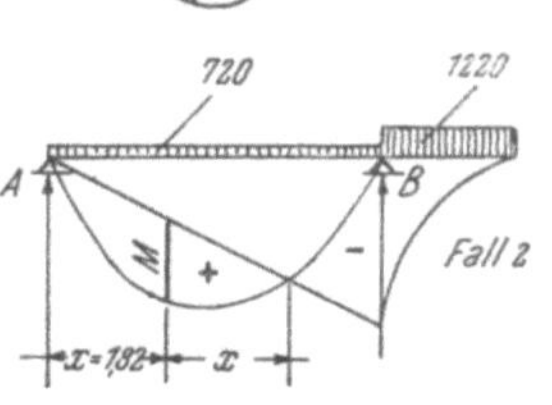

Abb. 132.

Feldmoment:

$$M_x = A \cdot x - (p + g)\frac{x^2}{2} = 2762 \cdot 2{,}26 - 1220 \cdot \frac{2{,}26^2}{2} = 312\,650 \text{ kgcm,}$$

$$M_B = -720 \cdot 2 \cdot \frac{2}{2} = -144\,000 \text{ kgcm,}$$

$$\mathfrak{M}_{(g+p)} = \frac{1}{8} \cdot 1200 \cdot 5^2 = 381\,250 \text{ kgcm.}$$

Lastfall 1 ergibt das größte positive Feldmoment im Felde A—B.

Lastfall 2. Linkes Feld unbelastet, Kragplatte vollbelastet.

$$A \cdot 5 - 720 \cdot \frac{5^2}{2} + 1220 \cdot \frac{2^2}{2} = 0.$$

$$A = 1312 \text{ kg}, \quad 1312 - 720 \cdot x = 0, \quad x = 1,82 \text{ m}.$$

$$M_x = 1312 \cdot 1,82 - 720 \cdot \frac{1,82^2}{2} = 119\,538 \text{ kgcm},$$

$$M_B = -1220 \cdot 2 \cdot \frac{2}{2} = -244\,000 \text{ kgcm},$$

$$\mathfrak{M}_g = \frac{1}{8} \cdot 720 \cdot 5^2 = 225\,000 \text{ kgcm}.$$

Lastfall 2 gibt das größte negative Stützmoment.

Bemessung: $M_{\text{max}} = 312\,650$ kgcm.

$$h = 0,411 \cdot \sqrt{\frac{312\,650}{100}} = 23 \text{ cm}, \quad \text{ausgeführt mit } h = 27 \text{ cm},$$

$$r = \frac{h}{\sqrt{\dfrac{M}{b}}} = \frac{27}{56} = 0,482, \quad \sigma_b = 33, \quad k = 249, \quad \sigma_e = 1200 \text{ kg/cm}^2,$$

$$F_e = \frac{100 \cdot 27}{249} = 10,84 \text{ cm}^2,$$

gewählt 10 ⌀ 12 = 11,31 cm².

$$\max M_B = -244\,000 \text{ kgcm.}$$

$$h = 27, \quad r = \frac{27}{\sqrt{\dfrac{244\,000}{100}}} = \frac{27}{49,4} = 0,547, \quad \sigma_b = 28, \quad k = 330,6,$$

$$F_e = \frac{100 \cdot 27}{330,6} = 8,16 \text{ cm}^2,$$

gewählt 8 ⌀ 12 = 9,05 cm².

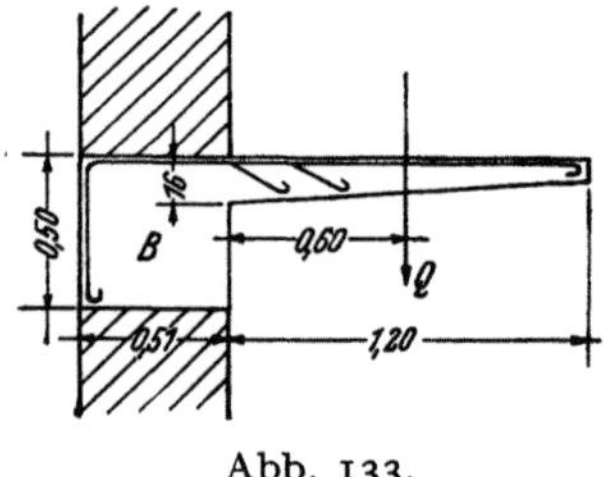

Abb. 133.

Bei Vollast im Mittelfelde und Kragplatte ergeben sich keine maximalen Momente, welche für die Dimensionierung in Betracht kommen.

84. Beispiel. Berechnung eines Balkons aus Eisenbeton. Balkonlänge 3 m. Nutzlast 500 kg/m² (Abb. 133).

Belastung:

Nutzlast p...................... = 500 kg/m²
Eigengewicht 0,1 . 2400 .... = 240   ,,
Putz und Estrich 60   ,,

zusammen: 800 kg/m²

$$Q = 1,2 \cdot 800 = 960 \text{ kg/m}',$$

$$M_{p+g} = 960 \cdot \frac{120}{2} = 57600 \text{ kgcm}.$$

$$\sqrt{\frac{M}{b}} = \sqrt{\frac{57600}{100}} = 24,0,$$

$$h = 0,411 \cdot 24,0 = 9,86 \approx 10 \text{ cm}, \quad d = 12;$$

bei $\sigma_b = 40/1200$ ist $k = 180$ und

$$F_e = \frac{100 \cdot 10}{180} = 5,55 \text{ cm}^2,$$

gewählt 7 ∅ 10 = 5,50 cm².

Berechnung der Kippsicherheit:

Frage: Wie hoch muß die Mauer in einer Stärke von 51 cm auf dem Balkonbalken B ausgeführt werden, damit eine zweifache Kippsicherheit erzielt werden kann? Die Höhe des Balkens B soll 50 cm nicht übersteigen. Die Höhe der Mauerlast über dem Balken sei unbeschränkt. Dann ist eine Verlängerung des Balkens B über die Balkonlänge von 3 m nicht erforderlich.

Bezeichnet man das Gewicht der Auflast mit G, dann gilt bei zweifacher Kippsicherheit die Gleichung

$$G \cdot \frac{51}{2} = 2 \cdot M_{p+g},$$

$$(0,51 \cdot 1,00 \cdot h \cdot 1800 + 0,51 \cdot 1,00 \cdot 0,5 \cdot 2400) \cdot \frac{51}{2} = 115200.$$

Aus dieser Gleichung erhält man für

$$h = 4,25 \text{ m}.$$

Würde diese Höhe nicht vorhanden sein, so müßte der Balken B um soviel mehr verlängert werden, bis die verlangte Kippsicherheit erreicht ist.

85. Beispiel. Berechnung des Geländers eines Balkons, ausgeführt aus Eisenbeton (Abb. 134).

In der Höhe des Geländerholmes wurde eine waagrechte Kraft mit 100 kg je Laufmeter angenommen.

Bei einer Entfernung der Geländerpfosten mit 35 cm erhält der Geländerpfosten eine waagrechte Kraft von

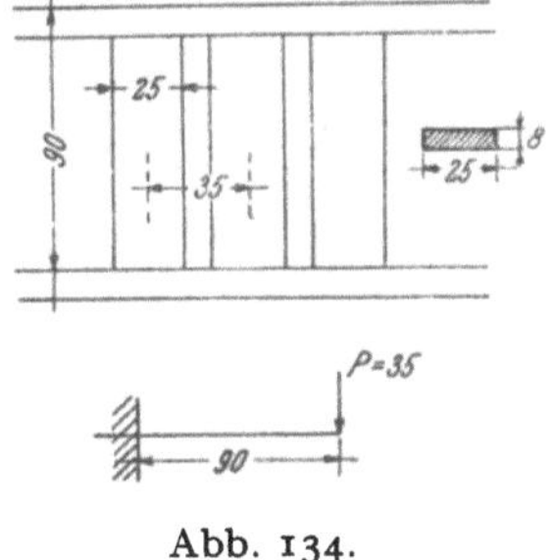

Abb. 134.

$$P = 100 \cdot 0,35 = 35 \text{ kg}.$$

$$M = 35 \cdot 90 = 3150 \text{ kgcm},$$

$$\sqrt{\frac{M}{b}} = \sqrt{\frac{3150}{25}} = 11,2,$$

$h = 4,6$ cm, ausgeführt mit $h = 6$ cm.

$$r = \frac{6}{11,2} = 0,535,$$

$$\sigma_b = 29/1200 \ \text{kg/cm}^2, \quad k = 311,0,$$

$$F_e = \frac{25 \cdot 6}{311} = 0,483 \ \text{cm}^2,$$

gewählt $2 \varnothing 6 = 0,56$ als Doppelbewehrung. Die Doppelbewehrung wurde bei der Berechnung nicht berücksichtigt.

86. Beispiel. Gegeben nebenstehender Erdgeschoßgrundriß (Abb. 135).

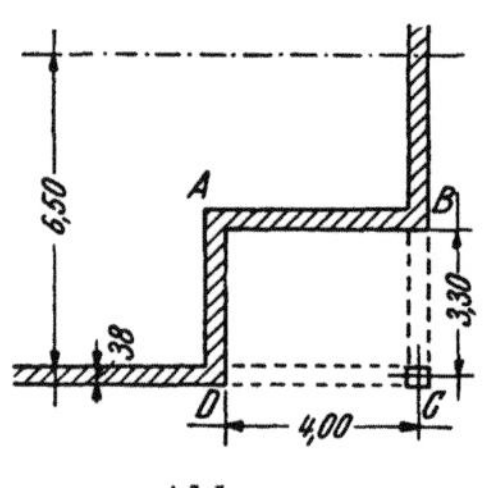

Abb. 135.

Der Vorraum $ABCD$ wird im ersten Stockwerke überdeckt, so daß in den Strecken $C\text{—}D$ und $C\text{—}B$ im ersten Stockwerke 38 cm starke Ziegelmauern errichtet werden. Die Höhe dieser Mauern beträgt 3,20 m. Das Gebäude besitzt nur ein Stockwerk.

Im Punkte C ist eine Eisenbetonsäule aufzustellen.

Die die Mauern unterfangenden Träger werden ebenfalls in Eisenbeton ausgeführt. Die Mauern haben keine Öffnungen. Das Dach besteht aus einem Falzziegeldach in einer Neigung von 35°.

Berechnung des Trägers DC.

Belastungsannahmen:

Vom Dache einschließlich Schnee und Wind 3,25 . 265 . . . . =   861 kg/m′
Dachbodenlast 3,25 . 450 . . . . = 1463   ,,
Parterredeckenlast 3,25 . 500 . . . . = 1625   ,,
Mauerlast 0,38 . 3,2 . 1800 . . . . = 2188   ,,
Eigengewicht des Trägers 0,38 . 0,85 . 2400 . . . . = 775   ,,

zusammen q = 6912 kg/m′

Stützweite: $\qquad\qquad l = 4 + \dfrac{4}{20} = 4,2 \ \text{m}.$

Der Träger ist mit Gleichlast belastet, daher

$$M_{\max} = \frac{1}{8} \cdot q \cdot l^2 = \frac{1}{8} \cdot 6912 \cdot 4,2^2 = 1\,524\,096 \ \text{kgcm}.$$

$$\sigma_b = 40/1400,$$

$$h = 0,430 \cdot \sqrt{\frac{1\,524\,096}{38}} = 0,430 \cdot 200 = 86 \ \text{cm}, \quad d = 90 \ \text{cm}, \quad k = 233,3,$$

$$F_e = \frac{38 \cdot 86}{233,3} = 14 \ \text{cm}^2,$$

gewählt $7 \varnothing 16 = 14,07 \ \text{cm}^2.$

$$z = 0,9 \cdot 86 = 77,4 \ \text{cm}.$$

Berechnung des Trägers $B\,C$:

Vom Dache (Binderentfernung 4,0 m) Mittelpfette lagert
auf der Stirnmauer 2,0 . 265 . . . . $= 530$ kg/m'
Mauergewicht 0,38 . 3,2 . 1800 . . . . $= 2188$,,
Eigengewicht 0,38 . 90 . 2400 . . . . $= 820$,,

$$\text{zusammen:}\quad q = 3540 \text{ kg/m'}$$

Stützweite: 3,15 m.

$$\max M = \frac{1}{8} \cdot 3540 \cdot 3{,}15^2 = 439100 \text{ kgcm.}$$

Der Träger $B\,C$ wird genau so hoch wie der Träger $D\,C$ ausgeführt.
Daher wird die Betondruckspannung bedeutend herabsinken.

$$r = \frac{86}{\sqrt{\dfrac{439\,100}{38}}} = \frac{107}{86} = 0{,}803, \quad z = 0{,}9 \cdot 86 = 77{,}4 \text{ cm,}$$

$$\sigma_b = 20/1400 \text{ kg/cm}^2, \quad k = 793{,}3,$$

$$F_e = \frac{38 \cdot 860}{793{,}3} = 4{,}13,$$

gewählt 4 $\varnothing$ 12 $= 4{,}52$ cm^2.

Berechnung der Schubspannungen:

$$\tau_0 = \frac{6912 \cdot \dfrac{4{,}20}{2}}{38 \cdot 77{,}4} = 4{,}94 \text{ kg/cm}^2.$$

87. Beispiel. Berechnung einer Kragplatte mit Konsolen (Abb. 136).
Nutzlast $p = 500$ kg/m^2.
Eigengewicht der Platte $g = 0{,}10 \cdot 2400 = 240$ kg/m^2.
Infolge teilweiser Einspannung der Platte ist:

$$M_{\max} = \frac{1}{11} \cdot 740 \cdot 2{,}5^2 = 42045 \text{ kgcm.}$$

$$h = 0{,}411 \cdot \sqrt{\frac{42045}{100}} = 8{,}5 \text{ cm,}$$

$$\sigma_b = 40/1200 \text{ kg/cm}^2, \quad k = 180,$$

$$F_e = \frac{100 \cdot 8{,}5}{180} = 4{,}71 \text{ cm}^2,$$

gewählt 10 $\varnothing$ 8 $= 5{,}00$ cm^2.

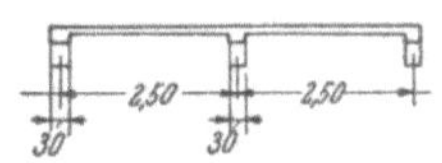

Abb. 136.

Berechnung der mittleren Konsole:
Balkenbreite $b = 30$ cm, Höhe $h = 70$ cm an der Einspannstelle.
Aufstellung der Momente:

1. Von der Nutzlast $2{,}5 \cdot 2{,}5 \cdot 500 \cdot \dfrac{2{,}5}{2}$ . . . . $= 390625$ kgcm

2. von der Platte $(0{,}10 \cdot 2{,}5 \cdot 2{,}5 \cdot 2400)\, 1{,}25$ . . . . . $= 187500$,,

3. von der Konsole $\dfrac{0{,}6 + 0{,}1}{2} \cdot 2{,}5 \cdot 0{,}3 \cdot 2400 \cdot 0{,}971 = 61173$,,

$$M_{\max} = 639298 \text{ kgcm}$$

Anmerkung: Eine Berücksichtigung der Platte als Druckplatte kommt nicht in Betracht, weil die Platte in der Zugzone der Konsole liegt. Daher kommt als Breite der Konsole nur die wirkliche Breite von 30 cm zur Verrechnung.

$$h = 0{,}411 \cdot \sqrt{\frac{M}{b}} = 0{,}411 \cdot \sqrt{\frac{639\,298}{30}} = 0{,}411 \cdot 145 = 59{,}6 \text{ cm},$$

gewählt $h = 66$ cm;

$$r = \frac{66}{145} = 0{,}455, \quad \sigma_b = 35, \quad k = 225{,}3, \quad \sigma_e = 1200 \text{ kg/cm}^2,$$

$$F_e = \frac{30 \cdot 66}{225{,}3} = 8{,}8 \text{ cm}^2,$$

gewählt $3 \varnothing 20 = 9{,}42$ cm².

Berechnung der Querkraft an der Einspannstelle:

$$
\begin{aligned}
\text{Platte } 0{,}10 \cdot 2{,}5 \cdot 2{,}5 \cdot 2400 \ldots\ldots\ldots &= 1500 \text{ kg} \\
\text{Nutzlast } 500 \cdot 2{,}5 \cdot 2{,}5 \ldots\ldots\ldots\ldots &= 3125 \text{ ,,} \\
\text{Konsole } \frac{0{,}6 + 0{,}1}{2} \cdot 0{,}3 \cdot 2{,}5 \cdot 2400 \ldots &= 630 \text{ ,,} \\
\hline
Q = A &= 5255 \text{ kg}
\end{aligned}
$$

$$z = 0{,}899 \cdot 66 = 59{,}33 \text{ cm},$$

$$\tau_0 = \frac{5255}{30 \cdot 59{,}33} = 2{,}95 \text{ kg/cm}^2.$$

88. Beispiel. Berechnung eines Erkers (Eisenbeton) (Abb. 137).

a) Platte:

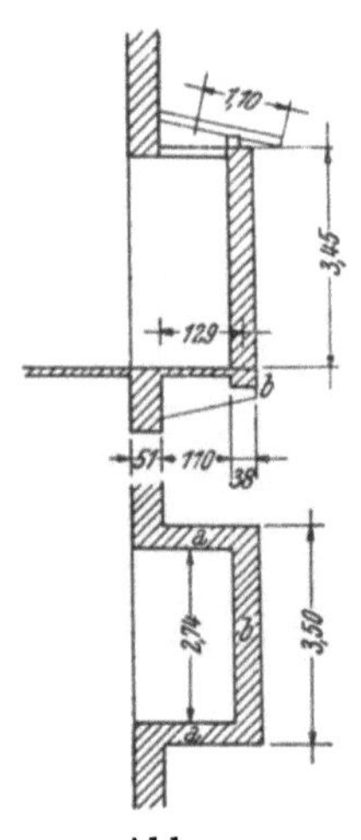

Abb. 137.

$$
\begin{aligned}
\text{Nutzlast} \ldots\ldots\ldots\ldots\ldots\ldots\ldots\ldots\ldots\ldots\ldots &\quad 500 \text{ kg/m}^2 \\
\text{Platte } 0{,}07 \cdot 2400 \ldots\ldots\ldots\ldots\ldots\ldots &= 168 \quad \text{,,} \\
\text{Korkplattenisolierung} \ldots\ldots\ldots\ldots\ldots &\quad 20 \quad \text{,,} \\
\text{Beschüttung} \ldots\ldots\ldots\ldots\ldots\ldots\ldots &\quad 60 \quad \text{,,} \\
\text{Fußboden} \ldots\ldots\ldots\ldots\ldots\ldots\ldots\ldots &\quad 30 \quad \text{,,} \\
\text{Verputz (Untersicht)} \ldots\ldots\ldots\ldots\ldots &\quad 32 \quad \text{,,} \\
\hline
\text{zusammen:} &\quad 810 \text{ kg/m}^2
\end{aligned}
$$

$$M = \frac{1}{11} \cdot 810 \cdot 1{,}1^2 = 8910 \text{ kgcm},$$

gewählt $h = 6{,}5$ cm;

$$r = \frac{6{,}5}{\sqrt{\dfrac{8910}{100}}} = \frac{6{,}5}{9{,}43} = 0{,}69,$$

$$\sigma_b = 21, \quad k = 549{,}6, \quad \sigma_e = 1200 \text{ kg/cm}^2,$$

$$F_e = \frac{b \cdot h}{k} = \frac{100 \cdot 6{,}5}{549{,}6} = 1{,}18 \text{ cm}^2,$$

gewählt $5 \varnothing 6 = 1{,}41$ cm².

b) Balken b:

Stützweite: $2{,}74 + 0{,}38 = 3{,}12$ m.

Belastung:

$$\text{Von der Platte } \frac{1,1}{2} . 810 \ldots\ldots\ldots = \quad 445 \text{ kg/m}'$$

von der Mauer ohne Abzug von
$$\text{Öffnungen } 0,38 . 3,45 . 1800 \ldots = 2360 \quad ,,$$

$$\text{vom Dache } \frac{1,1}{2} . 200 \ldots\ldots\ldots = \quad 110 \quad ,,$$

$$\text{Eigengewicht } 0,38 . 0,45 . 2400 \ldots = \quad 410 \quad ,,$$

$$\text{zusammen: } 3325 \text{ kg/m}'$$

Teilweise Einspannung in den Konsolen a

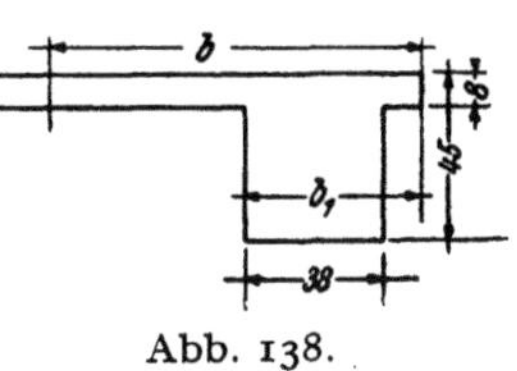

Abb. 138.

$$M = \frac{1}{10} . 3325 . 3,12^2 = 323\,669 \text{ kgcm};$$

ausgeführt als einseitiger Plattenbalken (Abb. 138)

$$b = 4,5 . 8 + 46 = 82 \text{ cm}.$$

$^1/_4$ der Stützweite $3,12/4 = 0,78$, halbe Rippenentfernung $+ b_1 = 0,55 + 46 = 1,01$ m, das kleinste Maß ist 78 cm, daher wird auch mit dieser Breite gerechnet.

Bemessung nach LÖSER:

$$\varphi = d : h = 8 : 41 = 0,195 \approx 0,2;$$

für $\sigma_b = 40/1200$ kg/cm² ist $i = 214$ und $s = 1097$,

$$F_e = \frac{323\,669}{1097 . 41} = 7,20 \text{ cm}^2,$$

gewählt $5 \varnothing 14 = 7,7$ cm².

Spannungsnachweis:

Entfernung der Nullinie vom gedrückten Querschnittsrand bei Vernachlässigung der Stegspannungen unterhalb der Platte:

$$x = \frac{\frac{1}{2} . b . d^2 + 15 . F_e . h}{b . d + 15 . F_e},$$

$$x = \frac{\frac{78 . 8^2}{2} + 15 . 7,7 . 41}{78 . 8 + 15 . 7,7} = 9,7 \text{ cm}.$$

Hebelarm der inneren Kräfte:

$$z = h - \frac{d}{3} . \frac{3x - 2.d}{2x - d} = 41 - \frac{8}{3} . \frac{3 . 9,7 - 2 . 8}{2 . 9,7 - 8} = 37,94 \text{ cm},$$

$$\sigma_e = \frac{M}{z . F_e} = \frac{323\,669}{37,94 . 7,7} = 1110 \text{ kg/cm}^2,$$

$$\sigma_b = \frac{\sigma_e . x}{15 (h - x)} = \frac{1110 . 9,7}{15 (41 - 9,7)} = 23 \text{ kg/cm}^2.$$

c) Konsolen a (Abb. 139):
Belastung:

Vom Balken b einschließlich Platte als Einzellast am Ende

$$3325 \cdot \frac{3.5}{2} = P \ldots\ldots\ldots\ldots\ldots\ldots\ldots\ldots\ldots\ldots = 5818 \text{ kg}$$

Mauerlast auf der Konsole a $0,38 \cdot 3,45 \cdot 1800 \ldots\ldots\ldots = 2360 \text{ kg/m}'$

Eigengewicht der Konsole $\dfrac{0,9 + 0,6}{2} \cdot 1,48 \cdot 0,38 \cdot 2400 \cdot = 1012$,,

$$M_{\max} = 5818 \cdot 1,29 + 2360 \cdot \frac{1,29^2}{2} + 1012 \cdot 0,69 = 1016700 \text{ kgcm.}$$

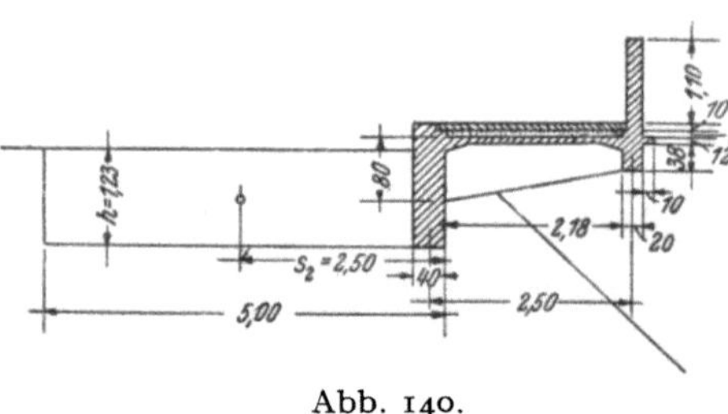

Abb. 139.

$$\sqrt{\frac{M}{b}} = \sqrt{\frac{1016700}{38}} = 164,$$

$$h = 86, \quad r = \frac{86}{164} = 0,524,$$

$$\sigma_b = 29/1200 \text{ kg/cm}^2, \quad k = 311,0,$$

$$F_e = \frac{38 \cdot 86}{311} = 10,5 \text{ cm}^2,$$

gewählt $3 \varnothing 18 + 1 \varnothing 22 = 11,43 \text{ cm}^2$.

Die Schubspannung wird wie in den vorangegangenen Beispielen berechnet.

89. Beispiel. Verbreiterung einer Straße durch eine Kragkonstruktion mit Gegengewichten (Abb. 140).

Am Rande eines sehr tiefen Einschnittes soll eine bestehende Straße um die Breite des Gehweges vergrößert werden. Zu diesem Zwecke werden senkrecht zur Straßenachse starke Betonklötze eingelegt, welche für die Aufnahme des Gehsteiges mit Konsolen ausgebildet werden. Von Konsole zu Konsole laufen halbseitige Plattenbalken, zwischen welchen die Platte gespannt wird. Die Nutzlast sei 500 kg/m². Auf der Platte selbst liegt eine 6 cm starke Sandschicht, auf welche die Gehplatte aus Stampfbeton und Asphaltbelag zu liegen kommt.

Abb. 140.

1. Berechnung der Platte.
Stützweite: $l = 2,5$ m.

Nutzlast p .... =	500	kg/m²
Sandschicht 6 cm	96	,,
Gehplatte	220	,,
Asphaltbelag.........................	44	,,
Eigengewicht	288	,,
zusammen:	1148 $\approx$ 1150	kg/m²

Infolge teilweiser Einspannung der Platte mit Schrägen ist:

$$M_{max} = \frac{1}{12} . 1150 . 2{,}5^2 = 59900 \text{ kgcm};$$

für $\sigma_b = 40/1200$ kg/cm² ist:

$$h = 0{,}411 . \sqrt{599} = 10{,}0 \text{ cm}, \quad d = 12 \text{ cm}, \quad k = 180,$$

$$F_e = \frac{100 . 10}{180} = 5{,}55 \text{ cm}^2,$$

gewählt 11 ⌀ 8 = 5,5 cm².

2. Berechnung des Randbalkens als durchlaufender Träger über mehr als fünf gleiche Öffnungen.

Stützweite: $l = 3{,}0$ m.

Belastung:

Von der Platte ohne Nutzlast 1,25 (1150 — 500) =   812 kg/m
Gewicht des steinernen Geländers................ 600 ,,
Eigengewicht des Balkens 0,24 . 0,20 . 2400 .... = 115 ,,

$$g = 1527 \approx 1530 \text{ kg/m}$$

Nutzlast: 1,25 . 500 = p = 625 kg/m.

$$p + g = 2155 \text{ kg/m}.$$

Berechnung nach WINKLER:

Im Endfeld:

$$M = (0{,}0779 . 1530 + 0{,}0989 . 625) . 3^2 = 162900 \text{ kgcm};$$

erstes Innenfeld:

$$M = (0{,}0329 . 1530 + 0{,}0789 . 625) . 3^2 = 89685 \text{ kgcm};$$

Mittelfeld:

$$M = (0{,}0461 . 1530 + 0{,}0855 . 625) . 3^2 = 111573 \text{ kgcm}.$$

Stützmoment für alle Felder:

$$M = - (0{,}105 . 1530 + 0{,}120 . 625) . 3^2 =$$
$$= - 212085 \text{ kgcm}.$$

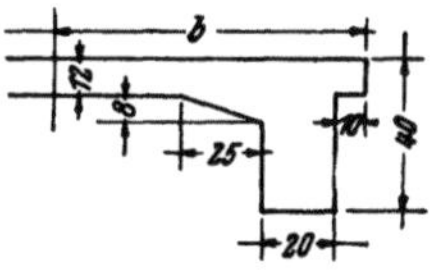

Bemessung (Abb. 141):

Abb. 141.

Endfeld: $b = 4{,}5 . 12 + 25 + 30 = 109$ cm,

halbe Rippenentfernung + 30 = 125 + 30 = 155 cm,

$$\frac{1}{4} \text{ Balkenstützweite} = \frac{3}{4} = 75 \text{ cm},$$

somit maßgebend $b = 75$ cm; h gewählt mit 36 cm.

Nach LÖSER:

$$\varphi = d : h = 12 : 36 = 0{,}333.$$

Für $\sigma_b = 40/1200$ kg/cm² ist $i = 180$ und $s = 1066$, dann ist

$$F_e = \frac{162\,900}{1066 \cdot 36} = 4{,}2 \text{ cm}^2,$$

gewählt $4 \oslash 12 = 4{,}52$ cm².

Querkraft: $Q = 2155 \cdot \dfrac{3}{2} = 3233$ kg.

$$z = \frac{1066 \cdot 36}{1200} = 31{,}98 \text{ cm}, \quad \tau_0 = \frac{3233}{20 \cdot 31{,}98} = 5{,}05 \text{ kg/cm}^2;$$

erstes Innenfeld:

$$F_e = \frac{89\,685}{1066 \cdot 36} = 2{,}32 \text{ cm}^2, \qquad \text{gewählt } 3 \oslash 10 = 2{,}36 \text{ cm}^2;$$

Mittelfeld:

$$F_e = \frac{111\,573}{1066 \cdot 36} = 2{,}90 \text{ cm}^2, \qquad \text{gewählt } 4 \oslash 10 = 3{,}14 \text{ cm}^2;$$

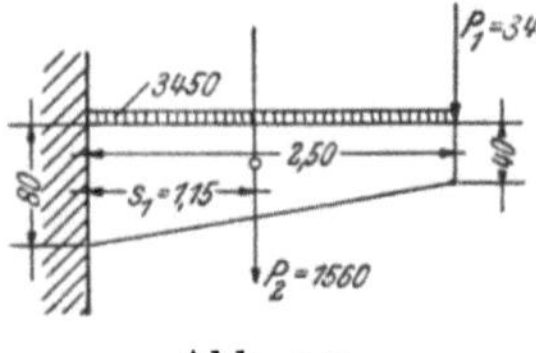

Abb. 142.

Stützmoment:

$$F_e = \frac{212\,085}{1066 \cdot 36} = 5{,}52 \text{ cm}^2,$$

vorhanden $2 \oslash 12 + 2 \oslash 10 = 3{,}83$ cm², daher noch erforderlich $5{,}52 - 3{,}83 = 1{,}69$ cm²; wir geben Zulageisen, und zwar $1 \oslash 12 + 1 \oslash 10 = 1{,}92$ cm².

3. Berechnung der Konsolen (Abb. 142).
Belastung:

$$
\begin{aligned}
&\text{von der Platte + Nutzlast } 3 \cdot 1150 \ldots\ldots\ldots && = 3450 \text{ kg/m} \\
&\text{vom Randbalken } 3 \cdot 115 \ldots\ldots\ldots\ldots && = 345 \text{ kg} = P_1 \\
&\text{Eigengewicht } \frac{0{,}50 + 0{,}80}{2} \cdot 2{,}5 \cdot 0{,}4 \cdot 2400 \ldots && = 1560 \text{ ,, } = P_2
\end{aligned}
$$

Entfernung des Schwerpunktes der Konsole vom Auflager:

$$s_1 = \frac{2{,}5}{3} \cdot \frac{0{,}80 + 2 \cdot 0{,}50}{0{,}80 + 0{,}50} = 1{,}15 \text{ m},$$

$$M_{\max} = 3450 \cdot \frac{2{,}5^2}{2} + 345 \cdot 2{,}5 + 1560 \cdot 1{,}15 = 1\,343\,775 \text{ kgcm},$$

b_0 gewählt mit 40 cm;

$$\sqrt{\frac{M}{b}} = \sqrt{\frac{1\,343\,775}{40}} = 183, \quad \sigma_b = 40/1200 \text{ kg/cm}^2,$$

$$h = 0{,}411 \cdot 183 = 75{,}21 \text{ cm},$$

ausgeführt $d = 80$ cm und $h = 76$ cm;

$$r = \frac{76}{183} = 0{,}415, \quad \sigma_b = 40/1200, \quad k = 180, \quad z = 0{,}889 \cdot 76 = 67{,}56 \text{ cm},$$

$$F_e = \frac{40 \cdot 76}{180} = 16{,}88 \text{ cm}^2,$$

gewählt $3 \oslash 20 + 3 \oslash 18 = 17{,}05$ cm².

$$Q = P_1 + P_2 + q \cdot l = 10530 \text{ kg.}$$

Schubkraft: $\qquad \tau_0 = \dfrac{10530}{40 \cdot 67{,}56} = 3{,}9 \text{ kg/cm}^2.$

Berechnung des Gegengewichtes ohne Berücksichtigung der Straßenlasten, Schotterbett usw.

Bei zweifacher Kippsicherheit gilt die Gleichung:

$$G \cdot s_2 = 2 M,$$

wenn G das Gewicht des Betonklotzes bedeutet; s_2 bedeutet den Abstand des Schwerpunktes des Betonklotzes von der Kippachse,

$$s_2 = 2{,}5 \text{ m.}$$

Breite des Betonklotzes sei 1,2 m,
Länge des Betonklotzes sei 5,0 m,

dann ist:

$$1{,}2 \cdot h \cdot 5{,}0 \cdot 2200 \cdot 2{,}50 = 2687550,$$

daraus erhalten wir für h den Wert

$$h = 1{,}23 \text{ m.}$$

90. Beispiel. Berechnung eines Satteldaches aus Eisenbeton mit Plattenbalken (Abb. 143).

Stützweite: $8{,}9 + 0{,}6 = 9{,}5$ m.
Binderentfernung: 3,5 m.

A. Berechnung der Platte und Sekundärbalken.

Entfernung der Träger: 2,4 m.

a) Platte.

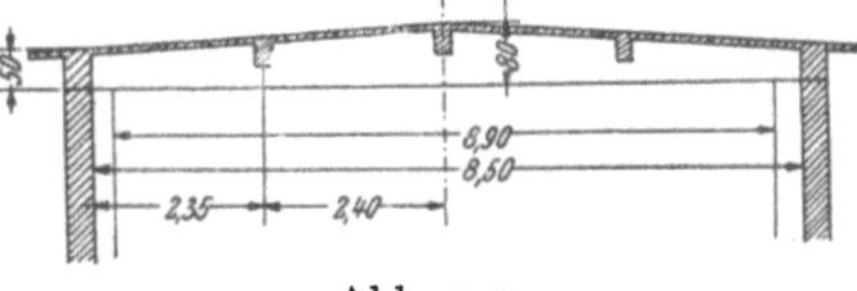

Abb. 143.

Belastung:

Doppelpappe, geklebt und geteert.... 50 kg/m²
Eigenlast 0,1 . 2400 .... = 240 ,,
Putz .... 30 ,,
Isolierung............................ 30 ,,

$\qquad\qquad\qquad\qquad\qquad\qquad g = 350$ kg/m²
Nutzlast (Schnee) .... $p = 75$,,
$\qquad\qquad\qquad\qquad g + p = 425$,,

Nach WINKLER:

Im Endfeld:

$$M_1 = (0{,}0771 \cdot g + 0{,}0986 \cdot p)\, l^2 =$$
$$= (0{,}0771 \cdot 350 + 0{,}0986 \cdot 75)\, 2{,}35^2 = 18980 \text{ kgcm.}$$

Im Mittelfeld:

$$M_2 = (0{,}0357 \cdot 350 + 0{,}0804 \cdot 75) \cdot 2{,}4^2 = 10670 \text{ kgcm.}$$

Stützmoment:

$$M = -(0{,}107 \cdot 350 + 0{,}121 \cdot 75) \cdot 2{,}4^2 = -26800 \text{ kgcm.}$$

Bemessung: d in allen Feldern $= 10$ cm, somit $h = 8$ cm.

Endfeld:

$$r = \frac{8}{\sqrt{189,8}} = 0,584, \quad \sigma_b = 26/1200 \text{ kg/cm}^2, \quad k = 376,3,$$

$$F_e = \ldots\ldots \frac{100 \cdot 8}{376,3} = 2,12 \text{ cm}^2, \quad \text{gewählt } 5 \varnothing 8 = 2,51 \text{ cm}^2.$$

Mittelfeld:

$$r = \frac{8}{\sqrt{106,70}} = 0,77, \quad \sigma_b = 20/1200 \text{ kg/cm}^2, \quad k = 793,3,$$

$$F_c = \frac{100 \cdot 8}{793,3} = 1,09 \text{ cm}^2, \quad \text{gewählt } 5 \varnothing 6 = 1,41 \text{ cm}^2.$$

Stützmoment:

$$r = \frac{8}{\sqrt{268}} = 0,49, \quad \sigma_b = 32/1200 \text{ kg/cm}^2, \quad k = 262,5,$$

$$F_e = \frac{100 \cdot 8}{262,5} = 3,40 \text{ cm}^2.$$

Wenn man im Endfelde und Mittelfelde über den Stützen die Hälfte der Eisen aufbiegt, so erhalten wir für das Stützmoment über dem Balken:

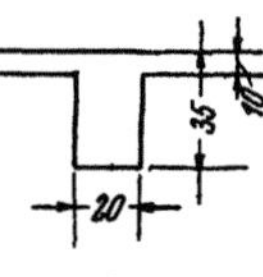

Abb. 144.

$$3 \varnothing 8 + 3 \varnothing 7 = 2,66 \text{ cm}^2,$$

somit fehlen noch $3,40 — 2,66 = 0,74$ cm² Eisen. Dies kann man durch Zulageisen $2 \varnothing 7 = 0,77$ cm² ergänzen. Die Platte wurde ohne Schrägen ausgeführt.

b) Sekundärbalken (Abb. 144).

Stützweite: $l = 3,5$ m.

Belastung:

$$\text{von der Platte } 2,4 \cdot 425 \ldots\ldots\ldots = 1020 \text{ kg/m}'$$
$$\text{Eigengewicht } 0,20 \cdot 0,25 \cdot 2400 \ldots = \underline{\quad 120 \quad ,,}$$
$$\text{zusammen: } 1140 \text{ kg/m}'$$

Die Sekundärträger werden als durchlaufende Balken ausgebildet. Wir führen sie ohne Schrägen aus und rechnen nach der Formel:

1. Im Endfeld:

$$M = \frac{1}{12} \cdot 1140 \cdot 3,5^2 = 116\,300 \text{ kgcm}.$$

2. Im Mittelfeld:

$$M = \frac{1}{18} \cdot 1140 \cdot 3,5^2 = 77\,580 \text{ kgcm}.$$

3. Stützmoment:

$$M = -\frac{1}{12} \cdot 1140 \cdot 3,5^2 = -116\,300 \text{ kgcm}.$$

Bemessung nach LÖSER:

$$\varphi = d : h = 10 : 31 = 0,32;$$

für $\sigma_b = 40/1200$ kg/cm² ist $i = 180$ und $s = 1067$.

Endfeld:

$$F_e = \frac{116\,300}{1067 \cdot 31} = 3{,}51\ \text{cm}^2, \quad \text{gewählt}\ 2\ \varnothing\ 12 + 1\ \varnothing\ 14 = 3{,}80\ \text{cm}^2.$$

Mittelfeld:

$$F_e = \frac{77\,580}{1067 \cdot 31} = 2{,}3\ \text{cm}^2, \quad \text{gewählt}\ 3\ \varnothing\ 10 = 2{,}36\ \text{cm}^2.$$

Stützmoment: $F_e = 3{,}30\ \text{cm}^2$, gewählt $2\ \varnothing\ 14 + 1\ \varnothing\ 10 = 3{,}87\ \text{cm}^2$.

Schubspannungen:

Querkraft $Q = 1{,}143 \cdot 1140 \cdot 3{,}5 = 4570$ kg.

$$z = \frac{s \cdot h}{1200} = \frac{1067 \cdot 31}{1200} = 27{,}6\ \text{cm},$$

$$\tau_0 = \frac{4570}{20 \cdot 27{,}6} = 8{,}30\ \text{kgcm}^2.$$

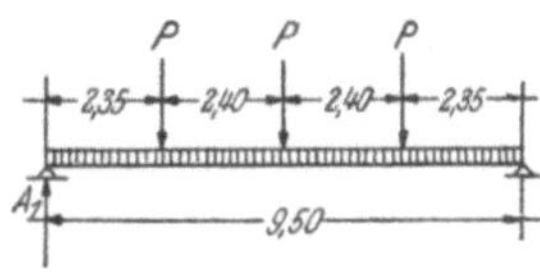

Abb. 145.

B. Berechnung des Hauptbinders als Plattenbalken (Abb. 145).
Belastung:

$$\begin{aligned}
\text{von der Platte } 425 \cdot 3{,}5 \ldots\ldots\ldots\ldots &= 1487\ \text{kg}\\
\text{Eigengewicht } 0{,}25 \cdot 0{,}70 \cdot 2400 \ldots\ldots &= \underline{\quad 420\ \text{,,}}\\
\text{zusammen: } 1907 &\approx 1910\ \text{kg/m}'
\end{aligned}$$

Belastungsschema:

$P =$ Belastung durch den Sekundärträger,
A_1 durch Sekundärträger,

$$A_1 = \frac{420 \cdot 3}{2} = 630\ \text{kg}.$$

$$M = \frac{1}{8} \cdot 1910 \cdot 9{,}5^2 + 630 \cdot \frac{9{,}5}{2} - 420 \cdot 2{,}4 = 2\,353\,170\ \text{kgcm}.$$

Kleinste Druckbreite $12 \cdot 10 + 30 + 25 = 175$ cm.

$$\sqrt{\frac{M}{b}} = \sqrt{\frac{2\,353\,170}{175}} = 116;$$

bei $\sigma_b = 30/1200\ \text{kg/cm}^2$ ist $h = 0{,}518 \cdot 116 = 60$ cm.

Ausgeführt $h = 75$ cm und $d = 80$ cm zwecks Erzielung eines besseren Gefälles.

$$F_e = \frac{M}{\sigma_e \cdot \left(h - \dfrac{d}{2}\right)} = \frac{2\,353\,170}{1200 \cdot (75 - 5)} = 28{,}01\ \text{cm}^2,$$

gewählt $6\ \varnothing\ 24 + 1\ \varnothing\ 12 = 28{,}27\ \text{cm}^2$.

Spannungsnachweis:

$$x = \frac{\dfrac{b \cdot d^2}{2} + 15 \cdot F_e \cdot h}{b \cdot d + 15 \cdot h} = \frac{\dfrac{175 \cdot 10^2}{2} + 15 \cdot 28{,}27 \cdot 75}{175 \cdot 10 + 15 \cdot 28{,}27} = 18{,}6\ \text{cm} > 10\ \text{cm},$$

$$z = h - \frac{d}{3} \cdot \frac{3 \cdot x - 2 \cdot d}{2 \cdot x - d} = 75 - \frac{10}{3} \cdot \frac{3 \cdot 18{,}6 - 2 \cdot 10}{2 \cdot 18{,}6 - 10} = 70{,}62\ \text{cm}.$$

Eisenspannung:

$$\sigma_e = \frac{M}{z \cdot F_e} = \frac{2\,353\,170}{70,62 \cdot 28,27} = 1180 \text{ kg/cm}^2.$$

Betonspannung:

$$\sigma_b = \frac{\sigma_e \cdot x}{15\,(h - x)} = \frac{1180 \cdot 18,6}{15 \cdot (75 - 18,6)} = 26 \text{ kg/cm}^2.$$

Schubspannung:

Balkenhöhe am Auflager $= 50$ cm,

somit $h = 50 - 4 = 46$ cm, $z = 0,9 \cdot h = 41,4$ cm.

$$A = \frac{1}{2} \cdot 1910 \cdot 9,5 + 630 = 9702 \text{ kg},$$

$$\tau_0 = \frac{9702}{25 \cdot 41,4} = 9,4 \text{ kg/cm}^2.$$

Untersuchung des Querschnittes in einem Viertel der Spannweite:

$$\frac{l}{4} = \frac{9,5}{4} = 2,375 \text{ m}.$$

Nach der allgemeinen Formel ist:

$$M_x = \frac{q}{2} \cdot x\,(l - x),$$

für $x = \dfrac{l}{4} = 2,375$ ist

$$M_{\frac{l}{4}} = \frac{q}{2} \cdot \frac{l}{4}\left(l - \frac{l}{4}\right) = \frac{3}{32}\,q \cdot l^2,$$

somit

$$M = \frac{3}{32} \cdot 1910 \cdot 9,5^2 = 1\,616\,040 \text{ kgcm};$$

$$d = \frac{80 + 50}{2} = 65 \text{ cm, somit } h = 60 \text{ cm};$$

$$F_e = \frac{1\,616\,040}{1200 \cdot 55} = 24,4 \text{ cm}^2,$$

$$x = \frac{\frac{1}{2} \cdot 175 \cdot 10^2 + 15 \cdot 28,27 \cdot 60}{175 \cdot 10 + 15 \cdot 28,27} = 15,7 \text{ cm},$$

$$z = 60 - \frac{10}{3} \cdot \frac{47,1 - 20}{31,4 - 10} = 55,78 \text{ cm},$$

$$\sigma_e = \frac{1\,616\,040}{55,78 \cdot 28,27} = 1024 \text{ kg/cm}^2,$$

$$\sigma_b = \frac{1024 \cdot 15,7}{15\,(60 - 15,7)} = 24,2 \text{ kg/cm}^2.$$

Die Spannungen haben sich nicht verändert, daher ist der Querschnitt in der Mitte des Balkens richtig.

91. Beispiel. Berechnung einer Eisenbetonsäule für einen Bretterzaun (Abb. 146).

Der Winddruck beträgt $50 \cdot 1{,}2 = 60 \text{ kg/m}^2$.

Belastungsfläche $2{,}5 \cdot 3{,}0 = 7{,}5 \text{ m}^2$, wenn die Entfernung der Säulen untereinander 3,0 m beträgt.

Somit haben wir einen Winddruck

$$W = 7{,}5 \cdot 60 = 450 \text{ kg.}$$

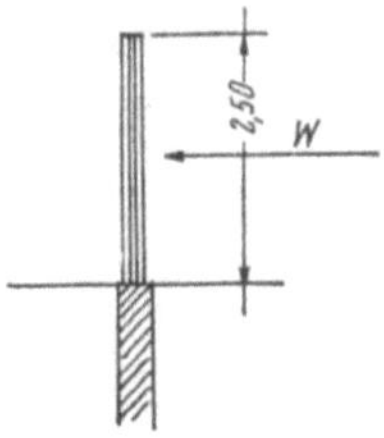

Unter der Annahme einer festen Einspannung der Betonsäule im Fundament erhält man für

$$M = 450 \cdot \frac{2{,}5}{2} = 56\,250 \text{ kgcm,}$$

$$\sigma_b = 40/1200 \text{ kg/cm}^2,$$

$$h = 0{,}411 \sqrt{\frac{56\,250}{22}} = 0{,}411 \cdot 50{,}5 = 20{,}75, \quad d = 22 \text{ cm,}$$

$$F_e = \frac{b \cdot h}{k} = \frac{22 \cdot 20{,}75}{180} = 2{,}53 \text{ cm}^2,$$

gewählt $3 \varnothing 12 = 3{,}39 \text{ cm}^2$.

Die Bewehrung wird nach allen Seiten der Säule angeordnet. Nimmt man eine Betondruckspannung von 50 kg/cm² und eine Eisenzugspannung von 1400 kg/cm an, dann wird der Querschnitt der Säule kleiner und ebenso die Bewehrung.

92. Beispiel. Eine Eisenbetonsäule soll für eine mittige Last von 40 t bemessen werden. Knicklänge $h = 4{,}5 \text{ m} = h_s$.

Gesucht wird der Querschnitt der Säule.

$$\sigma_{b\,\text{zul}} = 35 \text{ kg/cm}^2.$$

Bewehrungsverhältnis 1% ($\mu = 0{,}01$).

Die ideelle Druckspannung ist

$$\sigma_i = \sigma_b \, (1 + 15\,\mu),$$

für $\mu = 0{,}01$ ist $\sigma_i = 40{,}25 \text{ kg/cm}^2$.

Der erforderliche Betonquerschnitt ist

$$F_b = \frac{P}{\sigma_i} = \frac{40\,000}{40{,}25} = 993{,}7 \text{ cm}^2,$$

gewählt $F_b = 32/32 \text{ cm} = 1024 \text{ cm}^2;$

$$F_e = \mu \cdot F_b = 0{,}01 \cdot 1024 = 10{,}24 \text{ cm}^2,$$

gewählt $4 \varnothing 20 = 12{,}57 \text{ cm}^2$.

Eine Knickgefahr besteht, wenn das Verhältnis $\frac{h_s}{d} >$ als 15 ist; $\frac{450}{32} = 14 < 15$, somit keine Knickgefahr.

93. Beispiel. Untersuchung einer Eisenbetonsäule, wenn gegeben ist (Abb. 147):

$$h_s = 4{,}5 \text{ m}, \quad P = 100 \text{ t}, \quad F_b = 45/45 = 2025 \text{ cm}^2 \text{ und } \sigma_{b\,\text{zul}} = 35 \text{ kg/cm}^2.$$

Gesucht $F_e = ?$

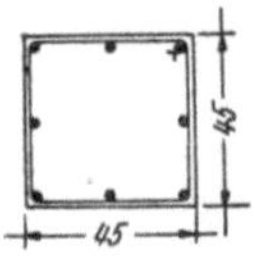

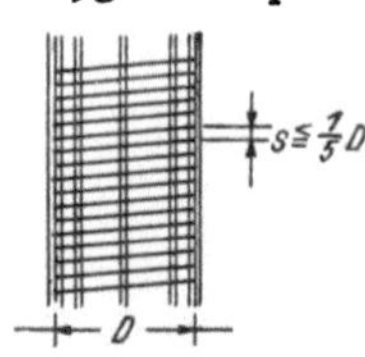

Abb. 147.

$$\sigma_i = \frac{100\,000}{2025} = 49{,}3 \text{ kg/cm}^2,$$

$$\mu = 0{,}03 = 3\%,$$

$$F_e = 0{,}03 \cdot 2025 = 60{,}75 \text{ cm}^2,$$

gewählt $8 \oslash 32 = 64{,}34 \text{ cm}^2.$

$$\frac{h_s}{d} = \frac{450}{45} = 10 < 15, \text{ somit keine Knickgefahr.}$$

94. Beispiel. Gegeben eine Eisenbetonsäule mit dem Querschnitt 30/30 cm. Bewehrung 2%, $\mu = 0{,}02$.

Welche Last kann diese Säule mittig aufnehmen?

$$\sigma_b = 35 \text{ kg/cm}^2;$$

$$F_b = 900 \text{ cm}^2, \quad fe = 0{,}02 \cdot 900 = 18 \text{ cm}^2;$$

$$P = \sigma_i \cdot F_b = 45{,}50 \cdot 900, \quad 4 \oslash 24 = 18{,}10 \text{ cm}^2;$$

$$P = 40\,950 \text{ kg}.$$

$$\frac{h_s}{d} = \frac{400}{30} = 13{,}3 < 15, \text{ keine Knickgefahr.}$$

Die Säulenlast kann auch nach der Formel:

$$P_{\text{zul}} = \sigma_b \cdot (F_b + 15 \cdot F_e) = 35\,(900 + 15 \cdot 18{,}1) = 41\,000 \text{ kg}$$

berechnet werden.

95. Beispiel. Berechnung einer umschnürten Eisenbetonsäule (Abb. 148).

Bestimmungen: Das Verhältnis der Ganghöhe s der Schraubenlinie oder des Abstandes s der Ringe zum Durchmesser D des Kernquerschnittes F_k darf höchstens $^1/_5$, der Abstand der Schraubenwindungen oder der Ringe höchstens 8 cm sein.

Abb. 148.

Die Längsbewehrung Fe muß mindestens $0{,}8\%$ und darf höchstens 8% des Kernquerschnittes F_k ausmachen. Ferner muß sie mindestens gleich $^1/_3$ der Querbewehrung F_s sein.

$$F_s = \frac{\pi \cdot D \cdot f}{s},$$

wobei $s = $ Abstand der Querbewehrungseisen und $f = $ Querschnitt des Bewehrungseisens ist.

Schließlich muß

$$F_{is} \leqq 2\,F_i.$$

Umschnürte Säulen und andere umschnürte Druckglieder mit kreisförmigem Querschnitt.

Die höchste zulässige Belastung errechnet man aus der Gleichung

$$P_{zul} = \sigma_b \, (F_k + 15\,F_e + 45\,F_s) = \sigma_b \cdot F_{is},$$

demnach bezeichnet

$$F_{is} = F_k + 15\,F_e + 45\,P_s.$$

Zulässige Werte für σ_b s. in der Tabelle für zulässige Druckspannung des Betons in mittig gedrückten Säulen.

Gegeben $h = 4{,}5$ m,

Durchmesser des Kernquerschnittes $D = 40$ cm,

Längsbewehrung $8 \varnothing 16 = 16{,}08$ cm² (Abb. 149).

$$s = 4{,}5 \text{ cm}, \quad \sigma_b = 35 \text{ kg/cm}^2.$$

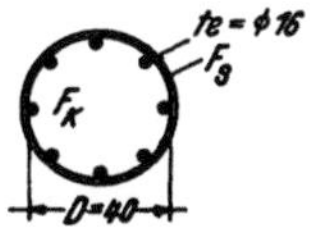

Abb. 149.

Eine Knickgefahr besteht nur, wenn $\dfrac{h}{d} > 13$.

In unserem Falle ist

$$\frac{h}{d} = \frac{450}{40} = 11{,}25 < 13,$$

somit keine Knickgefahr.

$$P_{zul} = \sigma_b \, (F_k + 15\,F_e + 45\,F_s);$$

$$F_k = \frac{D^2 \cdot \pi}{4} = \frac{40^2 \cdot 3{,}14}{4} = 1256 \text{ cm}^2;$$

$$15\,F_e = 15 \cdot 16{,}08 = 241{,}2 \text{ cm}^2;$$

$$F_s = \frac{\pi \cdot D \cdot f}{s} = \frac{3{,}14 \cdot 40 \cdot 1{,}13}{4{,}5} = 31{,}54 \text{ cm}^2;$$

$$P_{zul} = 35 \, (1256 + 241{,}2 + 45 \cdot 31{,}54) = 102\,077 \text{ kg}.$$

Anmerkung: Man vergleiche $P_{zu\,1}$ mit P_{zul} bei Säulen mit einfacher Bügelbewehrung.

96. Beispiel. Eisenbetonsäule mit rechteckigem Querschnitt und einfacher Bügelbewehrung, mittig belastet.

$$P = 300 \text{ t.}$$

Querschnitt $\qquad 80/50 = 4000 \text{ cm}^2.$

$$h_s = 5{,}00 \text{ m}, \quad \sigma_{b\,zul} = 60 \text{ kg/cm}^2.$$

Berechnung der Bewehrung:

$$\sigma_i = \frac{P_{zul}}{F_b} = \frac{300\,000}{4000} = 75.$$

In der Tafel findet man für

$$\sigma_{b\,zul} = 60 \text{ kg/cm}^2,$$

unter $\sigma_i = 75$ der Wert für

$$\mu = 2\% = 0{,}020.$$

Somit ist $\qquad F_e = 0{,}02 \cdot 4000 = 80 \text{ cm}^2,$

gewählt $8 \varnothing 36 = 81{,}43$ cm².

97. Beispiel. Eisenbetonsäule mit einfacher Bügelbewehrung, außermittig belastet (Abb. 150).

Anmerkung: Ist eine Säule außermittig belastet oder kann sie seitliche Kräfte erhalten, so ist sie zunächst für Biegung mit Längskraft (ohne Knickzahl) zu berechnen.

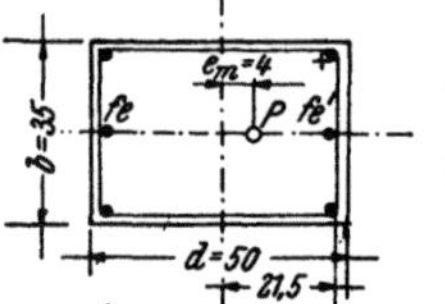

Ist der Einfluß des Biegemomentes M klein im Verhältnis zu dem der Längskraft P, so können die Kantenpressungen mit der Formel:

$$\sigma_b = \frac{P}{F_i} \pm \frac{M}{W_i} \quad \text{bzw.} \quad \sigma_b = \frac{P}{F_{is}} \pm \frac{M}{W_i}$$

Abb. 150.

nachgewiesen werden, solange die errechnete Betonzugspannung nicht größer ist als $^1/_4$ der gleichzeitig im Querschnitt auftretenden Betondruckspannung. Sonst muß die Zugzone des Betons außer Ansatz bleiben.

Die Eiseneinlagen sind stets so zu bemessen, daß sie ohne Mitwirkung des Betons alle Zugspannungen allein aufnehmen können.

Die Sicherheit gegen Knickung ist wie für eine mittig belastete Säule nachzuweisen.

In die Gleichung für σ_b ist für F_i bzw. F_{is} der jeweils zutreffende Wert aus den Gleichungen (a) und (b) zu setzen.

Säulen mit einfacher Bügelbewehrung:

$$P_{zul} = \sigma_b \, (F_b + 15\, F_e) = \sigma_b \cdot F_i. \tag{a}$$

Umschnürte Säulen und andere umschnürte Druckglieder mit kreisförmigem Querschnitt:

$$P_{zul} = \sigma_b \cdot (F_k + 15\, F_e + 45\, F_s) = \sigma_b \cdot F_{is}. \tag{b}$$

$$F_{is} = F_k + 15\, F_e + 45\, F_s.$$

Querschnitt sei 50/35: $h_s = 4{,}5$ m,

$$P = 30 \text{ t im Abstand,}$$

$$e_m = 4 \text{ cm von der Kernmitte.}$$

Bewehrung: $6 \oslash 20 = 18{,}84$ cm²,

$$F_e = F_e'.$$

Man berechnet:

$$F_i = b \cdot d + 15\, F_e + 15\, F_e',$$
$$= 35 \cdot 50 + 15 \cdot 18{,}84 + 15 \cdot 18{,}84 = 2315 \text{ cm}^2;$$

$$M = P \cdot 4 = 30000 \cdot 4 = 120000 \text{ kgcm};$$

$$J = \frac{35 \cdot 50^3}{12} + 15 \cdot 18{,}84 \cdot 21{,}5^2 = 495212 \text{ cm}^4;$$

$$W_i = \frac{495212}{25} = 19808 \text{ cm}^3;$$

$$\frac{h_s}{d} = \frac{450}{35} = 12{,}8 < 15, \text{ somit keine Knickgefahr;}$$

$$\sigma_b = \frac{30000}{2315} \pm \frac{120000}{19808} = 12{,}95 \pm 6{,}05;$$

$$\sigma_{b\,d} = 19{,}00 \text{ kg/cm}^2 \text{ (Druck)}, \quad \sigma_{b\,z} = +\,6{,}90 \text{ kg/cm}^2 \text{ (Druck)}.$$

98. Beispiel. Berechnung einer freitragenden Stufe (Abb. 151).

Näherungsberechnung.

Man verwandelt den Stufenquerschnitt in ein Rechteck mit der Höhe

$$d = \frac{H}{2} + c = \frac{16}{2} + 7 = 15 \text{ cm.}$$

Gewicht einer Stufe in Eisenbeton $0,3 \cdot 0,15 \cdot 1,10 \cdot 2400 = 119$ kg
Stufenbelag + Putz .... 11 „

zusammen: 130 kg $= G$

Belastung: Nutzlast $p = 350$ kg/m².

$$0,3 \cdot 1,10 \cdot 350 = 116 \text{ kg.}$$

$$M_1 = (130 + 116)\, \frac{1,10}{2} = 13\,500 \text{ kgcm.}$$

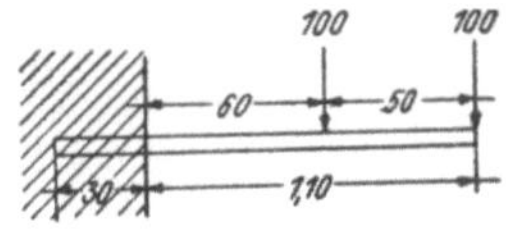

Rechnen wir aber mit zwei Einzellasten zu je 100 kg laut obiger Zeichnung, so erhalten wir für

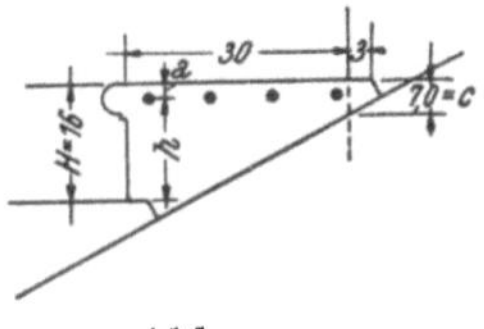

$$M_2 = 130 \cdot \frac{1,1}{2} + 100 \cdot (0,6 + 1,10) =$$

$$= 24\,150 \text{ kgcm.}$$

Abb. 151.

Mit dem Moment M_2 gehen wir in die Rechnung ein.
Für $h = 15 - 1,5 = 13,5$ ist

$$\sqrt{\frac{M}{b}} = \sqrt{\frac{24\,150}{30}} = 28,3;$$

$$r = \frac{13,5}{28,3} = 0,477;$$

$$\sigma_b = 33/1200 \text{ kg/cm}^2, \quad k = 249;$$

$$F_e = \frac{30 \cdot 13,5}{249} = 1,62 \text{ cm}^2; \quad \text{gewählt } 4 \oslash 8 = 2,01 \text{ cm}^2.$$

Diese Berechnung ist nur näherungsweise, jedoch allgemein üblich. Es wird empfohlen, die Eiseneinlagen möglichst an der Vorderkante der Trittfläche zu verlegen.

99. Beispiel. Frei aufliegende Stufe (Abb. 152 und 153).

$$b = 30 \text{ cm}; \quad h = 16 \text{ cm.}$$

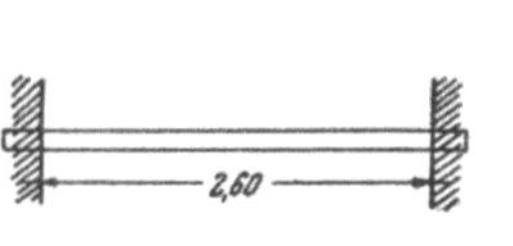

Abb. 152.

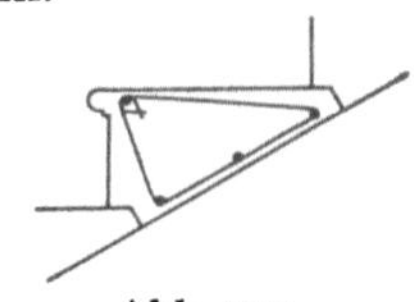

Abb. 153.

Stützweite $2,6 + 0,20 = 2,8$ m.
Gewicht einer Stufe $0,3 \cdot 0,15 \cdot 2,60 \cdot 2400 = 281$ kg.

Belastung $p = 500$ kg/m².

$$2,60 \cdot 0,30 \cdot 500 = 390 \text{ kg.}$$

$$M = \frac{1}{8}(281 + 390) \cdot 2,80 = 23\,480 \text{ kgcm.}$$

Nimmt man $b = 30 + 4 = 34$ cm und $h = 15$ cm, dann ist

$$\sqrt{\frac{M}{b}} = \sqrt{\frac{23\,480}{34}} = 26,3;$$

für $\quad r = \dfrac{15}{26,5} = 0,566,\ \sigma_b = 27/1200 \text{ kg/cm}^2,\ k = 352,2,$

$$F_e = \frac{34 \cdot 15}{352,2} = 1,45 \text{ cm}^2, \quad \text{gewählt } 3 \oslash 8 = 1,51 \text{ cm}^2.$$

Nachweis der Schubspannung:

$$Q = \frac{671}{2} = 336 \text{ kg,}$$

$$z = 0,9 \cdot 15 = 13,5 \text{ cm,}$$

$$\tau_0 = \frac{336}{34 \cdot 13,5} = 0,73 \text{ kg/cm}^2,$$

also sehr klein!

100. Beispiel. Berechnung einer zweiarmigen Stiege (Abb. 154).

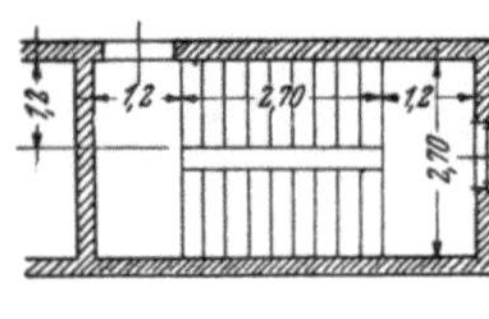

Abb. 154.

Nutzlast $p = 350$ kg.

Stockwerkshöhe 3,30 m.

Stufenanzahl 20.

Stufenhöhe 16,5 cm.

Stufenbreite $63 - 2\,h = 30$ cm.

1. Berechnung der Platte unter den Stufen.

Stützweite: $l = 2,7 + 0,2 = 2,90$ m.

Länge der Platte:

$$\sqrt{2,70^2 + 1,65^2} = 3,16 \text{ m;}$$

$$\text{tg } \alpha = \frac{1,65}{2,70} = 0,611, \quad \alpha = 31° \, 30', \quad \cos \alpha = 0,853.$$

Belastung:

Platte $\dfrac{1}{\cos \alpha}$ $(0,12 \cdot 1,0 \cdot 2400)$ .... $= 337$ kg (Grundrißfläche)

Stufen $\dfrac{1,0}{0,30} \cdot \dfrac{0,165 \cdot 0,30}{2} \cdot 1,0 \cdot 2200$ .... $= 182$,, (,,   )

Putz und Belag .... 30 ,, (,,   )

Nutzlast .... 350 ,, (,,   )

$$q = \approx 900 \text{ kg/m}^2$$

Infolge teilweiser Einspannung der Platte in den Podestträgern kann das maximale Moment in Feldmitte mit

$$M_{\mathrm{max}} = \frac{1}{12} \cdot 900 \cdot 2{,}9^2 = 63\,000 \text{ kgcm}$$

angenommen werden.

Für $\sigma_b = 40/1200 \text{ kg/cm}^2$ ist

$$h = r \sqrt{\frac{M}{b}} = 0{,}411 \sqrt{\frac{63\,000}{100}} = 10{,}3 \text{ cm}, \quad k = 180,$$

ausgeführt $d = 12$ cm;

$$F_e = b \cdot h/k = \frac{100 \cdot 10{,}5}{180} = 5{,}83 \text{ cm}^2 \text{ für einen Meter Breite.}$$

Demnach braucht man für eine Plattenbreite von 1,2

$$F_e = 5{,}83 \cdot 1{,}2 = 7{,}02 \text{ cm}^2,$$

gewählt $9 \varnothing 10 = 7{,}06 \text{ cm}^2$.

Für die negativen Momente wird an den Einspannstellen, also vor dem Podestträger die Hälfte der Eisen aufgebogen.

2. Berechnung der Podestplatte.

Stützweite $\qquad l = 1{,}2 + 0{,}1 = 1{,}30$ m.

d wird mit 8 cm angenommen.

Belastung:

Platte 0,08 . 2400 .... $= 192 \text{ kg/m}^2$
Estrich 3 cm .... 66 ,,
Nutzlast .... 350 ,,

$$q = 608 \approx 610 \text{ kg/m}^2$$

Infolge einseitiger Einspannung ist

$$M = \frac{1}{10} \cdot q \cdot l^2 = \frac{1}{10} \cdot 610 \cdot 1{,}30^2 = 10\,310 \text{ kgcm},$$

wenn $d = 8$, dann ist $h = 6{,}5$ cm,

$$r = \frac{6{,}5}{\sqrt{\dfrac{10\,310}{100}}} = 0{,}643, \quad \sigma_b = 23/1200 \text{ kg/cm}^2, \quad k = 467{,}3,$$

somit $F_e = \dfrac{b \cdot h}{k} = \dfrac{100 \cdot 6{,}5}{467{,}3} = 1{,}39 \text{ cm}^2$,

gewählt $5 \varnothing 6 = 1{,}41 \text{ cm}^2$.

3. Berechnung des Podestträgers.
Stützweite $l = 2{,}7 + 0{,}20 = 2{,}90$ m.

Belastung:

$$\text{durch die Podestplatte } \frac{1,2}{2} \cdot 610 \dots\dots\dots\dots = 366 \text{ kg/m}'$$

$$\text{Eigengewicht des Trägers } 0,20 \cdot 0,25 \cdot 1,0 \cdot 2400 = 120 \quad \text{,,}$$

$$q = 366 + 120 = 486 \text{ kg/m}'.$$

Lasten durch die Stufenplatte:

$$1,2 \cdot \frac{2,90}{2} \cdot 900 = 1566 \text{ kg}.$$

Belastungsschema (Abb. 155):

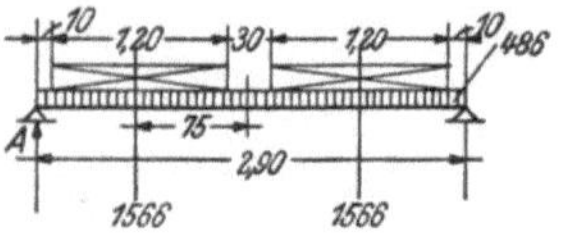

Abb. 155.

$$A = 1566 + \frac{486 \cdot 2,9}{2} = 2270 \text{ kg};$$

$$\max M = 2270 \cdot 1,45 - 486 \cdot \frac{1,45^2}{2} =$$

$$= 1566 \cdot 0,75 = 160\,609 \text{ kgcm}.$$

Druckbreite des einseitigen Plattenbalkens (Abb. 156)

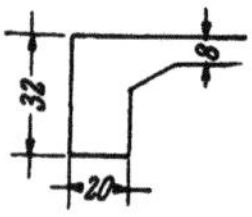

Abb. 156.

$$b = 4,5 \cdot d + 20 = 4,5 \cdot 8 + 20 = 56 \text{ cm},$$

halbe Rippenentfernung $1,2/2 = 0,60$ m,

$1/4$ der Balkenstützweite $2,9/4 = 0,725$ m,

also maßgebend $b = 56$ cm.

Für $\sigma_b = 30/1200$ kg/cm² ist

$$h = 0,518 \cdot \sqrt{\frac{160\,609}{56}} = 27,71 \text{ cm} \approx 28 \text{ cm}, \quad d = 32, \quad h = 28 \text{ cm};$$

$$F_e = \frac{M}{\sigma_e\left(h - \dfrac{d}{2}\right)} = \frac{160\,609}{1200 \cdot (28 - 4)} = 5,57 \text{ cm}^2,$$

gewählt $4 \; \varnothing \; 14 = 6,16$ cm².
Spannungsnachweis:

$$x = \frac{15 \cdot 6,16}{56}\left[-1 + \sqrt{1 + \frac{2 \cdot 56 \cdot 28}{15 \cdot 6,16}}\right] = 8,08 \text{ cm},$$

$$z = h - \frac{x}{3} = 28 - 2,69 = 25,31 \text{ cm},$$

$$\tau_0 = \frac{A}{b \cdot z} = \frac{2270}{20 \cdot 25,31} = 4,45 < 4,5 \text{ kg/cm zul}.$$

$2 \; \varnothing \; 14$ werden aufgebogen.

101. Beispiel. Berechnung eines eisernen Dachbinders bei einer Stützweite von 8,0 m und 3,0 m Höhe für Eigengewicht und Schneelast, jedoch ohne Windlast.

Entfernung der Dachbinder 5,0 m.

Belastung:

einfaches Ziegeldach aus Biberschwänzen einschließlich Latten:

$$\frac{75}{\cos \alpha} = \frac{75}{0,8} \ldots \ldots \ldots \ldots \ldots \ldots \ldots = 93,75 \text{ kg/m}^2 \text{ Grundrißfläche}$$

$(\cos \alpha = \dfrac{4}{5} = 0,8, \ \alpha = 36° \ 50')$

eiserne Pfetten.................... 12 kg
Binder einschließlich Windverband...... 13 ,,
Schneelast $75 \cdot \cos \alpha = 75 \cdot 0,8$ ...... = 60 ,,

zusammen Eigenlast + Schneelast ...... 178,75 $\approx$ 180 kg/m²

Knotenlast:

$$P = \frac{5 \cdot 8 \cdot 180}{4} = 1800 \text{ kg}, \quad A = 2 \cdot P = 3600 \text{ kg}.$$

	O_1	O_2	U_1	U_2	D_1	D_2
Länge	2,5	2,5	2,915	2,008	1,5	2,915

Kräfteplan.

Bestimmung der Stabkräfte nach CREMONA (Abb. 157 und 158).

Man beginnt im Knoten C und zerlegt die Auflagerkraft A in die Stabkräfte O_1 und U_1. Am Auflagerknoten greifen die Kräfte A, $P/2$, O_1 und U_1 an. Man zeichnet im Kräfteplan zunächst die nach aufwärts

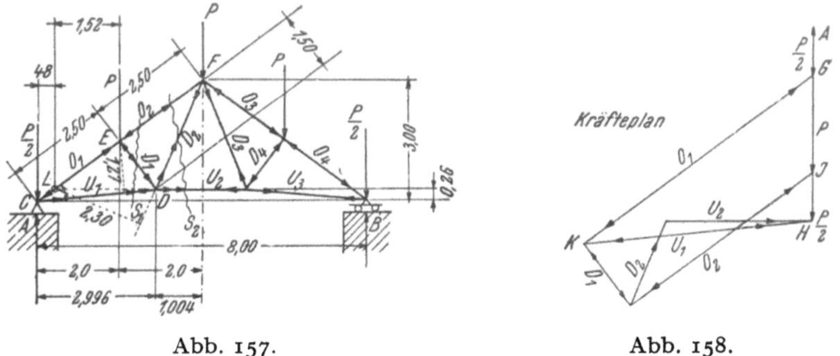

Abb. 157.　　　　　Abb. 158.

gerichtete Auflagerkraft A, trägt dann die Knotenlast $P/2$ nach abwärts auf, zieht im Punkte G zu O_1 eine Parallele und durch den Ausgangspunkt von A im Punkte H eine Parallele zu U_1. Damit Gleichgewicht herrscht, müssen alle Kräfte im Kräfteplan den gleichen Richtungssinn aufweisen. Wir deuten dies durch Pfeile an und tragen diese Pfeile auch gleichzeitig an den Stäben im Aufrißplan ein. Die Stabkraft O_1 erhält einen Pfeil zum Knoten C, während die Stabkraft U_1 einen Pfeil vom

Knoten C weg erhält. Das bedeutet, daß im Stabe O_1 eine Druckkraft und im Stabe U_1 eine Zugkraft vorhanden ist. Wir halten daran fest, daß die Pfeilrichtung zum Knoten immer eine Druckkraft und vom Knoten weg immer eine Zugkraft andeuten.

Nun kommen wir zum Knoten E, an welchem die Kräfte O_1, P, O_2 und D_1 angreifen. Wir fangen im Kräfteplan zunächst bei der Stabkraft O_1, welche nach Richtung und Größe bereits bestimmt wurde, an, bringen den entgegengesetzten Pfeil an, tragen im Punkte G die Kraft P nach abwärts ab (also in der Kraftrichtung), ziehen im Punkte J eine Parallele zu O_2 und schließen den Kräfteplan mit D_1 im Punkte K. Nach Anbringung der Pfeile im Punkte E sieht man, daß die Kräfte O_1 und O_2, sowie D_1 Druckkräfte sind. Im Knoten D wird derselbe Vorgang zur Bestimmung der Stabkräfte D_2 und U_2 eingehalten.

Die auf diese Weise bestimmten Stabkräfte tragen wir in eine Tabelle ein. Infolge Symmetrie der angreifenden Kräfte sind folgende Stabkräfte einander an Größe gleich:

$$O_1 = O_4, \ O_2 = O_3, \ U_1 = U_3, \ D_1 = D_4 \text{ und } D_2 = D_3.$$

	O_1	O_2	O_3	O_4	U_1	U_2	U_3	D_1	D_2	D_3	D_4
Druck	5,2	4,15	4,15	5,2	—	—	—	1,43	—	—	1,43
Zug	—	—	—	—	4,2	2,68	4,2	—	1,7	1,7	—

Anmerkung: Die Stabkräfte in der obigen Tabelle wurden in Tonnen ausgedrückt.

Das Verfahren nach CREMONA ist aber nur dann anwendbar, wenn bei der Bestimmung der Kräfte in einem Knoten nur zwei Kräfte unbekannt sind.

Bestimmung der Stabkräfte nach dem Verfahren von RITTER.

Zur Bestimmung einer Stabkraft nach RITTER führt man durch diese einen Schnitt durch das Fachwerk derart, daß nur drei Stäbe getroffen werden. Wir behandeln den links vom Schnitt gelegenen Teil des Fachwerkes, wählen den Schnittpunkt der beiden anderen Kräfte als Momentenpol und wenden die Gleichgewichtsbedingung

$$\Sigma M = 0$$

an. Sämtliche inneren Kräfte nehmen wir zunächst als Zugkräfte an $(+)$. Erhalten wir aber in der Berechnung das Vorzeichen $(-)$, so war die Annahme falsch. Die Stäbe waren auf Druck beansprucht.

Durch den Schnitt S_1 schneiden wir die Stabkräfte O_2, D_1 und U_1. Als Drehpol wählen wir den Schnittpunkt C der Kräfte O_2 und U_1. Nun stellen wir die Momentengleichung auf.

$$P \cdot 2,0 + D_1 \cdot 2,50 = 0,$$

für $P = 1800$ erhält man für

$$D_1 = -\frac{3600}{2,5} = -1440 \text{ kg (Druck)}.$$

Nun wählen wir den Schnittpunkt D der beiden Stabkräfte D_1 und U_1 als Drehpol und erhalten die Momentengleichung

$$\left(A - \frac{P}{2}\right) \cdot (4 - 1{,}004) - P\,(2 - 1{,}004) + O_2 \cdot 1{,}5 = 0,$$

daraus $\qquad\qquad\qquad O_2 = -\,4197 \text{ kg (Druck)}.$

Schließlich wenden wir den gleichen Vorgang bezüglich des Punktes E als Drehpol an und erhalten die Momentengleichung:

$$\left(A - \frac{P}{2}\right) \cdot 2{,}0 - U_1 \cdot 1{,}27 = 0,$$

daraus $\qquad\qquad\qquad U_1 = +\,4252 \text{ kg (Zug)}.$

Nach Bestimmung der Stabkräfte O_2, D_1 und U_1 führen wir den Schnitt S_2 und schneiden die Stabkräfte O_2, D_2 und U_2.

Auf gleiche Weise wie vorher erhalten wir die Gleichungen:
im Schnittpunkt F:

$$\left(A - \frac{P}{2}\right) \cdot 4{,}0 - P \cdot 2{,}0 -$$
$$- U_2\,(3{,}0 - 0{,}26) = 0,$$

daraus $U_2 = +\,2620 \text{ kg (Zug)}$;

im Schnittpunkt L:

$$\left(A - \frac{P}{2}\right) \cdot 0{,}48 + P \cdot (2 - 0{,}48) -$$
$$- D_2 \cdot 2{,}3 = 0,$$

daraus $D_2 = +\,1750 \text{ kg (Zug)}$.

102. Beispiel. Berechnung des eisernen Dachbinders wie im vorigen Beispiel, unter Berücksichtigung des Winddruckes.

Wir lassen den Winddruck einmal vom festen Auflager und dann vom beweglichen Auflager aus angreifen.

a) Vom festen Auflager aus (Abb. 159 und 160):
Winddruck $= 96 \cdot \sin \alpha \cdot F$.

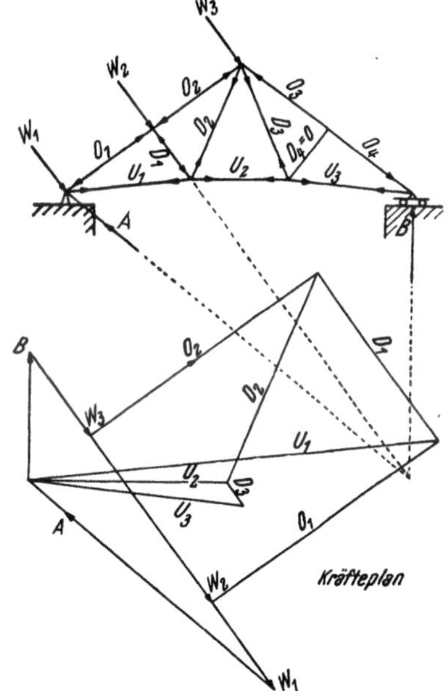

Abb. 159 und Abb. 160.

$$F = 5{,}0 \cdot 5{,}0 = 25 \text{ m}^2, \quad \sin \alpha = \frac{3}{5} = 0{,}6,$$

dann ist

$$W = 96 \cdot 25 \cdot \sin \alpha = 96 \cdot 25 \cdot 0{,}6 = 1440 \text{ kg},$$

$$\left.\begin{array}{l} W_1 = 360 \text{ kg} \\ W_2 = 720 \text{ ,,} \\ W_3 = 360 \text{ ,,} \end{array}\right\} \; 1440 \text{ kg.}$$

Kräfteplan für Wind vom festen Auflager.

Man bestimmt A und B und die übrigen Stabkräfte wie vorher.

Zusammenstellung der Stabkräfte für Wind vom festen Auflager aus:

	O_1	O_2	O_3	O_4	U_1	U_2	U_3	D_1	D_2	D_3	D_4
Druck	985	985	840	840	—	—	—	720	—	—	0
Zug	—	—	—	—	1345	650	680	—	730	70	0

Kräfte in Kilogramm.

b) Aufstellung des Kräfteplanes für Wind vom beweglichen Auflager aus (Abb. 161 und 162):

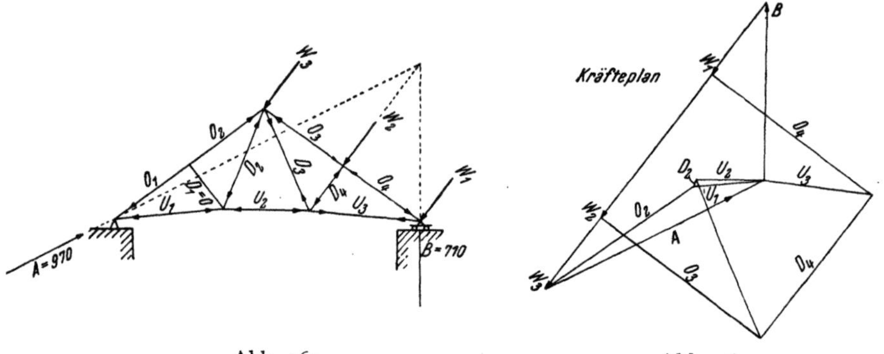

Abb. 161.   Abb. 162.

Kräfteplan.

$$W_1 = 360 \text{ kg}$$

$$W_2 = 720 \text{ ,,}$$

$$W_3 = 360 \text{ ,,}$$

$$A = 970 \text{ ,,}$$

$$B = 710 \text{ ,,}$$

Zusammenstellung der Kräfte für Wind vom beweglichen Auflager aus:

	O_1	O_2	O_3	O_4	U_1	U_2	U_3	D_1	D_2	D_3	D_4
Druck	700	700	765	765	295	285	—	0	35	—	720
Zug	—	—	—	—	—	—	400	0	—	670	—

Kräfte in Kilogramm.

Zusammenstellung der Stabkräfte für Eigen-, Schneelast und Winddruck von beiden Auflagern.

Stab	Stabkräfte durch						Größte Stabkraft	
	Eigengewicht und Schnee		Wind vom festen Lager		Wind vom beweglichen Lager			
O_1	—	5200	—	985	—	700	—	6885
O_2	—	4150	—	985	—	700	—	5835
O_3	—	4150	—	840	—	765	—	5755
O_4	—	5200	—	840	—	765	—	6805
U_1	+	4200	+	1345	—	295	+	5545
U_2	+	2680	+	650	—	285	+	3330
U_3	+	4200	+	680	+	400	+	5280
D_1	—	1435	—	720	—		—	2155
D_2	+	1700	+	730	—	35	+	2430
D_3	+	1700	+	70	+	670	+	2370
D_4	—	1435	—		—	720	—	2155

Bemessung der Stäbe aus Stahl 37.12.

Obergurte. Die größte Stabkraft im Obergurt beträgt laut obiger Zusammenstellung

$$\max O = -6885 \text{ kg,}$$

als Knicklänge kommt die Stablänge in Betracht

$$s_k = 2,5 \text{ m;}$$

nach EULER ist:

$$\min J = 1,97 \cdot P \cdot s_k^2 = 2,0 \cdot 6,885 \cdot 2,5^2 = 86,06 \text{ cm}^4 \text{ (Abb. 163),}$$

für $1,97 \approx 2,0$,

gewählt ⊤⌐ 65 . 65 . 11 mit $J_x = 2 \cdot 48,8 = 97,6 \text{ cm}^4$.

$$F = 2 \cdot 13,2 = 26,4 \text{ cm}^2,$$

$$i_x = \sqrt{\frac{J_x}{F}} = \sqrt{\frac{97,6}{26,4}} = 1,92,$$

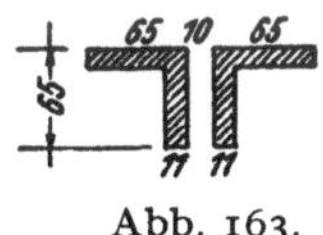

Abb. 163.

$$\lambda = \frac{s_k}{i_x} = \frac{250}{1,92} = 130, \quad \omega = 4,00,$$

dann ist:

$$\sigma = \omega \cdot \frac{P}{F} = 4,00 \cdot \frac{6885}{26,4} = 1043 \text{ kg/cm}^2 \text{ (zul. 1400).}$$

Beide Obergurte werden gleich stark bemessen.
Untergurt (Abb. 164):

$$\max U = 5545 \text{ kg,}$$

$$F_{\text{erf}} = \frac{5545}{1400} = 3,96 \text{ cm}^2,$$

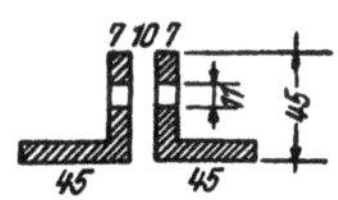

Abb. 164.

Nietdurchmesser $d = 1,1$ cm,

gewählt 2 ∟ 45 . 45 . 7 mit $F = 2 \cdot 5,86 = 11,72 \text{ cm}^2$.

Nutzquerschnitt:

$$F_n = 11{,}72 - 2 \cdot 1{,}1 \cdot 0{,}7 = 10{,}18 \ \text{cm}^2,$$

$$\sigma = \frac{5545}{10{,}18} = 545 \ \text{kg/cm}^2.$$

Stäbe D_1 und D_4: $\max D = -2155 \ \text{kg}.$

Stablänge $s_k = 1{,}5 \ \text{m}$:

$$\min J = 2{,}0 \cdot 2{,}155 \cdot 1{,}5^2 = 9{,}697 \ \text{cm}^4,$$

gewählt $2 \mathbin{\llcorner} 45 \cdot 45 \cdot 7$ mit $J_x = 2 \cdot 10{,}4 = 20{,}8 \ \text{cm}^4.$

$$F = 11{,}72 \ \text{cm}^2, \ i_x = 1{,}33,$$

$$\lambda = \frac{150}{1{,}33} = 112{,}7 \approx 113, \ \omega = 3{,}02,$$

$$\sigma = 3{,}02 \cdot \frac{2155}{11{,}72} = 555 \ \text{kg/cm}^2.$$

Stäbe D_2 und D_3:

$$\max D = 2430 \ \text{kg}.$$

$$F_{\text{erf}} = \frac{2430}{1400} = 1{,}73 \ \text{cm}^2, \ \text{Nietdurchmesser } 1{,}1 \ \text{cm},$$

gewählt $2 \mathbin{\llcorner} 45 \cdot 45 \cdot 7$ mit $F = 2 \cdot 5{,}86 = 11{,}72 \ \text{cm}^2.$

Nutzquerschnitt:

$$F_n = 11{,}72 - 2 \cdot 1{,}1 \cdot 0{,}7 = 10{,}18 \ \text{cm}^2,$$

$$\sigma = \frac{2430}{10{,}18} = 238 \ \text{kg/cm}^2.$$

Nietanschlüsse. Knotenblechstärke . . . . $= 1{,}0 \ \text{cm}$
Nietendurchmesser im Obergurt . . . . $d = 1{,}7 \ \text{,,}$
Nietendurchmesser im Untergurt und übrigen Stäben . $d = 1{,}1 \ \text{,,}$
St 00.12.

Ein zweischnittiger Niet mit $d = 1{,}7 \ \text{cm}$ überträgt:
auf Abscherung

$$N_a = 2 \cdot \frac{\pi \cdot d^2}{4} \cdot 1200 = 5444 \ \text{kg},$$

auf Lochlaibung

$$N_l = d \cdot \vartheta \cdot \sigma_e = 1{,}7 \cdot 1{,}0 \cdot 2400 = 4080 \ \text{kg}.$$

Ein zweischnittiger Niet mit $d = 1{,}1 \ \text{cm}$ überträgt:
auf Abscherung

$$N_a = 2 \cdot \frac{3{,}14 \cdot 1{,}1^2}{4} \cdot 1200 = 2280 \ \text{kg},$$

auf Lochlaibung

$$N_l = 1{,}1 \cdot 1{,}0 \cdot 2400 = 2640 \ \text{kg}.$$

Nietzahl:

$$\text{Obergurt} \quad n = \frac{6885}{4080} = 1,68 \ldots \ldots 2 \text{ Nieten,}$$

$$\text{Untergurt} \quad n = \frac{5545}{2280} = 2,43 \ldots \ldots 3 \text{ Nieten,}$$

$$\text{für } D_{1,4} \quad n = \frac{2155}{2280} = 0,94 \ldots \ldots 2 \text{ Nieten,}$$

$$\text{für } D_{2,3} \quad n = \frac{2430}{2280} = 1,06 \ldots \ldots 2 \text{ Nieten,}$$

Knotenbleche ebenfalls zwei Nieten ⌀ 1,7 cm (Obergurt).

103. Beispiel. Für ein eisernes Vordach sind die Stabkräfte zu berechnen. Abstand der Binder = 4,0 m Abb. 165 und 166).

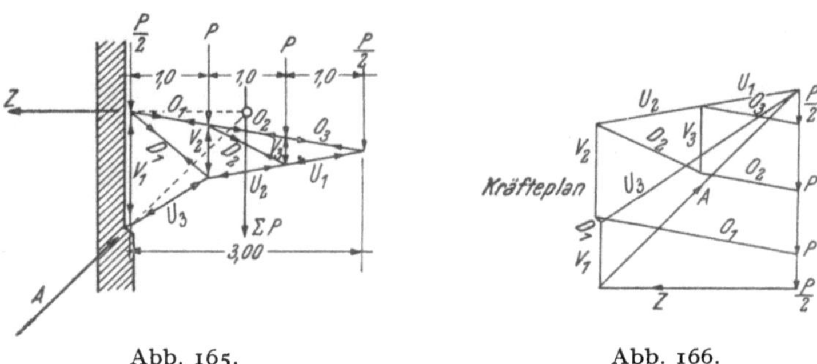

Abb. 165.   Abb. 166.

Berechnung der Knotenlasten:

Doppelpappdach einschließlich Sparren und Schalung . . . . . . 50 kg/m²
Pfetten . . . . 10 ,,
Binder . . . . 10 ,,
Schneelast . . . . 75 ,,

$$q = 145 \text{ kg/m}^2$$

Knotenlast: $\quad$ 1,0 . 4,0 . 145 = P = 580 kg, ΣP = 1740 kg.

Bestimmung der Stabkräfte nach CREMONA wie im vorigen Beispiel.

$$A = 2467 \text{ kg}, \ Z = 1750 \text{ kg}.$$

Zusammenstellung der Stabkräfte.

	O_1	O_2	O_3	U_1	U_2	U_3	D_1	D_2	V_1	V_2	V_3
Druck	—	—	—	880	1760	2082	—	—	595	870	580
Zug	1750	880	880	—	—	—	30	980	—	—	—

Kräfte in Kilogramm.

Bestimmung der Stabkräfte nach RITTER (Schnitt S_1) (Abb. 167):
Momentenpunkt in C

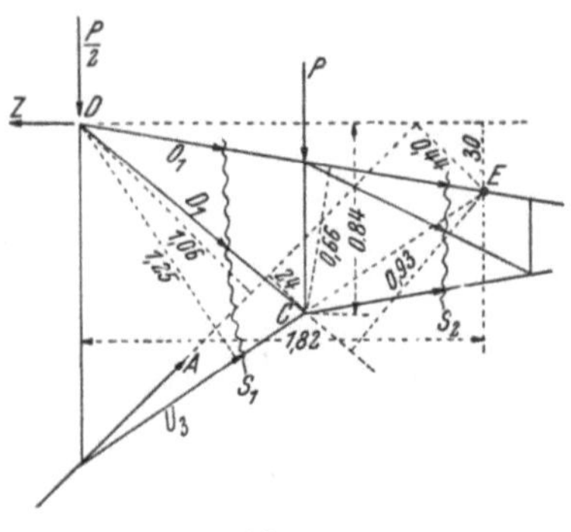

$$A \cdot 0{,}24 - Z \cdot 0{,}84 - \frac{P}{2} \cdot 1{,}0 + O_1 \cdot 0{,}66 = 0,$$

$$O_1 = +\ 1759 \text{ kg.}$$

Momentenpunkt in D

$$-A \cdot 1{,}06 - U_3 \cdot 1{,}25 = 0, \quad U_3 = 2080 \text{ kg.}$$

Momentenpunkt E

$$A \cdot 0{,}44 - Z \cdot 0{,}3 - \frac{P}{2} \cdot 1{,}82 - D_1 \cdot 0{,}93 = 0,$$

$$D_1 = 36 \text{ kg.}$$

Um die Stabkräfte O_2, D_2 und U_2 zu bestimmen, führt man einen Schnitt S_2 und das Verfahren gilt dasselbe wie vorher.

Abb. 167.

104. Beispiel. Berechnung der Lagerplatte zu einem eisernen Dachbinder.

Auflagerdruck: max $A = 4300$ kg.

Die Beanspruchung des Mauerwerkes unter der Lagerplatte richtet sich nach der Festigkeit des Mauerwerkmaterials.

Für Mauerziegel 1. Klasse ist:

$$\sigma_d = 10 \text{ kg/cm}^2,$$

demnach ist eine Auflagerfläche von

$$F = \frac{P}{\sigma_d} = \frac{4300}{10} = 430 \text{ cm}^2 = b \cdot h$$

erforderlich.

Wählen wir für $b = 20$ cm, dann ist

$$h = \frac{430}{20} = 20{,}5 \text{ cm} \approx 21 \text{ cm.}$$

105. Beispiel. Berechnung einer eisernen Säule mit mittiger Belastung.

Der Berechnungsvorgang ist derselbe wie bei hölzernen Säulen, insofern es sich um einen einzelnen Stab handelt.

Man bestimmt zunächst

$$\min i = \sqrt{\frac{\min J}{F}},$$

ferner auf Grund der bekannten Knicklänge s_k

$$\lambda = \frac{s_k}{\min i}$$

und entnimmt für Stahl aus der Tabelle der Knickzahlen das zugehörige

$$\sigma_w = \frac{P}{F} \cdot \omega \leqq \sigma_{\text{zul}};$$

für σ_w gelten die Werte:

$$\text{für St 00} \ldots\ldots\ldots 1200 \text{ kg/cm}^2$$
$$\text{,, St 37} \ldots\ldots\ldots 1400 \quad \text{,,}$$
$$\text{,, St 52} \ldots\ldots\ldots 2100 \quad \text{,,}$$

Nun soll nach diesen Angaben eine Stütze aus St 37 für eine mittige Last berechnet werden. $P = 30000$ kg.

Knicklänge $s_k = 4{,}0$ m.

Gesucht der Querschnitt (Profil) der Säule.

Nach EULER ist:

$$\min J = 2{,}38 \cdot P \cdot s_k^2 = 2{,}38 \cdot 30 \cdot 4{,}0^2 = 1142{,}4 \text{ cm}^4,$$

$$F_{\text{erf}} = \frac{P}{1{,}4} + 0{,}577 \cdot k \cdot s_k^2.$$

Näherungswert für $k = 4{,}25$, dann ist

$$F_{\text{erf}} = \frac{30}{1{,}4} + 0{,}577 \cdot 4{,}25 \cdot 4{,}0^2 = 60{,}66 \text{ cm}^2,$$

gewählt ein I P 18 mit $F = 65{,}8$ und $J_y = 1360 \text{ cm}^4$.

Überprüfung nach dem ω-Verfahren.

$$\min i_y = \sqrt{\frac{\min J}{F}} = \sqrt{\frac{1360}{65{,}8}} = 4{,}55,$$

$$\lambda = \frac{s_k}{\min i} = \frac{400}{4{,}55} = 87{,}9, \quad \omega = 1{,}81,$$

$$\sigma_w = 1{,}81 \cdot \frac{30000}{65{,}8} = 825 \text{ kg/cm}^2.$$

106. Beispiel. Eine eiserne Säule soll eine mittige Last von 60000 kg aufnehmen. Freie Knicklänge 4,5 m.

Querschnitt 2 ⌐ Stähle St 37.

Nach der Formel für den erforderlichen Querschnitt ist

$$F_{\text{erf}} = \frac{P}{1{,}4} + 0{,}577 \cdot k \cdot s_k^2.$$

Näherungswert für k für zwei Stähle: $K = 1{,}2$, dann ist:

$$F_{\text{erf}} = \frac{60}{1{,}4} + 0{,}577 \cdot 1{,}2 \cdot 4{,}5^2 = 56{,}87 \text{ cm}^2,$$

gewählt 2 ⌐ 22 mit $F = 74{,}8 \text{ cm}^2 = 2 \cdot 37{,}4 \text{ cm}^2$.

Für die x-Achse ist: $J_x = 2 \cdot 2690 = 5380 \text{ cm}^4$,

der Stegabstand sei 10 cm,

Anzahl der Verbindungsbleche $n = 4$, Stegabstand $a = 10$ cm,

Knicklänge des Einzelstabes $s_k = \frac{450}{5} = 90$ cm,

Schlankheitsgrad des Einzelstabes mit der Knicklänge s_{k1} nicht größer als 50.

$$\lambda_1 = \frac{s_{k1}}{i_1}, \quad i_1 = \sqrt{\frac{J_1}{F_1}} = \sqrt{\frac{197}{37,4}} = 2,29 \text{ cm, somit}$$

$$\lambda_1 = \frac{90}{2,29} = 39,3 < 50.$$

i_1 bedeutet den Trägheitsradius für den Einzelstab,
J_1 ist das Trägheitsmoment des Einzelstabes in der Y-Achse,
F_1 = Fläche des Querschnittes des Einzelstabes,
Abstand e der Schwerpunkt der Einzelstäbe.

$$e = a + 2,14 \cdot 2 = 10 + 4,28 = 14,28 \text{ cm}, \quad \frac{e}{2} = 7,14 \text{ cm}.$$

$$i_x \text{ für den Gesamtstab} = \sqrt{\frac{J_x}{F}} = \sqrt{\frac{5380}{74,8}} = 8,47,$$

$$\lambda_x = \frac{s_{kx}}{i_x} = \frac{450}{8,47} = 53,2, \quad \omega_x = 1,19,$$

$$\sigma_{wx} = \omega_x \cdot \frac{P}{F} = 1,19 \cdot \frac{60000}{74,8} = 955 \text{ kg/cm}^2 \text{ (zul. 1400)};$$

für die y-Achse ist:

$$\lambda_1 = \frac{s_{k1}}{i_1}, \quad \lambda_1 = \frac{90}{2,29} = 39,3.$$

Schlankheitsgrad des Gesamtstabes:

$$\lambda_y = \frac{s_{ky}}{i_y}, \quad s_{ky} = 450 \text{ cm},$$

$$i_y = \sqrt{\frac{J_y}{F}}, \quad J_y = 2\,(197 + 37,4 \cdot 7,14^2) = 4206 \text{ cm}^4,$$

$$i_y = \sqrt{\frac{4206}{74,8}} = 7,49, \quad \lambda_y = \frac{450}{7,49} = 60.$$

Der ideelle Schlankheitsgrad für die Ausknickung in der y-Achse ist:

$$\lambda_{yi} = \sqrt{\lambda_1^2 + \lambda_y^2} = \sqrt{39,3^2 + 60^2} = 71,7 \approx 72, \quad \omega_{yi} = 1,43,$$

$$\sigma_{wy} = \omega_{yi} \cdot \frac{P}{F} = 1,43 \cdot \frac{60000}{74,8} = 1150 \text{ kg/cm}^2 \text{ (zul. 1400)}.$$

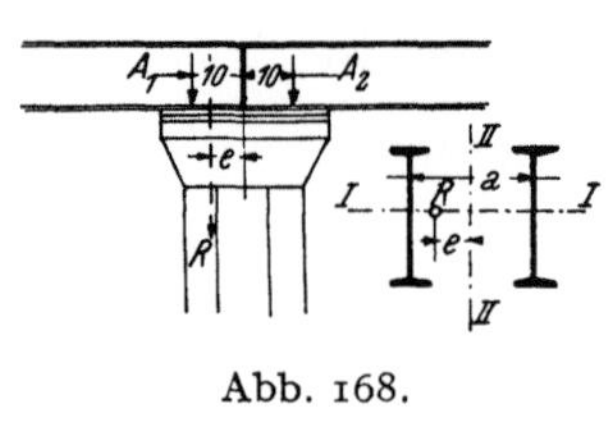

Abb. 168.

107. Beispiel. Berechnung einer aus zwei I-Trägern bestehenden eisernen Säule, welche außermittig belastet ist (Abb. 168).

Freie Knicklänge $s_k = 4,5$ m.

Die Säule sei beiderseits mit je einer Last $G + P = 6 + 18 = 24$ t belastet.

Auflagerkraft bei Vollast auf der einen Seite

$$A_1 = 24 \text{ t}.$$

Ist die andere Seite nur mit Eigengewicht belastet, dann ist

$$A_2 = 6 \text{ t}.$$

Durch diese Belastungsart entsteht eine außermittige Kraft R, mit dem Abstand e von der Säulenachse.

$$R = 24 + 6 = 30 \text{ t.}$$

Nach der Gleichung:

$$R \cdot e = (24 - 6) \cdot 10 = 180$$

erhält man für

$$e = \frac{180}{30} = 6 \text{ cm.}$$

Wir berechnen nun die Säule zunächst auf mittigen Druck.

$$P = 2 \cdot A_1 = 2 \cdot 24 = 48 \text{ t.}$$

Nach der EULER-Formel:

$$\min J = 2{,}38 \cdot P \cdot s_k^2 \text{ ist } \min J = 2{,}38 \cdot 48 \cdot 4{,}5^2 = 2313 \text{ cm}^4.$$

Ein Einzelstab hat

$$J = \frac{2313}{2} = 1156 \text{ cm}^4;$$

gewählt wurde ein I 18 mit $J_x = 1450 \text{ cm}^4$, $F = 27{,}9 \text{ cm}^2$, das Gesamtträgheitsmoment ist dann

$$J_\mathrm{I} = 2 \cdot 1450 = 2900 \text{ cm}^4.$$

Bedingung für die gleiche Knicksicherheit nach beiden Achsen ist:

$$J_\mathrm{I} = J_\mathrm{II}.$$

$$a = 140 \text{ mm,} \quad i = \sqrt{\frac{J}{F}} = \sqrt{\frac{2900}{55{,}8}} = 7{,}2,$$

$$\lambda = \frac{s_k}{i} = \frac{450}{7{,}2} = 62{,}5, \quad \omega \ 1{,}30,$$

$$\sigma = \omega \cdot \frac{P}{F} = 1 . 30 \cdot \frac{48\,000}{55{,}8} = 1116 \text{ kg/cm}^2.$$

Berechnung auf einseitige Last.
Die Gesamtlast beträgt: $R = 24 + 6 = 30$ t.

$$e = 6 \text{ cm,} \quad M = R \cdot e = 30\,000 \cdot 6 = 180\,000 \text{ kgcm,}$$

$$\sigma = \omega \cdot \frac{P}{F} \pm \frac{M}{W} = 1{,}30 \cdot \frac{30\,000}{55{,}8} \pm \frac{180\,000}{2 \cdot 161} = 698 \pm 559 = 1257 \text{ kg/cm.}$$

108. Beispiel. Berechnung der Verankerung einer eisernen Stütze.

Im allgemeinen werden die Zugkräfte gegenüber den Druckkräften gering sein. Die Verankerung der Stütze geschieht durch Schrauben im Fundament (Abb. 169).

Es soll die Größe der Schrauben berechnet werden.

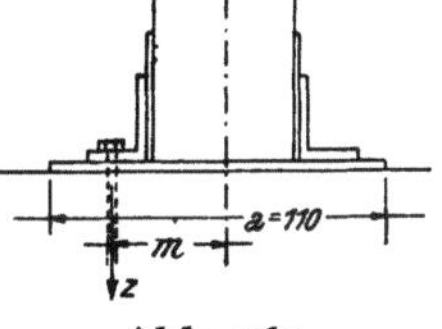

Abb. 169.

$$a = 110 \text{ cm,} \ b = 60 \text{ cm,} \ m = 40 \text{ cm.}$$

Annahme:

$$P = 30\,000 \text{ kg,} \ M = 1\,250\,000 \text{ kgcm,}$$

dann gilt für die Kantenpressungen die Gleichung:

$$\sigma = \frac{P}{F} \pm \frac{M}{W} = \frac{30000}{110 . 60} \pm \frac{1250000}{\frac{60 . 110^2}{6}} = 4{,}54 \pm 10{,}3,$$

$$\sigma_d = 14{,}84 \text{ kg/cm}^2, \quad \sigma_z = -5{,}76 \text{ kgcm}^2.$$

Aus der Beziehung (Abb. 170):

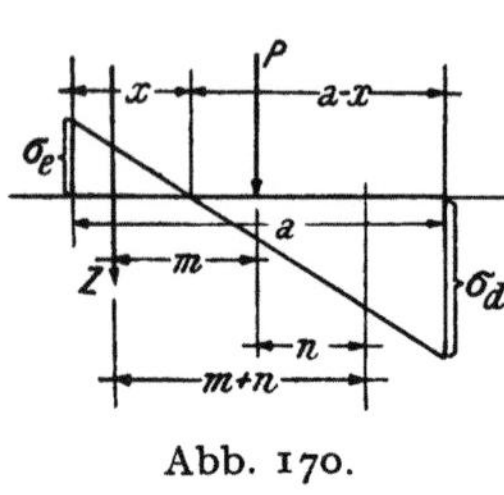

Abb. 170.

$$\frac{x}{a-x} = \frac{5{,}76}{14{,}84} = \frac{x}{110-x}$$

ist $x = 30{,}7$ cm.

$S =$ Schwerpunkt des Druckdreieckes.

$$n = \frac{a}{2} - \frac{a-x}{3} = \frac{110}{2} - \frac{79{,}3}{3} = 28{,}6 \text{ cm},$$

$$m + n = 40 + 28{,}6 - 68{,}6 \text{ cm}.$$

Wählen wir den Schwerpunkt S als Pol, dann lautet die Momentengleichung:

$$M - P . n - Z (m+n) = 0,$$

daraus

$$Z = \frac{M - P . n}{m+n} = 5714 \text{ kg};$$

gewählt zwei Schrauben mit $1''$, somit $2 . 3{,}573 = 7{,}146$ cm²,

$$\sigma = \frac{5714}{7{,}146} = 800 \text{ kg/cm}^2.$$

Dritter Teil.

Anhang.

Auszug aus den Bestimmungen für Ausführung von Bauwerken aus Stahlbeton (DIN 1045).

Vorschriften für bestimmte Bauteile.

§ 22. Platten mit Hauptbewehrung nach einer Richtung.

1. Die Stützweite l ist:

   a) bei beiderseits frei aufliegenden oder eingespannten Platten die Lichtweite zuzüglich der Plattendicke in Feldmitte;

   b) bei durchlaufenden Platten die Entfernung der Auflagermitten oder der Achsen der stützenden Träger, Unterzüge usw.;

   c) bei Decken auf zwei Stützen, die mit Stelzung oder ohne eine solche auf den Unterflanschen von Stahlträgern aufliegen, entweder der Achsabstand der Träger oder die Entfernung von Mitte zu Mitte der der Auflagerfläche auf den Trägerflanschen. Wenn die Stelzung nicht steiler als 3 : 1 genügt und die Höhe der Stelzung mindestens gleich der Plattendicke d ist, darf die Stützweite in der Berechnung 5% kleiner angenommen werden.

2. Die Mindestdicke d der Platten ist 7 cm. Ausgenommen hiervon sind Dachplatten, die aber mindestens 5 cm dick sein müssen, oder untergehängte Decken, die nur zum Abschluß dienen und nur bei Ausbesserungsarbeiten und Reinigungsarbeiten u. dgl. begangen werden, und fabrikmäßig hergestellte fertig verlegte Eisenbetonplatten. Über Platten von Rippendecken vgl. § 24.

   Die Platten unter Durchfahrten und von befahrbaren Hof-Kellerdecken müssen mindestens 12 cm dick sein.

   Die Nutzhöhe h der Platten muß ferner mindestens betragen: bei beiderseits freier Auflagerung $^1/_{35}$ der Stützweite, bei durchlaufenden oder eingespannten Platten $^1/_{35}$ der größten Entfernung der Momenten-Nullpunkte. Wird diese Nullpunktentfernung nicht nachgewiesen, so kann sie zu $^4/_5$ der Stützweite angenommen werden.

   Für Platten, die nur bei Ausbesserungs- und Reinigungsarbeiten u. dgl. begangen werden, sind die entsprechenden Werte $^1/_{40}$ der Stützweite und $^1/_{40}$ der größten Entfernung der Momenten-Nullpunkte.

3. Die Momente durchlaufender Platten sind im allgemeinen nach den Regeln für frei drehbar gelagerte durchlaufende Träger zu bestimmen. Dies gilt auch für durchlaufende Platten zwischen Stahlträgern, wenn die Oberkante der Platte mindestens 4 cm über der Trägeroberkante liegt.

a) Stützenmomente: Bei Hochbauten darf die Momentenfläche von Platten über den Stützen nach nachstehenden Bildern parabelförmig ausgerundet werden.

Platten in Hochbauten, die biegefest mit ihrer Unterstützung verbunden sind, müssen für das größte Moment am Rande der Unterstützung (Abb. 171 und 172, Querschnitte I und II), bei gleichmäßig verteilter Belastung mindestens aber für das Moment

$$\frac{q \cdot w^2}{12}$$

bemessen werden.

In keinem Falle darf die Nutzhöhe h größer angenommen werden, als sie sich bei einer Neigung der Plattenverstärkungen von 1 : 3 ergeben würde.

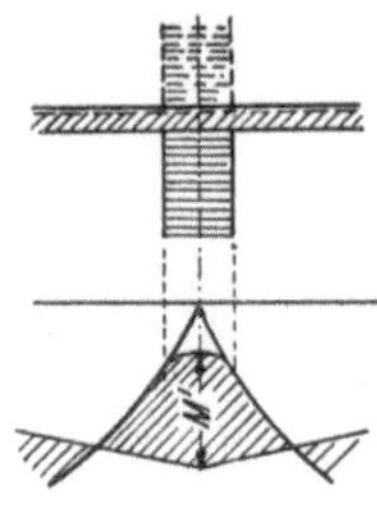

Abb. 171.

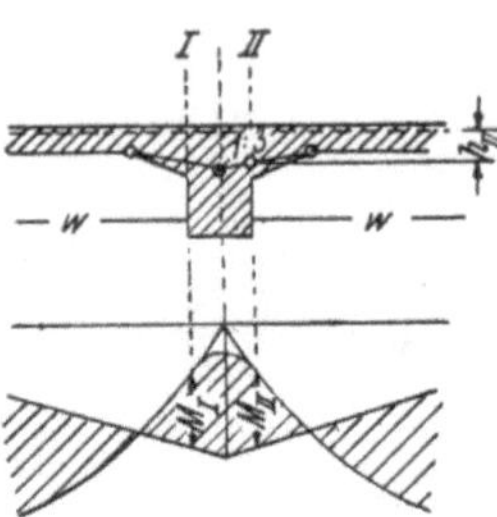

Abb. 172.

b) Negative Feldmomente: Bei durchlaufenden Platten zwischen Eisenbetonträgern brauchen wegen des Verdrehungswiderstandes der Träger die negativen Feldmomente aus Verkehrslast nur mit der Hälfte ihres Wertes berücksichtigt zu werden.

c) Mindestwert für positive Feldmomente: Ergibt sich das größte positive Moment eines Feldes kleiner als bei Annahme voller beiderseitiger Einspannung, so ist diese der Querschnittbemessung im Felde zugrunde zu legen.

d) Berücksichtigung der Einspannung: Bei Berechnung des Feldmomentes im Endfeld darf eine Einspannung am Endauflager nur soweit berücksichtigt werden, als sie durch bauliche Maßnahmen gesichert und rechnerisch nachweisbar ist.

e) Im Sonderfall gleicher Stützweiten oder auch ungleicher Stützweiten, bei denen die kleinste noch mindestens 0,8 der größten ist, dürfen in Hochbauten bei gleichmäßig verteilter Belastung q die Momente durchlaufender Platten wie folgt berechnet werden:

Positive Feldmomente.

Bei Decken mit Auflagerverstärkungen, deren Breite mindestens $^1/_{10}$ l und deren Höhe mindestens $^1/_{30}$ l (Abb. 173) ist:

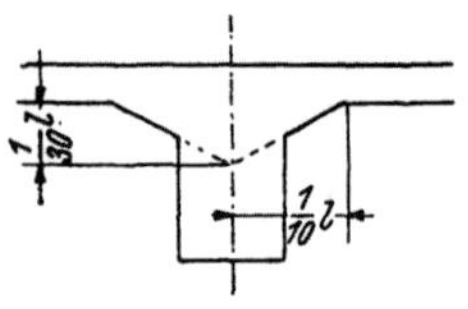

in den Endfeldern $\max M = \dfrac{1}{12} \cdot q \cdot l^2,$

in den Innenfeldern $\max M = \dfrac{1}{18} \cdot q \cdot l^2.$

Abb. 173.

Sind keine oder kleinere Auflagerverstärkungen vorhanden, so sind die entsprechenden Momente zu erhöhen auf

$$\frac{1}{11} \cdot q \cdot l^2 \quad \text{und} \quad \frac{1}{15} \cdot q \cdot l^2$$

Stützmomente.

Bei Platten mit drei oder mehr Feldern an der Innenstütze des Endfeldes

$$M_s = -\frac{1}{9} \cdot q \cdot l^2,$$

an den übrigen Innenstützen

$$M_s = -\frac{1}{10} \cdot q \cdot l^2.$$

Negative Feldmomente:

$$\min M = \frac{l^2}{24} \cdot \left(g - \frac{p}{2}\right).$$

Bei ungleichen Stützweiten ist in der Gleichung für $\min M$ bei allen Feldern die größte Stützweite einzusetzen, in den Gleichungen für M_s das arithmetische Mittel der Stützweiten der benachbarten Felder.

4. Bewehrung der Platten:

Der Abstand der Trageisen in Decken-, Dach- und Fahrbahnplatten darf in der Gegend der größten Feldmomente nicht größer als die 1,5fache Plattendicke d und höchstens 20 cm sein.

An Verteilungseisen sind auf 1 m Tiefe mindestens drei Rundeisen von 7 mm Durchmesser oder eine größere Anzahl dünnerer Eisen mit gleichem Gesamtquerschnitt vorzusehen.

Die aufgebogenen Eisen durchlaufender Platten müssen, soweit sie als Zugeisen für die negativen Momente wirken, genügend weit ins Nachbarfeld eingreifen, bei annähernd gleicher Feldweite durchschnittlich bis auf $^1/_5$ der Stützweite, wenn die Aufnahme der Momente nicht genau nachgewiesen wird.

5. Ausbildung des Endauflagers der Platten:

Ist an den Plattenenden die freie Drehbarkeit nicht in vollem Umfange gewährleistet, so muß auch bei Annahme freier Auflagerung durch obere Eiseneinlagen eine doch vorhandene, unbeabsichtigte Einspannung berücksichtigt werden.

Die Tiefe eines Auflagers auf Mauerwerk soll mindestens gleich der Plattendicke in Feldmitte, muß aber mindestens 7 cm sein. — Dieser Wert darf unterschritten werden bei Platten, die mit Stelzung oder ohne eine solche auf den Unterflanschen von Stahlträgern aufliegen. Kleinere Auflagerbreiten als bei Trägern I 16 sind jedoch im allgemeinen unzulässig.

Ist die Verkehrslast $= 275$ kg/m², die Stützweite der Platte $= 1,8$ m, und sind die Träger beiderseits belastet oder derart gestützt oder verankert, daß sie weder seitlich ausweichen noch sich verdrehen können, so darf die Auflagerbreite nicht kleiner sein als beim Träger I 14. Für die Auflagerbreiten von fertigverlegten Eisenbetonteilen gilt das gleiche.

§ 24. Eisenbetonrippendecken.

1. Begriffsbestimmung: Unter Eisenbetonrippendecken werden (aufgelöste) Decken mit höchstens 70 cm lichtem Rippenabstand verstanden, die zur Erzielung einer ebenen Unteransicht statische unwirksame Hohlstein- oder andere Füllkörpereinlagen enthalten können. Diese Einlagen dürfen zur Spannungsübertragung nicht herangezogen werden (Abb. 174).

2. Für die Stützweite gilt § 22 Ziff. 1, für die Mindestnutzhöhe § 22 Ziff. 2, Abs. 3 und 4, bei kreuzweise bewehrten

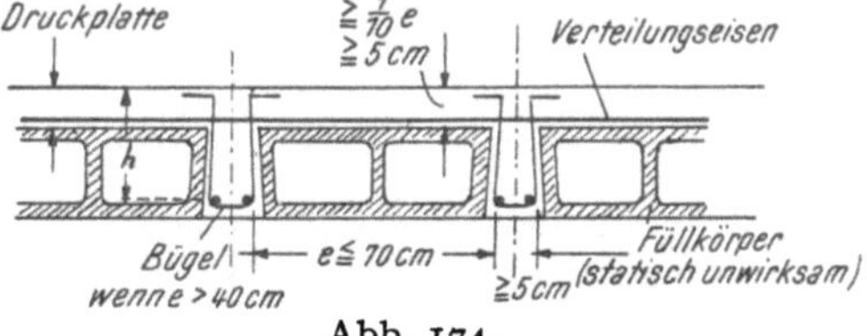

Abb. 174.

Rippendecken § 23 Ziff. 1, für die Berechnung der Momente § 22 Ziff. 3 bzw. Ziff. 2.

3. Die Dicke der Druckplatte muß mindestens $^1/_{10}$ des lichten Rippenabstandes und darf nicht kleiner als 5 cm sein.

In der Druckplatte sind zur Lastverteilung quer zu den Rippen auf 1 m Rippenlänge mindestens drei Rundeisen von 7 mm Durchmesser oder eine größere Anzahl dünnerer Eisen mit gleichem Gesamtquerschnitt anzuordnen.

Die Tragfähigkeit der Platte zwischen den Rippen ist auf Anfordern nachzuweisen. Dies muß stets geschehen, wenn Einzellasten in Frage kommen.

4. Die Rippen müssen mindestens 5 cm breit sein. Für den Eisenabstand in den Rippen gilt § 25 Ziff. 5, Abs. 2. In den Rippen müssen Bügel liegen, wenn der lichte Rippenabstand größer als 40 cm ist.

Durchlaufende Rippendecken müssen im Bereiche der negativen Momente, die von den Rippen nicht mehr aufgenommen werden können, entsprechend ausgestaltet werden. Über den Stützen dürfen aber keine besonderen Druckeisen in den Rippen zugelegt werden. Für die aufgebogenen Eisen durchlaufender Rippendecken gilt § 22 Ziff. 4, letzter Absatz.

5. Querrippen. Die Decken mit Hauptbewehrung nach einer Richtung müssen zur Lastverteilung Querrippen von gleichem Querschnitt und mit gleicher Bewehrung wie die Tragrippen erhalten, und zwar bei Deckenstützweiten von 4 bis 6 m eine Querrippe, bei Stützweiten über 6 m mindestens zwei. Bestehen die Füllkörper aus gebrannten Hohlsteinen oder gleich festen anderen Baustoffen, so sind lastverteilende Querrippen entbehrlich.

Einzellasten sind durch Anordnung von Querrippen oder andere geeignete Maßnahmen auf eine ausreichende Zahl von Rippen zu verteilen.

6. Über die Ausbildung der Auflager vgl. § 22 Ziff. 5.

Für einen ausreichenden Betonquerschnitt an der Unterseite der Rippendecke ist zu sorgen.

Die Tiefe eines Auflagers auf Mauerwerk muß mindestens 15 cm sein. Füllkörpereinlagen dürfen nicht in Wände eingreifen.

§ 25. Balken und Plattenbalken.

1. Die Stützweite ist:
    a) bei beiderseits frei aufliegenden oder eingespannten Balken die Entfernung der Auflagermitten,
    b) bei außergewöhnlich großen Auflagerlängen die um 5% vergrößerte Lichtweite,
    c) bei durchlaufenden Balken die Entfernung zwischen den Mitten der Stützen oder Unterzüge.

Ist die Länge eines Auflagers ausnahmsweise geringer als 5% der Lichtweite, so ist die Sicherheit des Auflagers nachzuweisen.

2. Plattendicke bei Plattenbalken. Als Druckgurt eines Plattenbalkens dürfen Platten nur dann in Rechnung gestellt werden, wenn sie mindestens 7 cm dick sind.

Für die Mindestdicke bei Plattenbalken unter Durchfahrten und befahrbaren Hof-Kellerdecken gilt § 22 Ziff. 2, Abs. 2.

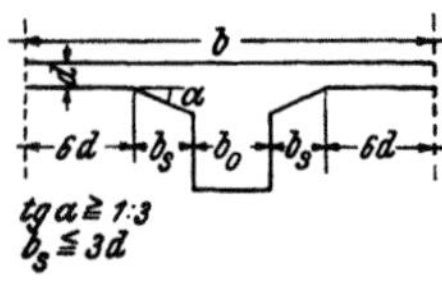

Abb. 175.

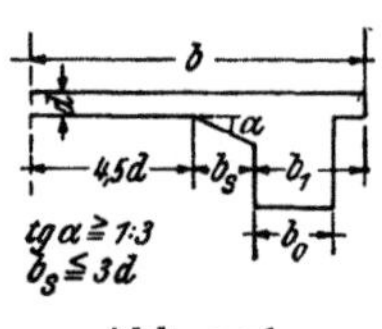

Abb. 176.

3. Mitwirkende Plattenbreite bei Plattenbalken.

a) Beim Bemessen von Plattenbalken und beim Nachweis der auftretenden Spannungen darf ein Druckplattenstreifen von der Breite b als mitwirkend in Rechnung gestellt werden.

Diese Breite ist anzunehmen:

α) Bei beiderseitigen Plattenbalken nach Abb. 175

$$b = 12\,d + 2\,b_s + b_0,$$

aber nicht größer als der Abstand der Feldmitten und als die halbe Balkenstützweite,

β) bei einseitigen Plattenbalken nach Abb. 176

$$b = 4,5\,d + b_s + b_1,$$

aber nicht größer als die halbe lichte Rippenentfernung $+ b_1$ und als ein Viertel der Balkenstützweite.

Die Deckenverstärkung darf mit kleiner flacheren Neigung als $1 : 3$ und ihre Breite b_s mit höchstens $3\,d$ in Rechnung gestellt werden. Sind keine Deckenverstärkungen vorhanden, so ist b_s gleich Null zu setzen.

b) Bei der Berechnung der unbekannten Größen statisch unbestimmter Tragwerke und der elastischen Formänderungen aller Tragwerke (vgl. § 17) ist die mitwirkende Druckplattenbreite im allgemeinen anzunehmen:

Bei beiderseitigen Plattenbalken nach Abb. 175

$$b = 6\,d + 2\,b_s + b_0,$$

aber nicht größer als der Abstand der Feldmitten;

bei einseitigen Plattenbalken nach Abb. 176

$$b = 2,25\,d + b_s + b_1,$$

aber nicht größer als die halbe lichte Rippenentfernung $+ b_1$.

c) Werden Steineisendecken zwischen Eisenbetonbalken gespannt, so darf die Deckenplatte nur so weit als Druckplatte in Rechnung gestellt werden, wie der volle Beton der Deckenfelder reicht. Für die zulässige Höchstbreite gilt das oben Gesagte.

4. Momente durchlaufender Balken und Plattenbalken sind im allgemeinen nach den Regeln für frei drehbar gelagerte durchlaufende Träger zu ermitteln.

a) Stützenmomente: Für die Stützenmomente von Balken und Plattenbalken gilt sinngemäß § 22 Ziff. 3a (s. auch Abb. 177).

b) Negative Feldmomente: Bei durchlaufenden Balken und Plattenbalken im Hochbau, die mit Unterzügen oder Säulen fest verbunden sind, brauchen wegen des Verdrehungswiderstandes der Unterzüge und des Biegungswiderstandes der Säulen die negativen Feldmomente aus Verkehrslast nur mit $^2/_3$ ihres Wertes berücksichtigt zu werden.

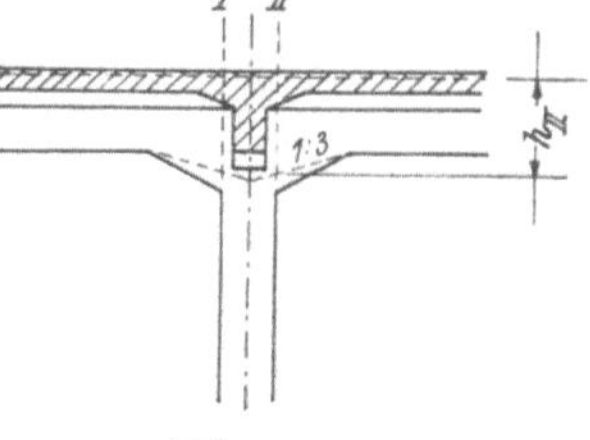

Abb. 177.

Im Sonderfalle gleicher Stützweiten oder auch ungleicher Stützweiten, bei denen die kleinste noch mindestens 0,8 der größten ist, dürfen bei Balken und Plattenbalken die negativen Feldmomente angenommen werden zu

$$\min M = \frac{l^2}{24} \cdot \left(g - \frac{2}{3} \cdot p \right).$$

Bei ungleichen Stützweiten ist in Gleichung $\min M$ bei allen Feldern die größte Stützweite einzusetzen.

c) Mindestwert für positive Feldmomente: Ergibt sich das größte positive Moment eines Feldes kleiner als bei Annahme voller beiderseitiger Einspannung, so ist diese der Querschnittsbemessung im Felde zugrunde zu legen.

d) Berücksichtigung der Einspannung: Ist bei Hochbauten die Stützenbreite gleich dem fünften Teil der Stockwerkhöhe oder größer, so sind durchlaufende Balken und Plattenbalken so zu berechnen, als ob sie an der Stütze voll eingespannt wären.

Hierbei ist vorausgesetzt, daß die Balken mit der Stütze biegefest verbunden sind oder daß an den Stützen eine entsprechende Auflast vorhanden ist. Als Stützweite ist dabei die um 5% vergrößerte Lichtweite zu rechnen.

Über die Verminderung der positiven Momente in Endfeldern bei biegefester Verbindung zwischen Balken oder Plattenbalken und Randsäulen vgl. § 28.

5. Bewehrung der Balken und Plattenbalken: Liegen die Deckeneisen gleichlaufend mit den Hauptbalken, so sind rechtwinklig zu ihnen besondere Eisen oben anzuordnen, die die dort auftretenden Zugspannungen aufnehmen und das Abreißen der Deckenplatte von den Hauptbalken verhindern sollen.

Werden Zahl und Dicke dieser Eisen nicht besonders ermittelt, so sind auf 1 m Balkenlänge wenigstens acht Rundeisen von 7 mm Durchmesser anzuordnen. Bei Dachdecken oder untergehängten Decken, die nur zum Abschluß dienen und nur bei Ausbesserungs- und Reinigungsarbeiten u. dgl. begangen werden, genügen acht Rundeisen von 5 mm Durchmesser. Die Länge dieser Eisen richtet sich nach Abb. 178.

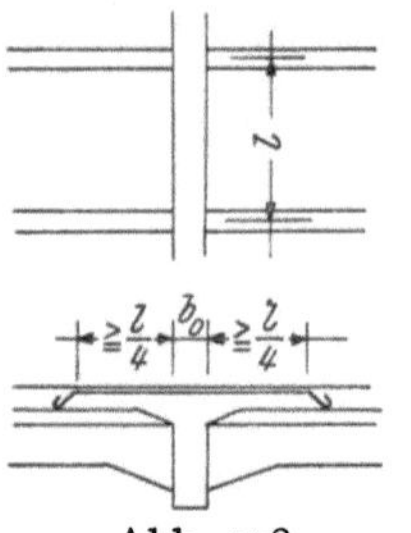

Abb. 178.

Der geringste lichte Eisenabstand in den Rippen (auch von Rippendecken) soll nach jeder Richtung mindestens gleich dem Eisendurchmesser und nicht kleiner als 2 cm sein.

Wenn sich in der Zugzone geringere Abstände nicht vermeiden lassen, so muß durch einen feinen und fetten Beton für eine dichte Umhüllung der einzelnen Eisen besonders gesorgt werden.

Im allgemeinen sollen nicht mehr als zwei Lagen Eisen übereinander angeordnet werden. Bei Bauteilen, die nur durch Biegung ohne Längskraft beansprucht werden, ist im allgemeinen nur eine Lage Druckeisen zugelassen. Bei besonderen Verhältnissen sind in beiden Fällen Ausnahmen gestattet.

In Balken und Plattenbalken sind stets Bügel anzuordnen, damit der Zusammenhang zwischen Zug- und Druckgurt gesichert wird. Bei doppelter Bewehrung sind die Zug- und Druckeisen durch die Bügel zu umschließen.

Ist an den Balkenenden die freie Drehbarkeit nicht in vollem Umfange gewährleistet, so muß auch bei Annahme freier Auflagerung durch obere Eiseneinlagen und einen ausreichenden Betonquerschnitt an der Unterseite eine doch vorhandene unbeabsichtigte Einspannung berücksichtigt werden.

§ 27. Säulen.

1. Bewehrung und Mindestdicke der Säulen:
    a) Säulen mit einfacher Bügelbewehrung (Abb. 179).

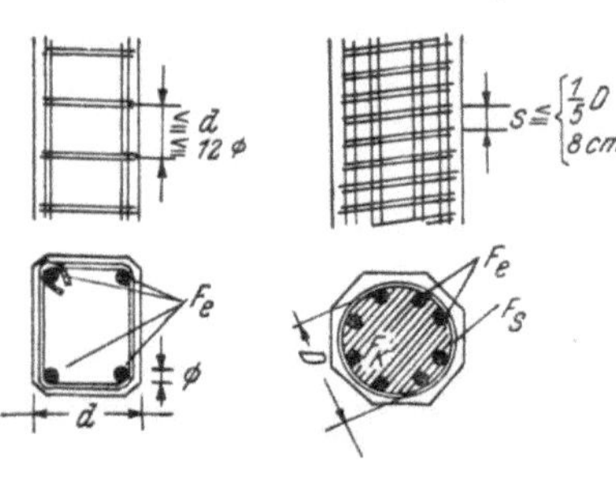

Abb. 179.   Abb. 180.

Der Querschnitt der Längsbewehrung F_e darf höchstens 6% des Betonquerschnittes F_b ausmachen.

Die Längsbewehrung soll mindestens sein bei einem Verhältnis von Säulenhöhe zur kleinsten Dicke der Säule

$$\frac{h_s}{d} = 5$$

0,5% des Betonquerschnittes F_b.

Zwischenwerte sind entsprechend einzuschalten.

Wird die Säule mit einem größeren Betonquerschnitt ausgeführt als statisch erforderlich ist, so braucht das Bewehrungsverhältnis nur auf den statisch erforderlichen Betonquerschnitt bezogen zu werden.

Die Längseisen sind durch Bügel zu verbinden, deren Achsabstand nicht größer sein darf als die kleinste Säulendicke d und auch nicht größer als die zwölffache Dicke der Längseisen.

    b) Umschnürte Säulen (Abb. 180). Als solche sind Säulen mit kreisförmigem Kernquerschnitt anzusehen, die eine Querbewehrung nach der Schraubenlinie (Spiralbewehrung) oder eine Ringbewehrung oder gleichwertige Wicklungen haben.

Das Verhältnis der Ganghöhe s der Schraubenlinie oder des Abstandes s der Ringe zum Durchmesser D des Kernquerschnittes F_k darf dabei höchstens $^1/_5$, der Abstand der Schraubenwindungen oder der Ringe höchstens 8 cm sein.

Die Längsbewehrung F_e muß mindestens 0,8% und darf höchstens 8% des Kernquerschnittes F_k ausmachen. Ferner muß sie mindestens gleich $^1/_3$ der Querbewehrung F_s sein. Außerdem muß sein

$$F_{is} \leqq 2\,F_i.$$

Quadratischen oder rechteckigen Umschnürungen wird keine Erhöhung der Tragfähigkeit zuerkannt. Nach dieser Art bewehrte Säulen und Druckglieder sind wie bei einfacher Bügelbewehrung zu berechnen.

c) Mindestdicke. Säulen, deren kleinste Dicke d kleiner als 20 cm oder kleiner als $^1/_{20}\, h_s$ ist, sind nur ausnahmsweise (z. B. bei Fenstersäulen) nach dem Ermessen der Baupolizeibehörde zulässig.

2. Berechnung der Säulen:

a) Mittiger Druck ohne Knickgefahr:

Werden die besonderen Bedingungen des § 29 Ziff. 2 nicht erfüllt (zul. Spannungen) oder mit $W_{b28} < 160$ kg/cm², so darf die Längsbewehrung höchstens 3% des Kernquerschnittes F_b, bei umschnürten Säulen höchstens 3% des Kernquerschnittes F_k betragen.

b) Knickberechnung mittig belasteter Säulen:

Ist bei quadratischen und rechteckigen Säulen mit einfacher Bügelbewehrung das Verhältnis h_s zur kleinen Querschnittsseite d größer als 15, bei umschnürten Säulen das zum Durchmesser D des Kernquerschnittes F_k größer als 13, so sind die Säulen für die ω-fachen Belastungen zu bemessen. Die Werte der Knickzahlen sind im Anhange zu entnehmen.

c) Außermittiger Druck:

Ist eine Säule außermittig belastet oder kann sie seitliche Kräfte erhalten, so ist sie zunächst für Biegung mit Längskraft (ohne Knickzahl) zu berechnen.

Ist der Einfluß des Biegemomentes M klein im Verhältnis zu dem der Längskraft P, so können die Kantenpressungen mit der Formel

$$\sigma_b = \frac{P}{F_i} \pm \frac{M}{W_i} \quad \text{bzw.} \quad \sigma_b = \frac{P}{F_{is}} \pm \frac{M}{W_i}$$

nachgewiesen werden, solange die hierbei errechnete Betonzugspannung σ_{bz} nicht größer als $^1/_4$ der gleichzeitig im Querschnitt auftretenden Betondruckspannung σ_{bd} ist. Sonst muß die Zugzone des Betons außer Ansatz bleiben.

Die Eiseneinlagen sind stets so zu bemessen, daß sie ohne Mitwirkung des Betons alle Zugspannungen allein aufnehmen können.

Die Sicherheit gegen Knicken ist wie für eine mittig belastete Säule nachzuweisen, wobei in die Gleichungen die entsprechenden Werte einzusetzen sind.

Drei Sondervorschriften für die Ausführung von Säulen.

Der Beton darf in den Säulen nur mittig eingebracht werden. Dies wird am sichersten durch Aufsetzen eines Trichters mit Rohransatz erreicht. Bei Säulen ist es besonders wichtig, daß Beton, der sich während der Beförderung entmischt hat, vor dem Einbringen in die Säulenschalung in ihrer unmittelbaren Nähe nochmals durchgemischt wird. Es ist demnach unzulässig, Beton unmittelbar aus der Gießrinne in die Säulenschalung zu schütten.

Um Hohlräume infolge des Sackens von frisch eingebrachte Beton zu vermeiden, soll beim Betonieren von Säulen die Arbeitsgeschwindigkeit in lotrechter Richtung nicht zu groß gewählt werden (im allgemeinen nicht größer als etwa 1 m in jeder halben Stunde). Das Sacken ist durch reichliches Stochern und Stampfen und durch Klopfen an die Schalung möglichst zu beschleunigen.

Wird in mehrgeschossigen Gebäuden die Längsbewehrung F_e bei Säulen mit einfacher Bügelbewehrung größer als 0,03 F_b, bei umschnürten Säulen größer als 0,03 F_k gewählt, so sind die Bügel oder die Umschnürungseisen an die Längseisen durch Schweißung anzuheften, so daß ein steifes Gerippe entsteht. Außerdem müssen entweder die Längsbewehrungen zweier aufeinanderfolgender Geschosse an der Stoßseite stumpf oder überlappt verschweißt werden, oder es muß die Hälfte der Längseisen ungestoßen durch je zwei Geschosse durchgeführt werden. Auch auf die Höhe der Trägeranschlüsse ist für eine ausreichende Querbewehrung der Säulen zu sorgen.

Bei Säulen darf der Querschnitt an der Stoßstelle stumpf geschweißter Druckeisen abweichend von § 14 Ziff. 1c voll in Rechnung gestellt werden.

Tafel 1. Stein (Baustoffbedarf).

Maß	Bauteile	Ziegel Stück	Mörtel Liter
1 m³	Bruchsteinmauerwerk = 1,25 m³ Steine........	—	300
1 m³	Mauerwerk aus Mauerziegeln in Reichsformat..	400	280
1000 St.	Mauerziegel in Reichsformat in Wänden	—	600—700
1 m³	Mauerwerk, 3 Stein stark..................	—	300
1 m³	Mauerwerk, 2 Stein stark..................	—	270
1 m³	Mauerwerk, 1 Stein stark..................	—	250
1 m³	Mauerwerk, ¹/₂ Stein stark	—	230
1 m²	Mauerwerk, 2 Stein stark..................	200	140
1 m²	Mauerwerk, 1¹/₂ Stein stark...............	150	105
1 m²	Mauerwerk, 1 Stein stark, ohne Öffnungen	100	70
1 m²	Mauerwerk, ¹/₂ Stein stark	50	35
1 m²	Ziegelfachwerk, ¹/₂ Stein stark — ¹/₂ Stein Verblendung..................................	85	62
1 m²	Ziegelfachwerk, ¹/₂ Stein stark	35	25
1 m²	Tonnengewölbe, ¹/₂ Stein stark..............	95	70
1 m²	Preußische Kappe, ¹/₂ Stein stark — Hintermauer	75	55
1 m²	Flachseitiges Ziegelpflaster, 1,2 cm Kalkbettung	32	18
1 m²	Flachseitiges Ziegelpflaster mit vergossenen Fugen in Sandbettung..........................	32	8
1 m²	Hochkantiges Ziegelpflaster in Kalkbettung ...	56	33
1 m²	Hochkantiges Ziegelpflaster mit vergossenen Fugen in Sandbettung	56	16
1 m²	Beton mit Estrich, 10 cm stark (außer Zuschlag)	—	50
1 m²	Fußbodenplatten..........................	—	25
1 m²	Deckenputz bei einfacher Rohrung ohne Gips .	—	20
1 m²	Deckenputz bei einfacher Rohrung mit Gips ..	—	17
1 m²	Deckenputz bei doppelter Rohrung mit Gips ..	—	30
1 m²	Deckenputz auf Massivdecken................	—	20
1 m²	Rapputz	—	13
1 m²	Wandputz, 1,5 cm stark....................	—	17
1 m²	Wandputz, 2 cm stark.....................	—	22
1 m²	Einfacher Fassadenputz	—	25
1 m²	Ausfugen von Bruchsteinmauerwerk	—	15
1 m²	Ausfugen von Ziegelmauerwerk..............	—	5
1 m²	Ausfugen von ausgemauertem Fachwerk	—	3

Allgemeines:

Ziegelformate: Reichsformat .. 0,25 . 0,12 . 0,065 ⎱ 13 Schichten auf 1 m
Großes Hamburger Format... 0,22 . 0,105 . 0,065 ⎰
Kleines Oldenburger Format.. 0,22 . 0,105 . 0,055   15 Schichten auf 1 m
Österreichisches Format ...... 0,29 . 0,14 . 0,065   13 Schichten auf 1 m
Klosterformat .... 0,285 . 0,135 . 0,085   10 Schichten auf 1 m

1 m³ fetter Kalk ergibt mit 2,5 bis 3,5 m³ Wasser 3 m³ gelöschten Kalk;
1 Sack Zement hat 40 l lose Masse und wiegt 50 kg;
1 Sack Gips hat 40 l Masse und wiegt 50 kg.
Für Bruch und Verlust sind immer 5% zuzuschlagen.

Tafel 2. Belastungsannahmen im Hochbau.
I. Bau- und Lagerstoffe.

Gegenstand	Gewicht t/m³	Gegenstand	Gewicht t/m³
a) Werkstücke und Mauerwerk aus natürlichen Steinen:		Zementmörtel und Zementtraß-mörtel	2,1
Basalt	3,0	*d) Beton aus:*	
Basaltlava	2,8	Bimskies oder Hüttenbims	
Basaltlava, stark porig	1,8	(Hochofenschaumschlacke)	
Bimsstein, Leuzit- und lockerer		mit höchstens $1/_3$ Sandzusatz	1,6
Kalktuff	1,2	Desgleichen mit Stahleinlagen .	1,8
Dachschiefer.................	2,8	Kesselschlacke mit höchstens	
Diabas.....................	2,8	$1/_3$ Sandzusatz	1,6
Diorit, Gabbro	3,0	Kies, Sand, Splitt oder Stein-	
Gneis, Granulit.............	3,0	schlag, Hochofenschlacke ...	2,2
Granit, Syenit...............	2,8	Desgleichen mit Härtestoffen .	2,4
Grauwacke und Kohlensand-		Desgleichen mit Stahleinlagen	
stein......................	2,7	(Eisenbeton)...............	2,4
Kalk, Dolomit, dichter		Ziegelschotter................	1,8
Muschelkalk..............	2,8		
Kalk, sonstiges Kalk-		*e) Bauhölzer (gegen Witterungs-*	
konglomerat...............	2,2	*und Feuchtigkeitseinflüsse ge-*	
Marmor.....................	2,7	*schützt):*	
Nagelfluhe	2,4	Laubholz....................	0,8
Porphyr	2,8	Nadelholz:	
Sandstein	2,4	a) Kiefer, Tanne, Fichte, Lärche	0,6
Serpentin	2,6	b) Gelbkiefer, Pechkiefer aus	
Schiefer....................	2,7	Übersee	0,8
Travertin	2,4	Harthölzer aus Übersee	1,0
Tuffstein und dichter Kalktuff .	2,0		
Vulkanischer Tuffstein	2,0	*f) Metalle:*	
		Aluminium	2,7
b) Mauerwerk aus künstlichen Steinen:		Aluminiumlegierungen	2,8
Betonwerksteine	2,2	Blei	11,4
Hohlziegel...................	1,45	Bronze.....................	8,5
Hüttensteine	1,8	Gußeisen....................	7,25
Klinker	1,9	Kupfer, gewalzt	8,9
Korkstein	0,6	Magnesium	1,82
Kalksandstein	1,8	Messing.....................	8,5
Kunstsandstein	2,1	Stahl und Schweißeisen	7,85
Lochziegel für tragende Wände	1,5	Zink, gegossen...............	6,9
Mauerziegel	1,8	Zink, gewalzt................	7,2
Mauerziegel, porig	1,4	Zinn, gewalzt................	7,4
Porige Vollziegel.............	1,1		
Porige Hohlziegel	1,0	*g) Lagerstoffe:*	
Schamottsteine	1,9	Aktengerüste und Schränke mit	
Schlackensteine..............	1,4	Inhalt in Registraturen,	
Schwemm- und Hütten-		Büchereien, Archiven usw...	0,6
schwemmsteine	1,1	Bücher und Akten geschichtet	0,8
		Felle, Häute	0,9
c) Mörtel:		Filz in Ballen	0,5
Gipsmörtel	1,2	Flachs, gestapelt und in Ballen	
Kalkmörtel und Kalkgipsmörtel	1,7	gepreßt	0,3
Kalkzementmörtel und Kalk-		Getreidegarben bis 4 m Pack-	
traßmörtel	1,9	höhe........................	0,1

Fortsetzung der Tafel 2.

Gegenstand	Gewicht t/m³	Gegenstand	Gewicht t/m³
Desgleichen über 4 m Packhöhe	0,15	Mehl in Säcken..............	0,5
Glas in Tafeln..............	2,6	Obst......................	0,35
Gras und Klee	0,35	Papier, geschichtet..........	1,1
Heu, lose	0,07	Porzellan, Steingut, gestapelt	
Heu, gepreßt...............	0,17	(einschließl. der Hohlräume)	1,1
Hopfen in Säcken	0,17	Stroh und Spreu, lose........	0,045
Hopfen in zylindrischer Form in		Stroh und Spreu, gepreßt	0,17
Hopfentuch eingenäht oder		Tabak, gebündelt oder in Ballen	0,35
gepreßt	0,29	Torf, lose, Torfstreu, Torfmull.	0,25
Kalk in Säcken	1,0	Torf, gepreßt und in Ballen ...	0,3
Kraftfutterkuchen............	1,0	Torf, gestochen, getrocknet ...	0,6
Kraftfutterschrot	0,6	Wolle, auch Baumwolle gepreßt	1,3
Malzkeime	0,20		

Tafel 3.

II. Bodenarten.

Gegenstand	Gewicht t/m³	Reibungswinkel ϱ
Trockene Dammerde	1,4	40°
Feuchte Dammerde	1,6	45°
Nasse Dammerde	1,8	27°
Klare trockene Gartenerde.........................	1,6	37°
Feuchte Gartenerde	1,7	27°
Trockener feiner Sand.............................	1,6	35°
Nasser Quellsand	1,9—2,0	25°
Trockener Kies	1,5—1,8	35°
Sand und Kies, erdfeucht	1,8	30°
Sand und Kies, naß	2,0	25°
Trockener Lehm..................................	1,5—1,6	40°
Nasser Lehm.....................................	1,9—2,0	20—25°
Gerölle mit überwiegend scharfkantigem Korn........	1,8	40°
Nasser Schutt....................................	1,8	30°
Nasser Steinschotter	1,6—1,8	35—40°

Tafel 4.

III.. Eigengewichte von Bauteilen.

Gegenstand	Gewicht kg/m²	Gegenstand	Gewicht kg/m²
a) Fußbodenbeläge und Estriche aus:		Gestreckter Windelboden (15 cm dick):	
Kieferholz	6	Schleetstangen 7 cm Durchmesser ..... 25 kg/m²	
Eichenholz	8	Lehm u. Stroh dazu 160 ,,	
Buchenholz	7	185 kg/m²	185
Gips	16		
Glas	26	Halber Windelboden (15 cm dick):	
Gußasphalt und Stampfasphalt	22	Stakhölzer 3 cm dick 13 kg/m²	
Steinholz	18	Latten 4/6 cm ..... 3 ,,	
Terrazzo	20	Lehmschlag mit Stroh 12 cm dick 192 ,,	
Tonfliesen	20	208 kg/m²	210
Zement oder Zementfliesen	22		
Korkplatten und Torfplatten (als Unterlage) .	3	Ganzer Windelboden (24 cm dick):	
Korkestrich	5	Stakhölzer 4 cm dick 17 kg/m²	
(je cm Dicke)		Latten 4/6 cm ..... 3 ,,	
Linoleum ....je mm Dicke	1,3	Lehmschlag mit Stroh 20 cm dick 320 ,,	
		340 kg/m²	340
b) Putz, Draht- und Rohrputz:			
Rohrdeckenputz oder Spalierdeckenputz üblicher Dicke einschließlich Rohr	20	Stakung mit Koksaschenschüttung:	
Putz aus:		Stakhölzer 3 cm dick 13 kg/m²	
Gipsmörtel	12	Latten 4/6 cm ..... 3 ,,	
Kalkmörtel und Kalkgipsmörtel	17	Lehmverstrich 2 cm 32 ,,	
Kalkzementmörtel und Kalktraßmörtel	19	Aschenschüttung 8 cm dick .... 56 ,,	
Zementmörtel und Zementtraßmörtel	21	104 kg/m²	105
Rabitz- oder Drahtputz	15		
Monier- oder Zementdrahtputz	24	Stakung mit Lehmschüttung:	
(je cm Dicke)		Stakhölzer 3 cm dick 13 kg/m²	
c) Deckenfüllstoffe:		Latten 4/6 cm ..... 3 ,,	
Kohlenschlacke oder Hochofenschlackensand	10	Lehmschüttung 10 cm dick ...... 160 ,,	
Kohlenschlackenbeton mit Sandzusatz	16	176 kg/m²	180
Koksasche oder Hochofenschaumschlacke	7		
Lehm	16	Einschubdecke:	
Sand	16	Latten 4/6 cm ..... 3 kg/m²	
(je cm Dicke)		Schwarteneinschub . 13 ,,	
d) Zwischendecken von Holzbalkendecken (ohne Balken):		Lehmverstrich ..... 10 ,,	
Stülpdecke:		Auffüllung (Lehm oder Sand) 10 cm 160 ,,	
Bretter 3 cm dick .. 18 kg/m²			
Lehmschlag 8 cm dick .... 128 ,,			
146 kg/m²	150	186 kg/m²	190

Fortsetzung der Tafel 4.

Gegenstand	Gewicht kg/m²
e) Gewölbte Decken (ohne Trägergewicht):	
Kappengewölbe bis 2 m Stützweite, einschließlich Hintermauerung, aus:	
Mauerziegel und Kalksandsteinen, ¹/₂ Stein dick	275
Mauerziegel und Kalksandsteinen, 1 Stein dick	540
Hohlziegeln, ¹/₂ Stein dick	200
Schwemmsteinen und porigen Hohlziegeln, ¹/₂ Stein dick	155
Decke aus Rabitz in Gewölbeform, 5 cm dick (in der Grundfläche gemessen), bei Verwendung leichter Zuschlagstoffe	100
für 1 cm Mehrdicke	20
f) Ebene Eisenbeton-, Stein- und Steineisendecken (ohne Trägergewicht):	
Betondecke, einschließlich Stahleinlagen, 10 cm dick	240
Ebene Steindecken ohne Stahleinlagen (Bauart Kleine und ähnliche) aus:	
porigen Hohlziegeln in Zementmörtel, 10 cm dick	125
12 cm dick	150
vollen Hartbrandziegeln in Zementmörtel, 12 cm dick	220
Zementmörtel, 12 cm dick	220
Schwemmsteinen in Zementmörtel, 12 cm dick	120
Ebene Steindecken mit Stahleinlagen (Bauart Kleine und ähnliche) aus:	
porigen Hohlziegeln in Zementmörtel, einschließlich Stahleinlagen:	
10 cm dick	130
12 cm dick	156
15 cm dick	195
18 cm dick	234
20 cm dick	260
vollen Hartbrandziegeln in Zementmörtel, einschließlich Stahleinlagen, 12 cm dick	225
Schwemmsteinen in Zementmörtel, einschließlich Stahleinlagen, 12 cm dick	125
Leichtsteindecken in Zementmörtel, einschließlich Stahleinlagen:	
6 cm dick	55
7 cm dick	65
8 cm dick	70
10 cm dick	80
Stegzementdielen mit Stahleinlagen: 5 cm dick	90
8 cm dick	120
10 cm dick	155
g) Dächer:	
1. Einfaches Ziegeldach aus Biberschwänzen (365 . 155 mm) einschließlich Latten	75
2. Desgleichen in voller Mörtelbettung gedeckt	85
3. Doppeldach aus Biberschwänzen (365 . 155 mm), einschließlich Latten	95
4. Desgleichen in voller Mörtelbettung gedeckt	115
5. Kronendach, einschließlich Latten	105
6. Desgleichen in voller Mörtelbettung gedeckt	130
7. Pfannendach auf Lattung, kleine holländische Pfannen (360 . 230 mm) in voller Mörtelbettung gedeckt, einschließlich Latten	80
8. Falzziegeldach (15 Ziegel je m²), einschließlich Latten	65
9. Mönch- und Nonnendach, einschließlich Latten	100
10. Desgleichen in voller Mörtelbettung gedeckt	115
11. Deutsches Schieferdach auf Schalung, einschließlich Pappunterlage und Schalung mit großen Steinen (etwa 350 . 250 mm)	65
12. mit kleinen Steinen (etwa 200 . 150 mm)	60

Fortsetzung der Tafel 4.

Gegenstand	Gewicht kg/m²
13. Englisches Schieferdach auf Lattung, einschließlich Latten	45
14. Latten auf Schalung, einschließlich Schalung	55
15. Asbestzementplattendach auf Lattung, einschließlich Latten	35
16. — auf Schalung, einschließlich Schalung	45
17. Asbestzementwelldach, einschließlich Sparren......................	35
18. Zinkdach in Leistendeckung, einschließlich Schalung (Nr. 13)	40
19. Kupferdach mit doppelter Falzung, einschließlich Schalung (Kupferblech 0,6 mm dick)......................................	40
20. Wellblechdach aus verzinktem Stahlblech auf Winkelstahlprofilen, einschließlich Winkel	25
21. Verzinktes Stahlpfannendach auf Lattung, einschließlich Latten	25
22. Verzinktes Stahlpfannendach auf Schalung, einschließlich Pappunterlage und Schalung	40
23. Stehfalzdach aus verzinkten Doppelfalzblechen (0,63 mm dick), einschließlich Pappunterlage und Schalung	40
24. Einfaches Teerpappdach, einschließlich Schalung	40
25. Doppelteerpappdach, einschließlich Schalung	50
26. Desgleichen mit Bekiesung	55
27. Holzzementdach, einschließlich Schalung (3,5 cm dick), Kiesschicht (7 cm dick), Sparren (14/18 cm).................................	180
28. Schindeldach, einschließlich Latten................................	35
29. Rohrdach, einschließlich Latten...................................	80
30. Strohdach, einschließlich Latten	75
31. Glasdach auf Sprossen (Stahl), einschließlich Sprossen und Rohglas, 5 mm dick..	25
Rohglas, 6 mm dick	30
Drahtglas, 5 mm dick..	30
Drahtglas, 6 mm dick..	35
für jedes weitere Millimeter Roh- und Drahtglasdicke Mehrgewicht .	3
32. Zeltleinwanddächer	3

h) Isolierplatten:

Platten aus Holzschliff und ähnlichen Stoffen je Zentimeter Dicke....... 3,0 kg
Platten aus imprägnierter Holzwolle, gepreßtem Stroh, Torf usw. je Zentimeter Dicke .... 3,5 kg

IV. Nutz- und Verkehrslasten (DIN 1055, Bl. 3).

a) Nutzlasten:

Die der Berechnung eines Bauteiles zugrunde zu legenden Verkehrslasten werden durch die Nutzungsart der baulichen Anlagen bestimmt. Die erste und zweite Zahlenangabe gilt für die Belastung durch Menschen, Möbel, Geräte, unbeträchtliche Warenmengen u. dgl.; bei in einzelnen Räumen etwa vorkommenden besonderen Belastungen durch Akten, Bücher, Warenvorräte, leichte Maschinen usw. ist ein genauer Nachweis für diese Belastungen nicht erforderlich, wenn zu den für diese Räume angenommenen Verkehrslasten ein Zuschlag von 300 kg/m² eingeführt wird.

Waagrechte oder bis 1 : 20 geneigte Dächer, wenn zeitweiliger Aufenthalt von Menschen, z. B. zu Spiel-, Beobachtungs- oder Erholungszwecken nicht ausgeschlossen ist (Wind- oder Schneelast sind außerdem zu berücksichtigen), 200 kg/m².

Wohnungen, Büro-, Diensträume, einschließlich der Flure; Dachbodenräume; Ausstellungs- und Verkaufsräume (Läden) bis 50 m² Grundfläche; Kleinviehstallungen 200 kg/m².

Räume in Krankenhäusern und ähnlichen Anstalten, einschließlich der Flure 300 kg/m².

Treppen, einschließlich der Treppenabsätze und Treppenzugänge in Wohnhäusern; Hörsäle und Klassenzimmer 350 kg/m².

Versammlungsräume, Kirchen, Theater- und Lichtspielsäle; Turnhallen; Tribünen mit festen Sitzplätzen, Flure zu Hörsälen und Klassenzimmern; Balkone und offene, gegen die Innenräume abgeschlossene Hauslauben (Loggien); Ausstellungs- und Verkaufsräume (Läden) von mehr als 50 m² Grundfläche; Geschäftshäuser, Warenhäuser (Kaufhäuser); Büchereien, Archive, Aktenräume, soweit nicht Ermittlung nach vorher gegebenen Raumgewichten von Bau- und Lagerstoffen einen höheren Wert ergibt; Gastwirtschaften, Schlächtereien, Bäckereien; Fabriken und Werkstätten mit leichtem Betrieb; nicht befahrbare Hof-Kellerdecken; Treppen, Treppenabsätze, Treppenzugänge und Vorplätze jeder Art, mit Ausnahme der im vorstehenden Absatz bezeichneten; Großviehstallungen 500 kg/m².

Tribünen ohne feste Sitzplätze 750 kg/m².

Waagrechte Seitenkraft an Brüstungen und Geländern in Holmhöhe:

a) bei Treppen, mit Ausnahme der unter b bezeichneten, sowie bei Balkonen und offenen Hauslauben 50 kg/m;

b) in Versammlungsräumen, Kirchen, Schulen, Theater- und Lichtspielsälen, Vergnügungsstätten, Sportbauten und Tribünen 100 kg/m.

Bei Dächern ist in der Mitte der einzelnen Pfetten, Sparren oder Stahlsprossen, sofern die auf sie entfallende Wind- und Schneelast weniger als 200 kg beträgt, unter Außerachtlassung dieses Schnee- und Winddruckes eine Einzellast von 100 kg anzunehmen für Personen, die das Dach bei Reinigungs- und Wiederherstellungsarbeiten betreten.

Gleiches gilt für die Dachhaut, soweit sie überhaupt begangen werden kann. Hierbei ist die Verteilungsbreite bei Eisenbetonplatten und Steineisendecken nach „Deutsche Best. 1932 A. u. B." bei fabrikmäßig hergestellten Platten Dielen, usw. zu zwei Plattenbreiten, jedoch nicht breiter als 1 m anzunehmen.

Leichte Stahlsprossen dürfen mit einer Einzellast von 50 kg berechnet werden, wenn die Dächer nur mit Hilfe von Bohlen oder Leitern begehbar sind.

Für Gewächshäuser, die der Aufzucht dienen und nicht zum Aufenthalt von Menschen bestimmt sind, ist die Einführung der Schneelast und der Einzellast von 100 kg nicht erforderlich.

Räume zur Unterbringung von Kraftwagen (Garagen): Je nach dem Gesamtgewicht (Gewicht des Wagens, der Ausrüstung, der Betriebsstoffe und der Ladung) der unterzubringenden Wagen sind die in der untenstehenden Tafel aufgeführten Regelfahrzeuge in ungünstigster Stellung neben- und hintereinander (wenn nötig auch in verschiedener Fahrtrichtung) anzuordnen. Hierbei sind entlastend wirkende Rad- oder Achslasten unberücksichtigt zu lassen. Soweit in Räume für leichtere Kraftfahrzeuge Feuerwehrfahrzeuge einfahren können, ist hierfür ein einzelner Neuntonnenwagen in Rechnung zu stellen.

Durchfahrten und befahrbare Hof-Kellerdecken sind für Belastungen nach vorstehendem Absatz, jedoch mindestens für Sechstonnenwagen in ungünstigster Stellung zu berechnen.

Für Werkstätten und Fabriken mit schwerem Betrieb, für stark belastete Lagerräume usw. ist die Verkehrslast in jedem Einzelfalle zu bestimmen.

Bremskraft von Kranen ist mindestens zu einem Siebentel des größten Gesamtdruckes der abgebremsten Räder anzunehmen.

Für die Belastungsannahmen bei Kranen sind die Berechnungsgrundlagen für Stahlbauteile von Kranen und Kranbahnen maßgebend.

Stoßzuschläge:

Bei stoßweise wirkenden Erschütterungen, z. B. durch Maschinen, ist von Fall zu Fall ein Stoßzuschlag festzusetzen. Es empfiehlt sich, die Höhe des Stoßzuschlages mit der Baupolizei vorher zu vereinbaren.

Bei den vorstehend angegebenen Nutzlasten sind Stoßzuschläge nicht mehr zu berücksichtigen. Nur bei Durchfahrten und befahrbaren Hof-Kellerdecken ist ein Stoßzuschlag von 40% der Verkehrslast zu berücksichtigen. Für das Einfahren von Feuerwehrfahrzeugen braucht kein Stoßzuschlag berücksichtigt zu werden.

Bei Belastung mit Kranen sind Ausgleich- und Stoßzahlen entsprechend den Berechnungsgrundlagen für Stahlbauteile von Kranen und Kranbahnen zu berücksichtigen.

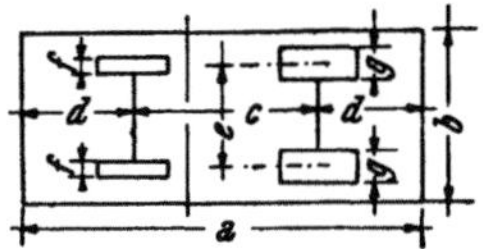

Abb. 181.

Gesamt-gewicht des Wagens t	Raddrücke t		Maße des Wagens in m						
	Vorderrad je	Hinterrad je	a	b	c	d	e	f	g
2,5	0,5	0,75	5	2	3	1	1,4	0,08	0,18
6	0,75	2,25	6	2,5	3	1,5	1,6	0,08	0,18
9	1,5	3	6	2,5	3	1,5	1,6	0,12	0,24
12	2	4	6	2,5	3	1,5	1,6	0,12	0,24

b) Schneelast:

Die Schneebelastung einer waagrechten Fläche ist zu mindestens 75 kg/m² anzunehmen.

Bei Dachflächen mit erheblicher Neigung darf die Schneelast, sofern nicht etwa einzelne Dachteile Schneesäcke bilden, geringer angenommen, bei einer Neigung von mehr als 60° ganz außer acht gelassen werden.

Die auf 1 m² der waagrechten Projektion einer Dachfläche entfallende Schneelast „S" ist dabei mindestens nach Maßgabe der nachfolgenden Zusammenstellung zu bemessen, in der α den Neigungswinkel der Dachfläche gegen die Waagrechte bedeutet.

$$\alpha = 20° \quad 25° \quad 30° \quad 35° \quad 40° \quad 45° \quad 50° \quad 55° \quad 60° \quad 60°$$

$$S = 75 \quad 70 \quad 65 \quad 60 \quad 55 \quad 50 \quad 45 \quad 40 \quad 35 \quad 0 \ \text{kg/m}^2$$

Zwischenwerte sind geradlinig einzuschalten.

Die Möglichkeit einer Bildung von Schneesäcken ist zu prüfen und gegebenenfalls bei erheblichem Gewicht zu berücksichtigen.

Die Möglichkeit einer vollen oder einer einseitigen Schneebelastung ist zu berücksichtigen.

Bei Bauten im Gebirge ist die Schneelast den örtlichen Verhältnissen entsprechend höher anzunehmen.

c) Windlast:

Als Windangriffsflächen sind anzunehmen:

Bei Baukörpern, die von ebenen Flächen begrenzt sind, die wirklichen Flächen;

bei Baukörpern mit Kreisquerschnitt die rechtwinklig zur Windrichtung liegende Ebene des Achsenschnittes;

bei mehreren hintereinanderliegenden Dachflächen desselben Gebäudes (z. B. Sägedächern) bei der ersten Dachfläche die volle Fläche, bei jeder folgenden die Hälfte — jedes einzelne Dach muß aber für sich berechnet werden, und zwar mit der vollen Fläche;

die Fläche von etwaigen Verkehrslasten (Verkehrsverband).

Die Windlast ist im allgemeinen rechtwinklig zur Windfläche anzunehmen, die Windrichtung waagrecht.

Wind- und Schneelast sind gleichzeitig, gewöhnlich nur bei Dächern bis 45° Neigung, zu berücksichtigen, bei größeren Neigungen nur dann, wenn Schneeansammlungen, z. B. beim Zusammenstoß mehrerer Dachflächen möglich sind.

Die Windlast ist abhängig von der Gestalt des Bauwerkes und setzt sich zusammen aus Druck- und Sogwirkungen. Die auf die Flächeneinheit entfallende Windlast w ist

$$w = c \cdot q \ (\text{kg/m}^2),$$

worin q der Staudruck (in kg/m² 7 und c ein von der Gestalt des Bauwerkes abhängiger Beiwert ist. Bezeichnet außerdem v (in m/s) die Windgeschwindigkeit, so ist anzunehmen:

bei   o bis   20 m Höhe über Gelände $v = 35,8$ m/s und $q =$ 80 kg/m²

über 20 „ 100 „   „   „   „ $v = 42,0$ „   „ $q = 110$ „

über 100 „   „   „   „ $v = 45,0$ „   „ $q = 130$ „

Bei Bauten bis zu 6 m Höhe darf q auf 50 kg/m² ermäßigt werden, bei größeren Höhen ist q wie vorstehend auf der ganzen Höhe zu wählen.

Beiwerte c:

a) Geschlossene Baukörper:

Zur Windrichtung rechtwinklige Flächen........................ $c = 1,2$
Desgleichen bei turmartigen Bauwerken .... $c = 1,6$
Zur Windrichtung unter $\not\prec \alpha°$ geneigte Flächen $c = 1,2 \cdot \sin \alpha$ bzw. $c = 1,6 \cdot \sin \alpha$

Für hohe Schornsteine ist ein Winddruck:

$$w = c \ (120 + 0,6 \cdot h)$$

anzunehmen, worin h die Lufthöhe bedeutet.

Vorschriften:

DIN 1055, Belastungsannahme im Hochbau, Verkehrslasten — Windlast (Blatt 4).
DIN 1056, Grundlagen für die Ausführung freistehender Schornsteine.

Für überschlägige Gewichtsermittlung kann man die lotrechten Gesamtlasten aus Eigengewicht, Schnee und Wind in kg/m² Grundrißfläche aus folgender Tabelle entnehmen:

Dachneigung	10°	15°	20°	25°	30°	35°	40°	45°
Einfaches Ziegeldach...........	—	—	—	253	264	277	290	306
Doppeltes Ziegeldach	—	—	—	275	287	301	316	335
Falzziegeldach.................	—	—	—	242	252	265	277	292
Englisches Schieferdach	—	—	204	220	229	240	251	264
Englisches Schieferdach auf Schalung	—	—	215	231	241	252	264	278
Deutsches Schieferdach	—	—	225	242	252	265	277	292
Zinkdach	170	185	199	214	223	234	244	257
Wellblech....................	154	169	183	198	206	216	225	235
Einfaches Pappdach	164	179	193	209	218	228	—	—
Glasdach, 6 mm..............	—	174	188	203	212	222	231	242

Tafel 5. Eigengewichte von Dachbindern in kg/m² Grundrißfläche (Näherungswerte).

a) Holzbinder in 4 bis 5 m Abstand:

Art des Dachbinders	Stützweite l in m				
	7 — 15	15 — 20	20 — 25	25 — 35	35 — 50
Stehender Dachstuhl oder liegend	10 — 20	—	—	—	—
Hänge- und Sprengwerke............	—	20 — 25	25 — 35	—	—
Fachwerkbinder....................	—	20 — 25	25 — 35	35 — 45	45 — 60

Zuschlag für Pfetten und Verbände 5 bis 10 kg/m² Grundrißfläche.

b) Stahlfachwerkbinder:

Binderabstand in m	Stützweite l in m						
	8 — 10	10 — 12	12 — 14	14 — 16	16 — 20	20 — 24	24 — 28
3,0	9 — 12	12 — 14	14 — 16	16 — 18	18 — 23	23 — 29	29 — 33
4,0	8 — 11	11 — 13	13 — 15	15 — 17	17 — 21	21 — 27	27 — 30
5,0	7 — 9	9 — 12	12 — 14	14 — 16	16 — 20	20 — 25	25 — 29
6,0	—	8 — 11	11 — 13	13 — 15	15 — 19	19 — 24	24 — 28

Zuschlag für Pfetten und Verbände je nach Binderentfernung und Dachbelastung:
Bei gewöhnlichen Pfetten 8 bis 16 kg/m² Grundrißfläche,
bei Gerberpfetten 5 bis 12 kg/m² Grundrißfläche.

Anmerkung: Binder und Pfettengewichte gelten nur für die statische Berechnung. Ergibt die Konstruktion wesentliche Abweichungen, so ist die Berechnung zu berichtigen.

Tafel 6. Mindestzementmenge in kg für 1 m³ fertigen Beton.

Nr.	Anwendungsgebiet	Dem Einfluß von Witterung und Feuchtigkeit	
		ausgesetzt	nicht ausgesetzt
1	Stahlbeton für Brücken-, Stützmauer- und Wasserbau	300	300
2	Desgleichen für Hochbauten	270	240
3	Desgleichen für massige, gering beanspruchte Bauteile	270	240
4	Unbewehrter Beton für Sichtflächen...............	200	200
5	Desgleichen für aufgehenden Beton...............	180	150
6	Desgleichen für Gründungsbeton	150	125
7	Desgleichen für Füllbeton........................	—	100
8	Umhüllungsbeton für Stahlträger und andere Stahlteile	240	240
9	Wasserundurchlässiger, unbewehrter Beton	240	—
10	Beton im Meerwasser	450	—
11	Desgleichen falls gründliche vorherige Erhärtung möglich	330	—
12	Beton unter starkem Angriff von Rauchgasen	300	300

Tafel 7. Zulässige Belastung des Baugrundes nach DIN 1054.

I. Zulässige Belastung von Flachgründungen:

	Gewicht kg/cm²
A. Angeschütteter, nicht künstlich verdichteter Boden je nach Beschaffenheit, Schichtdicke, Dichte und Lagerung	0 bis 1,0
B. Gewachsener (offensichtlich unberührter) Boden:	
1. Schlamm, Torf, Moorerde im allgemeinen	0
2. Nichtbindige, festgelagerte Böden:	
a) Fein- und Mittelsand bis 1 mm Korngröße	2
b) Grobsand, Körnung 1 bis 3 mm	3
c) Kiessand mit mindestens $^1/_3$ Raumteilen Kies und Kies bis 70 mm Korngröße	4
3. Bindige Böden (Lehm, Ton, Mergel, Kies und Sand mit viel Ton):	
a) breiig	0
b) weich (leicht knetbar)	0,4
c) steif (schwer knetbar)	0,8
d) halb fest	1,5
e) hart	3,0
4. Fels (geringe Klüftung, gesund, unverwittert, günstige Lagerung):	
a) in geschlossener Schichtenfolge (Grauwacke, Sand-, Kalkstein, Marmor, Mergelstein, Dolomit, kristallisierter Schiefer, Schieferton):	
von geringer Festigkeit	10
in fester Beschaffenheit (50 kg/cm² Druckfestigkeit)	15
b) in massiger Ausbildung (Granit, Syenit, Diorit, Porphyr, Diabas, Basalt, Andesit, Gneis)	30

II. Zulässige Belastung von Pfahlgründungen bei nicht bindigen Böden:

	t		t
A. Runde Holzpfähle:		**B. Quadratische Eisenbetonpfähle:**	
Durchmesser im Mittel 30 cm ..	30		
,, ,, ,, 35 ,, ..	35	Volle Seitenlänge 30 cm	35
,, ,, ,, 40 ,, ..	40	,, ,, 35 ,,	43
Pfahllänge = 5 m		,, ,, 40 ,,	50

Tafel 8. Holz.
Zulässige Spannungen σ_{zul} und τ_{zul} in kg/cm².

Nr.	Art der Beanspruchung	Güteklasse III		Güteklasse II		Güteklasse I	
		Nadel-holz	Eiche und Buche	Nadel-holz	Eiche und Buche	Nadel-holz	Eiche und Buche
1	Biegung auch mit Längskraft, b_{zul} ...	70	75	100[1]	110	130[1]	140
2	Biegung bei Durchlaufträgern ohne Gelenke, b_{zul}	75	80	110[2]	120	140[2]	155
3	Zug in der Faserrichtung, z_{zul}	0	0	85	100	105	110
4	Druck in der Faserrichtung, d_{zul}	60	70	85[2]	100	110[2]	120
5	Druck rechtwinklig zur Faserrichtung, d_{zul}	20	30	20	30	20	30
6	Desgleichen, wenn geringfügige Eindrückungen unbedenklich sind[3], d_{zul} ..	25	40	25	40	25	40
7	Abscheren in der Faserrichtung und Leimfuge, zul	9	10	9	10	9	12

[1] Für Lärchenholz 10 kg/cm² mehr.
[2] Für Lärchenholz 5 kg/cm² mehr.
[3] Überstand der Schwellen über die Druckfläche in der Faserrichtung $\geqq 1^1/_2$-facher Schwellenhöhe. Sonst Spannungsermäßigung um ein Fünftel.

Zulässige Durchbiegungen:

Die zulässige rechnerisch nachgewiesene Durchbiegung aus ständiger Last, Windlast und Schneelast, bei Brücken aus Verkehrslast ohne Schwingbeiwert, ist:

bei Brücken unter Eisenbahngleisen und bei Fachwerkträgern ..... $^1/_{700}$,
bei Hänge- und Sprengwerken .... $^1/_{500}$,
bei Deckenträgern (Balken) .... $^1/_{300}$,
bei Vollwandträgern .... $^1/_{400}$,
bei Pfetten .... $^1/_{200}$.

Verdübelte Balken nach DIN 1052 und DIN 1074:

$$W_1 = \frac{b \cdot h^2}{6}$$

$$W_2 = 0{,}85 \frac{b \cdot h^2}{6} = 3{,}4\, W_1$$

bei Brücken

$$W_2 = 0{,}8 \frac{b \cdot h^2}{6} = 3{,}2\, W_1,$$

Schubkraft

$$T_2 = \frac{3\,Q}{2\,h}.$$

$$W_3 = 0{,}7 \frac{b \cdot h^2}{6} = 6{,}3\, W_1,$$

bei Brücken

$$W_3 = 0{,}6 \frac{b \cdot h^2}{6} = 5{,}4\, W_1,$$

Schubkraft

$$T_3 = \frac{4\,Q}{3\,h}.$$

Besondere Abzüge für Bolzen und Dübellöcher sind nicht erforderlich.

Tafel 9. Stahl.

Zulässige Spannungen für Bauteile und Verbindungsmittel im Hochbau nach DIN 1050.

Nicht gültig für Brücken.

Belastungsfall I (Hauptkräfte): Gleichzeitige ungünstige Wirkung von ständiger Last, Verkehrslast, Schneelast.

Belastungsfall II (Haupt- und Zusatzkräfte): Gleichzeitige ungünstige Wirkung der Lasten nach Fall I zusammen mit Windlast, Wärmeschwankungen, waagrechten Seitenkräften und Bremskräften, die von einem oder mehreren Kranen herrühren.

Für Bauteile, die durch keine Hauptkräfte, abgesehen von ihrem Eigengewicht, sondern nur durch eine der unter Fall II angeführten Lastarten beansprucht werden, sind die für Belastungsfall I angegebenen Spannungen zugrunde zu legen.

St 00.12 darf für tragende Bauteile nicht mehr verwendet werden.

Für Handelsbaustahl und St 37 1600 kg/cm², für St 52 2400 kg/cm² für Vollast, bei Beanspruchung auf Biegung sowie auf Biegung mit Axialkraft, jedoch nicht bei Beanspruchung auf reinen Druck oder Zug.

Verwendungsform im Bauwerk	Bei Beanspruchung auf	Bei Trägern, Fachwerken, Stützen					Werkstoff für die Verbindungsmittel
		St 12	Handelsbaustahl und St 37.12		St 52		
		und Belastungsfall					
		I u. 2	I	2	I	2	
a) Bauteile	Zug, Druck und Biegung σ_{zul} ..	1200	1400	1600	2100	2400	
	Schub τ_{zul}	960	1120	1280	1680	1920	Niete aus
b) Nietverbindungen	Abscheren $\tau_{a\,zul}$..	1200	1400	1600	—	—	St 34.13
		—	—	—	2100	2400	St 44
	Lochleibungsdruck $\sigma_{l\,zul}$ ...	2400	2800	3200	—	—	St 34.13
		—	—	—	4200	4800	St 44
c) Schraubenverbindungen (eingepaßte Schrauben)	Abscheren[1] $\tau_{a\,zul}$.	960	1120	1280	—	—	St 38.13
		—	—	—	1680	1920	St 52
	Lochleibungsdruck $\sigma_{l\,zul}$ ...	2400	2800	3200	—	—	St 38.13
		—	—	—	4200	4800	St 52
	Zug[2] $\sigma_{z\,zul}$	850	1000	1100	—	—	St 38.13
		—	—	—	1500	1700	St 52

		Belastungsfall		
		I	2	
d) Schraubenverbindungen (rohe Schrauben)	Abscheren[3] $\tau_{a\,zul}$.	1000	1100	St 38.13
	Lochleibungsdruck[3] $\sigma_{l\,zul}$ ..	1600	1800	St 38.13
	Zug[2] $\sigma_{z\,zul}$	1000	1100	St 38.13
e) Ankerschrauben und Bolzen	Zug $\sigma_{z\,zul}$	850	850	St 00.12 Handelsbaustahl und
		1000	1100	St 37.12
		1500	1700	St 52

[1] Maßgebend ist Lochquerschnitt.   [2] Maßgebend ist Kernquerschnitt.
[3] Maßgebend ist Schaftquerschnitt.

Tafel 10. Zulässige Spannungen für Beton.

Die zulässigen Spannungen des bewehrten Betons sind von der Würfelfestigkeit nach 28tägiger Erhärtung abhängig.

Bei Verwendung von Handelszement........... $W_{b28} = 120$ kg/cm²,
bei Verwendung von hochwertigem Zement .... $W_{b28} = 160$ kg/cm².

Zulässige Spannungen des Betons $b_{zul} = $ kg/cm².

1. Einfache Biegung und Biegung mit Längskraft:

Betonart	min W_{b28} kg/cm²	$b_{zul} = $ kg/cm²			
		α	β	γ	ϑ
Beton mit Handelszement............	120	40	50	50	30
Beton mit hochwertigem Zement.......	160	50	65	60	40

α) Allgemeingültige Werte.
β) Werte für Stege von Plattenbalken und Rippendecken im Bereich der negativen Momente.
γ) Werte für kreuzweise bewehrte Platten und mindestens 20 cm hohe volle Rechteckquerschnitte.
ϑ) Werte für dünne Platten unter 8 cm Dicke, nicht aber für die Druckzone von Rippendecken.

2. Mittig gedrückte Säulen:

Betonart	min W_{b28} kg/cm²	b_{zul} kg/cm²
Beton mit Handelszement..............................	120	35
Beton mit hochwertigem Zement.......................	160	45

Zulässige Schubspannung des Betons τ_0 ist:
Bei Platten, Balken und Plattenbalken: $\tau_{0\,zul} = 14$ kg/cm².
Rechnerischer Nachweis der Schubsicherung ist notwendig, wenn

bei Platten .... $\tau_0 > 6$ kg/cm²,
bei Balken und Plattenbalken ...... $\tau_0 = > 4$,,   ist.

Die zulässige Haftspannung ist: $\tau_1 = 5$ kg/cm²; ist der Eisendurchmesser < 25 mm, brauchen die Haftspannungen nicht nachgewiesen werden.
Die zulässigen Spannungen der Eiseneinlagen $\sigma_{e\,zul} = $ kg/cm² betragen:

Stahlsorte	min W_{b28} kg/cm²	$e_{zul} = $ kg/cm²	
		α	β
Handelseisen	120	1200	1200
Desgleichen, $\varnothing \geq 26$ mm, aber nicht in Platten mit $d < 7$ cm................................	160	1400	1400
Hochwertiger Betonstahl...................	225	1800	1500

α) Werte für Platten, Rechteckquerschnitt und Bereich der negativen Momente von Plattenbalken.
β) Werte für Plattenbalken (auch Schubsicherung) und sonstige Querschnitte.

Anmerkung: Die zulässige Spannung von 1400 kg/cm² für Handelseisen setzt voraus, daß bei einer Trennung der Zuschlagstoffe in die Körnungen 0 bis 7 mm und über 7 mm ein einwandfreier Beton mit einer Würfelfestigkeit $W_{b28} = 160$ kg/cm² hergestellt wird.

1 m³ fertiger Beton muß mindestens 300 kg Zement enthalten. Für Bauteile bei Hochbauten, welche der Feuchtigkeit und Witterung nicht ausgesetzt sind, genügen 270 kg Zement je Kubikmeter.

Tafel 11. Zulässige Druckspannungen für Mauerwerk und Pfeiler aus künstlichen Steinen.

1. Mauerwerk:

Steinart	Mindest-druckfestig-keit in kg/cm²	Zulässige Druckspannung in kg/cm²		
		Kalkmörtel	Kalkzement-mörtel	Zement-mörtel 1 + 4
Zementschwemmsteine aus Bimskies, Hüttenschwemmsteine	20	3	4	.
Porige Vollsteine, Schlackensteine im Reichsformat..................	30	4	5	.
Ziegel	50			
Sonderzementschwemmsteine aus Bimskies	30	5	6	.
Sonderhüttenschwemmsteine				
Sonderschlackensteine..............	50			
Mauerziegel 2. Klasse / Hüttensteine 2. Klasse	100	7	8	.
Mauerziegel 1. Klasse Kalksandsteine .... Hüttensteine 1. Klasse	150	10	14	16
Hartbrandziegel Hüttenhartsteine	250	.	18	22
Klinker...........................	350	.	.	35

Vollsteine aus mineralischen Zuschlagstoffen (z. B. Beton-, Mörtel-, Asche-, Schlacken-, Schwemmsteine), soweit sie nicht unter die vorstehenden Gattungen — außer Klinker — fallen, ein Fünftel der Mauerwerksfestigkeit M_{28}, aber nicht mehr als oben zugelassen ist. Dabei sind die Steine entsprechend ihrer ermittelten Steindruckfestigkeit in den vorstehenden Reihen einzuordnen, und zwar in der Zeile mit der nächst niedrigen Steinfestigkeit.

Steine aus gebranntem Ton oder mineralischen Stoffen mit Hohlräumen.

Zulässige Druckspannung durch Versuche nach DIN 4110 auf Grund besonderer Zulassung.

Tafel 12.

2. *Pfeiler:*

Steinart	Mindestdruckfestigkeit in kg/cm²	Mörtel	Größte Schlankheit h = Pfeilerhöhe $\overline{d}$ = Pfeilerdicke					
			4	5	6	8	10	12
Zementschwemmsteine aus Bimskies, Hüttenschwemmsteine	20	K-Z	4	2	1	.	.	.
Porige Vollsteine, Schlackensteine im Reichsformat	30	}K-Z	5	3	1	.	.	.
Ziegel	50							
Sonderzementschwemmsteine aus Bimskies, Sonderhüttenschwemmsteine	30	}K-Z	6	4	2	.	.	.
Sonderschlackensteine.............	50							
Mauerziegel 2. Klasse ⎱ Hüttensteine 2. Klasse ⎰	100	K	7	5	3	1	.	.
Mauerziegel 1. Klasse ⎱	150	K	10	7	5	3	2	.
Kalksandsteine ⎰		K-Z	14	10	8	6	5	4
Hüttensteine 1. Klasse ⎰		Z	16	11	9	7	6	5
Hartbrandziegel ⎱	250	K-Z	18	13	11	9	8	7
Hüttenhartsteine ⎰		Z	22	14	12	10	9	8
Klinker	350	Z	35	20	17	13	11	10

Vollsteine aus mineralischen Zuschlagstoffen (z. B. Beton-, Mörtel-, Asche-, Schlacken-, Schwemmsteine), soweit sie nicht unter die vorstehenden Gattungen — außer Klinker — fallen, sind auf Grund ihrer zulässigen Druckspannung d aus der vorherigen Tafel hier entsprechend einzureihen.

Steine aus gebranntem Ton oder mineralischen Stoffen mit Hohlräumen.

Zulässige Druckspannung durch Versuche nach DIN 4110 auf Grund besonderer Zulassung.

K = Kalkmörtel, K-Z = Kalkzementmörtel, Z = Zementmörtel 1 + 4.

Tafel 13.   Gewichts- und Querschnittswerte von Regel-Kanthölzern.

$$F = b \cdot h, \quad J_x = \frac{b\,h^3}{12}, \quad J_y = \frac{h\,b^3}{12}, \quad W_x = \frac{b\,h^2}{6}, \quad W_y = \frac{h\,B^2}{6},$$

$$i_x = \sqrt{\frac{J_x}{F}} = 0{,}289\,h, \quad i_y = \sqrt{\frac{J_y}{F}} = 0{,}289\,b.$$

b cm	h cm	F cm²	G kg/m	J_x cm⁴	W_x cm³	i_x cm	J_y cm⁴	W_y cm³	i_y cm
2,4	4,8	11,5	0,75	22,1	9,2	1,39	5,5	4,57	0,69
3	5	15	0,98	31,3	12,5	1,45	11,3	7,5	0,87
4	6	24	1,56	72	24	1,73	32	16	1,16
5	8	40	2,6	213	53,3	2,31	83,3	33,3	1,44
6	10	60	3,9	500	100	2,89	180	60	1,73
	12	72	4,7	864	144	3,47	216	72	1,73
8	8	64	4,2	341	85	2,31	341	85	2,31
	10	80	5,2	667	133	2,89	427	106	2,31
	14	112	7,3	1829	261	4,05	597	149	2,31
	16	128	8,3	2731	341	4,62	683	171	2,31
	20	160	10,4	5333	533	5,77	853	213	2,31
10	10	100	6,5	833	167	2,89	833	167	2,89
	12	120	7,8	1440	240	3,47	1000	200	2,89
	14	140	9,1	2287	327	4,05	1167	233	2,89
	16	160	10,4	3413	427	4,62	1333	267	2,89
	20	200	13,0	6667	667	5,78	1667	333	2,89
	22	222	14,4	8873	807	6,32	1833	367	2,89
12	12	144	9,4	1728	288	3,47	1728	288	3,47
	14	168	10,9	2744	392	4,05	2016	336	3,47
	16	192	12,5	4096	512	4,62	2304	384	3,47
	24	288	18,7	13824	1152	6,94	3456	576	3,47
	26	312	20,3	17576	1352	7,51	3744	624	3,47
13	16	208	13,5	4430	555	4,62	2930	451	3,76
	18	234	15,2	6320	702	5,20	3300	507	3,76
14	14	196	12,7	3201	457	4,05	3201	457	4,05
	16	224	14,6	4779	597	4,62	3659	523	4,05
	18	252	16,4	6801	756	5,20	4116	588	4,05
	20	280	18,2	9333	933	5,78	4573	653	4,05
16	16	256	16,6	5461	683	4,62	5461	683	4,62
	20	320	20,8	10667	1067	5,78	6827	853	4,62
	22	352	22,9	14197	1291	6,36	7509	939	4,62
	24	384	25,0	18432	1536	6,94	8192	1020	4,62
18	18	324	21,1	8748	972	5,20	8748	972	5,20
	22	396	25,7	15972	1452	6,36	10692	1190	5,20
	24	432	28,1	20736	1728	6,94	11664	1300	5,20
20	20	400	26,0	13333	1333	5,78	13333	1333	5,78
	24	480	31,2	23040	1920	6,94	16000	1600	5,78
	26	520	33,8	29293	2253	7,51	17333	1733	5,78

Tafel 14. Gewichts- und Querschnittswerte von ungenormten Kanthölzern.

b cm	h cm	F cm²	G kg/m	J_x cm⁴	W_x cm³	i_x cm	J_y cm⁴	W_y cm³	i_y cm
6	14	84	5,5	1372	196	4,05	252	84	1,73
8	12	96	6,2	1152	192	3,47	512	128	2,31
8	18	144	9,3	3888	432	5,20	768	192	2,31
10	18	180	11,7	4860	540	5,20	1500	300	2 89
12	20	240	15,6	8000	800	5,78	2880	480	3,47
22	22	484	31,5	19520	1780	6,36	19520	1780	6,36
	24	528	34,3	25340	2110	6,94	21300	1940	6,36
	26	572	37,2	32220	2480	7,51	23070	2100	6,36
	28	616	40,0	40250	2880	8,09	24850	2260	6,36
24	24	576	37,4	27650	2300	6,94	27650	2300	6,94
	26	624	40,6	35150	2700	7,51	29950	2500	6,94
	28	672	43,7	43900	3140	8,09	32260	2690	6,94
	30	700	46,8	54000	3600	8,67	34560	2880	6,94
26	26	676	43,9	38080	2930	7,51	38080	2930	7,51
	28	728	47,3	47560	3400	8,09	41010	3160	7,51
	30	780	50,7	58500	3900	8,67	43940	3380	7,51
28	28	784	51,0	51220	3660	8,09	51220	3660	8,09
	30	840	54,6	63000	4200	8,67	54880	3920	8,09
30	30	900	58,5	67500	4500	8,67	67500	4500	8,67

Knickzahlen ω:

λ	0	1	2	3	4	5	6	7	8	9	λ
0	1,00	1,01	1,01	1,02	1,03	1,03	1,04	1,05	1,06	1,06	0
10	1,07	1,08	1,09	1,09	1,10	1,11	1,12	1,13	1,14	1,15	10
20	1,15	1,16	1,17	1,18	1,19	1,20	1,21	1,22	1,23	1,24	20
30	1,25	1,26	1,27	1,28	1,29	1,30	1,32	1,33	1,34	1,35	30
40	1,36	1,38	1,39	1,40	1,42	1,43	1,44	1,46	1,47	1,49	40
50	1,50	1,52	1,53	1,55	1,56	1,58	1,60	1,61	1,63	1,65	50
60	1,67	1,69	1,70	1,72	1,74	1,76	1,79	1,81	1,83	1,85	60
70	1,87	1,90	1,92	1,95	1,97	2,00	2,03	2,05	2,08	2,11	70
80	2,14	2,17	2,21	2,24	2,27	2,31	2,34	2,38	2,42	2,46	80
90	2,50	2,54	2,58	2,63	2,68	2,73	2,78	2,83	2,88	2,94	90
100	3,00	3,07	3,14	3,21	3,28	3,35	3,43	3,50	3,57	3,65	100
110	3,73	3,81	3,89	3,97	4,05	4,13	4,21	4,29	4,38	4,46	110
120	4,55	4,64	4,73	4,82	4,91	5,00	5,09	5,19	5,28	5,38	120
130	5,48	5,57	5,67	5,77	5,88	5,98	6,08	6,19	6,29	6,40	130
140	6,51	6,62	6,73	6,84	6,95	7,07	7,18	7,30	7,41	7,53	140
150	7,65	7,77	7,90	8,02	8,14	8,27	8,39	8,52	8,65	8,78	150
160	8,91	9,04	9,18	9,31	9,45	9,58	9,72	9,86	10,00	10,15	160
170	10,29	10,43	10,58	10,73	10,88	11,03	11,18	11,33	11,48	11,64	170
180	11,80	11,95	12,11	12,27	12,44	12,60	12,76	12,93	13,09	13,26	180
190	13,43	13,61	13,78	13,95	14,12	14,30	14,48	14,66	14,84	15,03	190
200	15,20	15,38	15,57	15,76	15,95	16,14	16,33	16,52	16,71	16,91	200

Tafel 15. Gewichts- und Querschnittswerte von Rundhölzern.

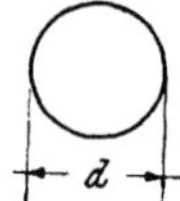

d ist in Stammitte bei entrindetem Holz gemessen. Der Rauminhalt V in m³/m ergibt sich aus F; z. B. ist für $d = 33$ cm $V = \dfrac{855,0}{10000} \cong$ $\cong 0,086$ m³/m. Das Gewicht G gilt für halbtrockenes Kiefernholz $(\gamma = 650$ kg/m³). Es ist bei Tanne und Fichte mit 0,85, bei Buche mit 1,15, bei Eiche mit 1,3 zu vervielfältigen.

$$U = \pi \cdot d, \quad F = \frac{\pi\, d^2}{4}, \quad J = \frac{\pi\, d^4}{64}, \quad W = \frac{\pi\, d^3}{32}, \quad i = \sqrt{\frac{J}{F}} = \frac{d}{4}.$$

d cm	U cm	F cm²	G kg/m	J cm⁴	W cm³	i cm
7	22,0	38,5	2,5	118	33,7	1,75
8	25,1	50,3	3,27	201	50,3	2,00
9	28,3	63,6	4,14	322	71,6	2,25
10	31,4	78,5	5,11	491	98,2	2,50
11	34,6	95,0	6,18	719	131	2,75
12	37,7	113	7,35	1020	170	3,00
13	40,8	133	8,62	1400	216	3,25
14	44,0	154	10,0	1890	269	3,50
15	47,1	177	11,5	2490	331	3,75
16	50,3	201	13,1	3220	402	4,00
17	53,4	227	14,8	4100	482	4,25
18	56,5	254	16,5	5150	573	4,50
19	59,7	284	18,4	6400	673	4,75
20	62,8	314	20,4	7850	785	5,00
21	66,0	346	22,5	9550	909	5,25
22	69,1	380	24,7	11500	1050	5,50
23	72,3	415	27,0	13740	1190	5,75
24	75,4	452	29,4	16290	1360	6,00
25	78,5	491	31,9	19165	1530	6,25
26	81,7	531	34,5	22430	1730	6,50
27	84,8	573	37,2	26090	1930	6,75
28	88,0	616	40,0	30170	2160	7,00
29	91,1	661	42,9	34720	2390	7,25
30	94,2	707	45,9	39760	2650	7,50
31	97,4	755	49,1	45330	2930	7,75
32	100,5	804	52,3	51470	3220	8,00
33	103,7	855	55,6	58210	3530	8,25
34	106,8	908	59,0	65600	3860	8,50
35	110,0	962	62,5	73660	4210	8,75
36	113,1	1018	66,2	82450	4580	9,00
37	116,2	1075	69,9	92000	4970	9,25
38	119,4	1134	73,7	102400	5390	9,50
39	122,5	1195	77,7	113600	5820	9,75
40	125,7	1257	81,7	125700	6280	10,00
41	128,8	1320	85,8	138700	6770	10,25
42	131,9	1385	90,0	152700	7270	10,50
43	135,1	1452	94,4	167800	7810	10,75
44	138,2	1521	98,9	184000	8360	11,00
45	141,4	1590	103	201300	8950	11,25
46	144,5	1662	108	219800	9560	11,50
47	147,7	1735	113	239500	10190	11,75
48	150,8	1810	118	260600	10860	12,00
49	153,9	1886	123	283000	11550	12,25
50	157,1	1964	128	306800	12270	12,50

Tafel 16. Knickzahlen ω für St 00.12, Handelsbaustahl und St 37.12.

λ	0	1	2	3	4	5	6	7	8	9	λ
0	1,00	1,00	1,00	1,00	1,00	1,00	1,00	1,00	1,00	1,00	0
10	1,01	1,01	1,01	1,01	1,01	1,01	1,01	1,02	1,02	1,02	10
20	1,02	1,03	1,03	1,03	1,03	1,04	1,04	1,04	1,05	1,05	20
30	1,05	1,06	1,06	1,07	1,07	1,08	1,08	1,09	1,09	1,10	30
40	1,10	1,11	1,11	1,12	1,13	1,13	1,14	1,15	1,15	1,16	40
50	1,17	1,18	1,18	1,19	1,20	1,21	1,22	1,23	1,24	1,25	50
60	1,26	1,27	1,29	1,30	1,31	1,32	1,34	1,35	1,36	1,38	60
70	1,39	1,41	1,43	1,44	1,46	1,48	1,50	1,52	1,54	1,56	70
80	1,59	1,61	1,63	1,66	1,69	1,71	1,74	1,78	1,81	1,84	80
90	1,88	1,92	1,95	2,00	2,04	2,09	2,14	2,19	2,24	2,30	90
100	2,36	2,41	2,46	2,51	2,56	2,61	2,66	2,71	2,76	2,81	100
110	2,86	2,91	2,97	3,02	3,07	3,13	3,18	3,24	3,29	3,35	110
120	3,40	3,46	3,52	3,58	3,64	3,69	3,75	3,81	3,87	3,93	120
130	4,00	4,06	4,12	4,18	4,25	4,31	4,37	4,44	4,50	4,57	130
140	4,63	4,70	4,77	4,83	4,90	4,97	5,04	5,11	5,18	5,25	140
150	5,32	5,39	5,46	5,53	5,61	5,68	5,75	5,83	5,90	5,98	150
160	6,05	6,13	6,20	6,28	6,36	6,44	6,51	6,59	6,67	6,75	160
170	6,83	6,91	6,99	7,08	7,16	7,24	7,32	7,41	7,49	7,57	170
180	7,66	7,75	7,83	7,92	8,00	8,09	8,18	8,27	8,36	8,44	180
190	8,53	8,62	8,72	8,81	8,90	8,99	9,08	9,17	9,27	9,36	190
200	9,46	9,55	9,65	9,74	9,84	9,94	10,03	10,13	10,23	10,33	200
210	10,43	10,53	10,63	10,73	10,83	10,93	11,03	11,13	11,24	11,34	210
220	11,44	11,55	11,65	11,76	11,86	11,97	12,08	12,18	12,29	12,40	220
230	12,51	12,62	12,72	12,83	12,94	13,06	13,17	13,28	13,39	13,50	230
240	13,62	13,73	13,84	13,96	14,08	14,19	14,31	14,42	14,54	14,66	240
250	14,78	—	—	—	—	—	—	—	—	—	250

Anmerkung: Stäbe mit größerem Schlankheitsgrad als $\lambda = 250$ sind unzulässig. Zwischenwerte brauchen nicht eingeschaltet zu werden.

Zulässige Durchbiegungen (Belastungsfall I).

Bauten, Lasten, Werkstoff	Verwendungsform	Trägerform	zul. Durchbiegung		
			bei $l \overset{>}{=} m$	Träger in Beton	freie Träger
Regelfall für Bauten und Verkehrslasten, Handelsbaustahl	Deckenträger Unterzüge	I, IP, Nietträger Schweißträger	5	$^1/_{200}$	$^1/_{300}$
Sonderfall für DIN 1055, Bl. 3, Ziff. 1 bis 5, außer Tanzsälen, Büchereien, Archiven, Aktenräumen,	Deckenträger	nur I	5	$^1/_{200}$	$^1/_{300}$
Fabriken, Werkstätten mit leichtem Betrieb, Handelsbaustahl	Unterzüge	I, IP, Nietträger Schweißträger		$^1/_{300}$	$^1/_{500}$

Tafel 17. Knickzahlen ω für Baustahl St 52.

λ	0	1	2	3	4	5	6	7	8	9	λ
0	1,00	1,00	1,00	1,00	1,00	1,00	1,00	1,00	1,00	1,01	0
10	1,01	1,01	1,01	1,01	1,01	1,02	1,02	1,02	1,02	1,03	10
20	1,03	1,03	1,04	1,04	1,04	1,05	1,05	1,06	1,06	1,06	20
30	1,07	1,07	1,08	1,08	1,09	1,10	1,10	1,11	1,12	1,12	30
40	1,13	1,14	1,15	1,15	1,16	1,17	1,18	1,19	1,20	1,21	40
50	1,22	1,23	1,24	1,25	1,26	1,28	1,29	1,30	1,32	1,33	50
60	1,35	1,36	1,38	1,40	1,42	1,44	1,46	1,48	1,50	1,52	60
70	1,54	1,57	1,59	1,62	1,65	1,68	1,71	1,74	1,78	1,81	70
80	1,85	1,89	1,93	1,98	2,03	2,08	2,13	2,19	2,25	2,32	80
90	2,39	2,47	2,55	2,64	2,74	2,84	2,96	3,08	3,22	3,38	90
100	3,55	3,62	3,69	3,76	3,84	3,91	3,98	4,06	4,14	4,21	100
110	4,29	4,37	4,45	4,53	4,61	4,69	4,77	4,85	4,94	5,02	110
120	5,11	5,19	5,28	5,37	5,45	5,54	5,63	5,72	5,81	5,90	120
130	5,99	6,09	6,18	6,27	6,37	6,46	6,56	6,66	6,75	6,85	130
140	6,95	7,05	7,15	7,25	7,35	7,46	7,56	7,66	7,77	7,87	140
150	7,98	8,09	8,19	8,30	8,41	8,52	8,63	8,74	8,85	8,97	150
160	9,08	9,19	9,31	9,42	9,54	9,65	9,77	9,89	10,01	10,13	160
170	10,25	10,37	10,49	10,61	10,74	10,86	10,98	11,11	11,24	11,36	170
180	11,49	11,62	11,75	11,88	12,01	12,14	12,27	12,40	12,53	12,67	180
190	12,80	12,94	13,07	13,21	13,35	13,48	13,62	13,76	13,90	14,04	190
200	14,18	14,33	14,47	14,61	14,76	14,90	15,05	15,20	15,34	15,49	200
210	15,64	15,79	15,94	16,09	16,24	16,39	16,55	16,70	16,85	17,01	210
220	17,16	17,32	17,48	17,64	17,79	17,95	18,11	18,27	18,44	18,60	220
230	18,76	18,92	19,09	19,25	19,42	19,58	19,75	19,92	20,09	20,26	230
240	20,43	20,60	20,77	20,94	21,11	21,29	21,46	21,64	21,81	21,99	240
250	22,16	—	—	—	—	—	—	—	—	—	250

Knickzahlen ω für Gußeisen.

λ	0	1	2	3	4	5	6	7	8	9	λ
0	1,00	1,00	1,00	1,00	1,00	1,00	1,00	1,00	1,00	1,00	0
10	1,01	1,01	1,02	1,02	1,03	1,03	1,03	1,04	1,04	1,05	10
20	1,05	1,06	1,06	1,07	1,07	1,08	1,09	1,09	1,10	1,10	20
30	1,11	1,12	1,13	1,14	1,15	1,17	1,18	1,19	1,20	1,21	30
40	1,22	1,24	1,25	1,27	1,29	1,31	1,32	1,34	1,36	1,37	40
50	1,39	1,42	1,45	1,47	1,50	1,53	1,56	1,59	1,61	1,64	50
60	1,67	1,72	1,78	1,83	1,89	1,94	1,99	2,05	2,10	2,16	60
70	2,21	2,34	2,47	2,60	2,73	2,86	2,98	3,11	3,24	3,37	70
80	3,50	3,59	3,69	3,78	3,87	3,97	4,06	4,15	4,24	4,34	80
90	4,43	4,53	4,63	4,74	4,84	4,94	5,04	5,14	5,25	5,35	90
100	5,45	—	—	—	—	—	—	—	—	—	100

Knickzahlen ω für Beton (unbewehrter Beton, Stampfbeton).

l/d_{min}	0	1	2	3	4	5	6	7	8	9	l/d_{min}
1	1,0	1,01	1,03	1,04	1,05	1,06	1,08	1,09	1,10	1,11	1
2	1,13	1,14	1,15	1,16	1,18	1,19	1,20	1,21	1,23	1,24	2
3	1,25	1,26	1,28	1,29	1,30	1,31	1,33	1,34	1,35	1,36	3
4	1,38	1,39	1,40	1,41	1,43	1,44	1,45	1,46	1,48	1,49	4
5	1,50	1,53	1,56	1,59	1,62	1,65	1,68	1,71	1,74	1,77	5
6	1,80	1,83	1,86	1,89	1,92	1,95	1,98	2,01	2,04	2,07	6
7	2,10	2,13	2,16	2,19	2,22	2,25	2,28	2,31	2,34	2,37	7
8	2,40	2,43	2,46	2,49	2,52	2,55	2,58	2,61	2,64	2,67	8
9	2,70	2,73	2,76	2,79	2,82	2,85	2,88	2,91	2,94	2,97	9
10	3,00	—	—	—	—	—	—	—	—	—	10

Tafel 18. Knickzahlen ω für Stahlbeton.
Quadratische und rechteckige Stahlbetonsäulen mit einfacher Bügelbewehrung.

$\dfrac{l}{d_{\min}}$	0	1	2	3	4	5	6	7	8	9	$\dfrac{l}{d_{\min}}$
10	—	—	—	—	—	1,00	1,02	1,03	1,04	1,06	10
20	1,08	1,13	1,18	1,22	1,27	1,32	1,40	1,48	1,56	1,64	20
30	1,72	1,83	1,94	2,05	2,16	2,28	2,42	2,56	2,70	2,85	30
40	3,00	—	—	—	—	—	—	—	—	—	40

Tafel 19. Knickzahlen ω für Stahlbetonsäulen.
Mit beliebigem Querschnitt und einfacher Bügelbewehrung.

λ	0	1	2	3	4	5	6	7	8	9	λ
50	1,00	1,00	1,01	1,01	1,02	1,02	1,02	1,03	1,03	1,03	50
60	1,04	1,04	1,05	1,05	1,06	1,06	1,06	1,07	1,07	1,08	60
70	1,08	1,10	1,11	1,13	1,14	1,16	1,18	1,19	1,21	1,23	70
80	1,24	1,25	1,27	1,29	1,30	1,32	1,34	1,36	1,38	1,40	80
90	1,42	1,44	1,46	1,48	1,50	1,52	1,54	1,56	1,58	1,60	90
100	1,62	1,64	1,66	1,68	1,70	1,72	1,76	1,79	1,83	1,87	100
110	1,91	1,94	1,98	2,01	2,05	2,09	2,13	2,16	2,20	2,24	110
120	2,28	2,32	2,35	2,39	2,42	2,46	2,50	2,53	2,57	2,60	120
130	2,64	2,68	2,71	2,75	2,78	2,82	2,86	2,89	2,93	2,96	130
140	3,00	—	—	—	—	—	—	—	—	—	140

Tafel 20. Knickzahlen ω für umschnürte Stahlbetonsäulen.
(d_k = Kerndurchmesser.)

$\dfrac{l}{d_k}$	0	1	2	3	4	5	6	7	8	9	$\dfrac{l}{d_k}$
10	1,00	1,03	1,07	1,09	1,13	1,17	1,24	1,30	1,37	1,43	10
20	1,50	1,60	1,70	1,80	1,90	2,00	—	—	—	—	20

Tafel 21. Zement mit Naturkiessand.
(Sand : Kies im Verhältnis 1 : 1 bis 1 : 2.)

Betonmischung (RT) $Z : Ks$	Bedarf für 1 m³ Beton		
	Zement		Kiessand
	$R = 1200$ kg/m³ (D. Best.) kg	l	l
1 : 3	400	333	1000
1 : 4	320	267	1070
1 : 5	270	225	1125
1 : 6	230	192	1160
1 : 7	200	167	1180
1 : 8	180	150	1200
1 : 9	160	133	1210
1 : 10	145	122	1230
1 : 12	125	104	1240
1 : 15	100	83	1250

Unter Zugrundelegung eines Zementraumgewichtes von 1200 kg/m³ ergeben sich nachstehende Kiesmengen in Liter, die auf je 1 Sack = 50 kg Zement der Mischung beizugeben sind:

Fortsetzung der Tafel 21.

Mischung	1 : 3	1 : 4	1 : 5	1 : 6	1 : 7	1 : 8	1 : 9	1 : 10	1 : 12	1 : 15
Kiessand	125	165	210	255	295	335	380	425	495	625 l

Bei dem in den Deutschen Bestimmungen 1932 für Eisenbetonkonstruktionen geforderten Mischungsverhältnis von 300 kg Zement je m³ Beton entspricht eine Kiesmenge von 184 l einer Zementmenge von 50 kg, bei dem Beton mit 270 bzw. 240 kg Zement je m³ Kiesmengen von 207 bzw. 238 l Sack Zement.

Zement mit Sand und Kies.
(Sand und Kies getrennt, im Verhältnis 1 : 2.)

Betonmischung (RT) $Z : S + K$	Bedarf für 1 m³ Beton			
	Zement		Sand	Kies
	$R = 1200$ kg/m³ (D. Best.) kg	l	l	l
1 : 2 + 4	270	224	450	900
1 : 2,5 + 5	222	185	450	900
1 : 3 + 6	180	150	450	900
1 : 3,5 + 7	156	130	450	900
1 : 4 + 8	135	113	450	900
1 : 5 + 10	108	90	450	900
1 : 6 + 12	90	75	450	900

Zement mit Sand und Steinschlag.
(Sand : Steinschlag im Verhältnis 1 : 1,5.)

Betonmischung (RT) $Z : S + Sch$	Bedarf für 1 m³ Beton			
	Zement		Sand	Steinschlag einschließlich Grus und Splitt
	$R = 1200$ kg/m³ (D. Best.) kg	l	l	l
1 : 2 + 3	325	270	540	810
1 : 2,5 + 3,75	260	217	540	810
1 : 3 + 4,5	216	180	540	810
1 : 3,5 + 5,25	186	154	540	810
1 : 4 + 6	163	135	540	810
1 : 5 + 7,5	130	108	540	810
1 : 6 + 9	110	91	540	810
2 : 7 + 10,5	92	77	540	810

Zementmörtel mit gewöhnlichem Normenzement.

Mörtelmischung (RT) $Z : S$	Bedarf für 1 m³ Mörtel			
	Zement		Sand	Wasser
	$R = 1200$ kg/m³ (D. Best.) kg	l	l	l
1 : 1,5	688	562	844	252
1 : 2	558	463	962	245
1 : 2,5	471	392	982	243
1 : 3	418	348	1046	223
1 : 4	332	276	1100	220

Tafel 22. Normale Baustahlgewebe.

| Nr. | Abstände der | | Drahtdicken | | Stahlquerschnitt je lfm | | Gewicht |
	Längsdrähte mm	Querdrähte mm	längs mm	quer mm	längs cm²	quer cm²	kg/m²
1	50	50	2,5	2,5	0,98	0,98	1,56
2	50	50	3,0	3,0	1,41	1,41	2,24
3	75	300	5,0	4,2	2,62	0,41	2,41
4	75	300	6,0	4,2	3,77	0,46	3,32
5	100	100	3,4	3,4	0,91	0,91	1,44
6	100	100	4,2	4,2	1,38	1,38	2,18
7	100	100	5,0	5,0	1,96	1,96	3,08
8	100	300	4,2	4,2	1,38	0,46	1,45
9	100	300	5,0	4,2	1,96	0,46	1,90
11	100	300	6,0	5,0	2,83	0,65	2,73
12	100	300	7,0	5,0	3,85	0,65	3,53
13	150	150	4,2	4,2	0,92	0,92	1,46
14	150	150	5,0	5,0	1,31	1,31	2,06
15	150	150	5,5	5,5	1,58	1,58	2,48
16	150	150	6,0	6,0	1,88	1,88	2,96
17	150	150	7,0	7,0	2,56	2,56	4,02
18	150	300	5,0	4,2	1,31	0,46	1,39
19	150	300	6,0	5,0	1,88	0,65	1,99
20	150	300	8,0	6,0	3,35	0,94	3,37
22	200	200	5,0	5,0	0,98	0,98	1,54
23	200	200	6,0	6,0	1,41	1,41	2,22

Tafel 23. Torstahl.

| ∅ m/m | Gewicht kg/m | Fe in cm² bei einer Stückzahl von | | | | | | | | | |
		1	2	3	4	5	6	7	8	9	10
6	0,22	0,28	0,57	0,85	1,13	1,41	1,70	1,98	2,26	2,54	2,83
7	0,30	0,38	0,77	1,15	1,54	1,92	2,31	2,69	3,08	3,46	3,85
8	0,40	0,50	1,01	1,51	2,01	2,51	3,02	3,52	4,02	4,52	5,03
10	0,62	0,79	1,57	2,36	3,14	3,93	4,71	5,50	6,28	7,07	7,85
12	0,89	1,13	2,26	3,39	4,52	5,65	6,79	7,92	9,05	10,18	11,31
14	1,21	1,54	3,08	4,62	6,16	7,70	9,24	10,78	12,32	13,85	15,39
16	1,58	2,01	4,02	6,03	8,04	10,05	12,06	14,07	16,08	18,10	20,11
18	2,00	2,54	5,09	7,63	10,18	12,72	15,27	17,81	20,36	22,90	25,45
20	2,47	3,14	6,28	9,42	12,57	15,71	18,85	21,99	25,13	28,27	31,42
22	2,98	3,80	7,60	11,40	15,21	19,01	22,81	26,61	30,41	34,21	38,01
24	3,55	4,52	9,05	13,57	18,10	22,62	27,14	31,67	36,19	40,72	45,24
26	4,17	5,31	10,62	15,93	21,24	26,55	31,86	37,17	42,47	47,78	53,00
28	4,83	6,16	12,32	18,47	24,63	30,70	30,95	43,10	49,26	55,42	61,58

Tafel 24. Tafel für Beton-Rundstähle.

Ø mm	Gewicht kg/m	U cm	Stückzahl cm²											
			1	2	3	4	5	6	7	8	9	10	11	12
1	0,006	0,31	0,008	0,016	0,024	0,031	0,039	0,047	0,056	0,063	0,071	0,079	0,087	0,094
2	0,025	0,63	0,031	0,063	0,094	0,128	0,157	0,188	0,22	0,251	0,282	0,314	0,345	0,377
3	0,055	0,94	0,07	0,14	0,21	0,28	0,35	0,42	0,50	0,56	0,64	0,70	0,78	0,85
4	0,099	1,26	0,13	0,25	0,38	0,50	0,63	0,76	0,88	1,00	1,13	1,26	1,38	1,51
5	0,154	1,57	0,20	0,39	0,59	0,78	0,98	1,18	1,37	1,57	1,76	1,96	2,16	2,35
6	0,222	1,89	0,28	0,56	0,85	1,13	1,41	1,70	1,98	2,26	2,55	2,82	3,11	3,40
7	0,302	2,20	0,38	0,77	1,15	1,54	1,92	2,31	2,70	3,08	3,47	3,84	4,24	4,62
8	0,395	2,51	0,50	1,00	1,51	2,01	2,51	3,01	3,52	4,02	4,53	5,02	5,53	6,04
9	0,499	2,83	0,64	1,27	1,91	2,54	3,18	3,82	4,55	5,08	5,73	6,36	7,00	7,64
10	0,617	3,14	0,79	1,57	2,36	3,14	3,93	4,71	5,50	6,28	7,06	7,85	8,64	9,42
11	0,746	3,46	0,96	1,90	2,85	3,80	4,75	5,70	6,65	7,60	8,56	9,50	10,44	11,40
12	0,888	3,77	1,13	2,26	3,39	4,52	5,65	6,79	7,91	9,05	10,17	11,31	12,43	13,56
13	1,042	4,08	1,33	2,65	3,98	5,31	6,64	7,96	9,30	10,62	11,96	13,27	14,60	15,95
14	1,208	4,40	1,54	3,08	4,62	6,16	7,70	9,24	10,78	12,32	13,86	15,39	16,94	18,48
15	1,387	4,71	1,76	3,53	5,30	7,07	8,80	10,60	12,40	14,14	15,9	17,67	19,45	21,2
16	1,578	5,03	2,01	4,02	6,03	8,04	10,05	12,06	14,07	16,08	18,09	20,11	22,11	24,12
17	1,782	5,34	2,27	4,54	6,81	9,08	11,35	13,62	15,90	18,16	20,45	22,70	25,00	27,25
18	1,998	5,65	2,54	5,09	7,63	10,18	12,72	15,26	17,78	20,36	22,86	25,45	27,94	30,48
19	2,226	5,97	2,84	5,67	8,51	11,34	14,18	17,02	19,86	22,68	25,5	28,35	31,20	34,0
20	2,466	6,28	3,14	6,28	9,42	12,57	15,70	18,84	21,98	25,14	28,26	31,42	34,54	37,68
22	2,984	6,91	3,80	7,60	11,40	15,21	19,01	22,81	26,50	30,41	34,2	38,01	41,80	
24	3,551	7,54	4,52	9,05	13,57	18,10	22,62	27,14	31,64	36,19	40,68	45,24	49,72	
25	3,853	7,86	4,91	9,82	14,73	19,63	24,54	29,45	34,37	39,27	44,19	49,09	54,01	
26	4,168	8,17	5,31	10,62	15,93	21,24	26,55	31,86	37,17	42,47	47,79	53,10		
28	4,834	8,80	6,16	12,31	18,47	24,63	30,79	36,94	43,12	49,26	55,44	61,58		
30	5,549	9,42	7,07	14,14	21,21	28,27	35,34	42,41	49,49	56,55	63,63	70,68		
32	6,313	10,05	8,04	16,80	24,13	32,17	40,21	48,26	56,28	64,34	72,36	80,42		
34	7,127	10,68	9,08	18,16	27,24	36,32	45,40	54,48	63,56	72,63	81,72	90,79		
35	7,553	11,00	9,62	19,24	28,86	38,48	48,11	57,73	67,4	76,97	86,7	96,21		
36	7,990	11,31	10,18	20,36	30,54	40,74	50,90	61,07	71,26	81,43	91,62	101,79		
38	8,903	11,94	11,34	22,68	34,02	45,36	56,70	68,04	79,3	90,73	102,0	113,41		
40	9,865	12,57	12,56	25,13	37,70	50,26	62,83	75,40	87,99	100,53	113,13	125,66		
42	10,876	13,20	13,85	27,71	41,56	55,42	69,25	83,12	97,0	110,83	124,8	138,54		
44	11,936	13,82	15,20	30,41	45,61	60,82	76,00	91,23	106,5	121,64	137,0	152,05		
45	12,485	14,14	15,90	31,81	47,71	63,62	79,50	95,42	111,5	127,23	143,0	159,04		
46	13,046	14,45	16,62	33,24	49,86	66,48	83,10	99,71	116,4	132,95	149,6	166,19		
48	14,205	15,08	18,90	36,19	54,29	72,38	90,45	108,58	126,5	144,77	163,0	180,96		
50	15,413	15,71	19,63	39,27	58,90	78,54	98,15	117,81	137,6	157,08	177,0	196,35		

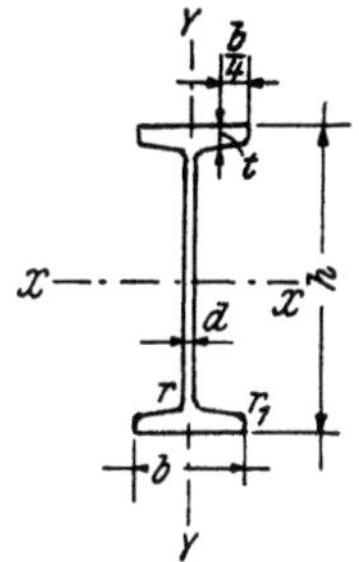

Tafel 25. Deutsche I-Träger
(nach DIN 1025, Bl. 1).

Regellängen = 4 bis einschließlich 15 m.

$r_1 = 0{,}6\,d. \quad u = \dfrac{W_x}{W_y} = 6{,}50 \text{ bis } 10{,}7.$

I	h	b	$d = r$	t	F cm²	G kg/m	J_x cm⁴	W_x cm³	i_x cm	J_y cm⁴	W_y cm³	i_y cm
			in mm									
8	80	42	3,9	5,9	7,58	5,95	77,8	19,5	3,20	6,29	3,00	0,91
10	100	50	4,5	6,8	10,6	8,32	171	34,2	4,01	12,2	4,88	1,07
12	120	58	5,1	7,7	14,2	11,2	328	54,7	4,81	21,5	7,41	1,23
14	140	66	5,7	8,6	18,3	14,4	573	81,9	5,61	35,2	10,7	1,40
16	160	74	6,3	9,5	22,8	17,9	935	117	6,40	54,7	14,8	1,55
18	180	82	6,9	10,4	27,9	21,9	1450	161	7,20	81,3	19,8	1,71
20	200	90	7,5	11,3	33,5	26,3	2140	214	8,00	117	26,0	1,87
22	220	98	8,1	12,2	39,6	31,1	3060	278	8,80	162	33,1	2,02
24	240	106	8,7	13,1	46,1	36,2	4250	354	9,59	221	41,7	2,20
26	260	113	9,4	14,1	53,4	41,9	5740	442	10,4	288	51,0	2,32
28	280	119	10,1	15,2	61,1	48,0	7590	542	11,1	364	61,2	2,45
30	300	125	10,8	16,2	69,1	54,2	9800	653	11,9	451	72,2	2,56
32	320	131	11,5	17,3	77,8	61,1	12510	782	12,7	555	84,7	2,67
34	340	137	12,2	18,3	86,8	68,1	15700	923	13,5	674	98,4	2,80
36	360	143	13,0	19,5	97,1	76,2	19610	1090	14,2	818	114	2,90
38	380	149	13,7	20,5	107	84,0	24010	1260	15,0	975	131	3,02
40	400	155	14,4	21,6	118	92,6	29210	1460	15,7	1160	149	3,13
42,5	425	163	15,3	23,0	132	104	36970	1740	16,7	1440	176	3,30
45	450	170	16,2	24,3	147	115	45850	2040	17,7	1730	203	3,43
47,5	475	178	17,1	25,6	163	128	56480	2380	18,6	2090	235	3,60
50	500	185	18,0	27,0	180	141	68740	2750	19,6	2480	268	3,72
55	550	200	19,0	30,0	213	167	99180	3610	21,6	3490	349	4,02
60	600	215	21,6	32,4	254	199	139000	4630	23,4	4670	434	4,30
F 14	140	60	4	5,5	11,7	9,16	365	52,2	5,59	15,6	5,21	1,15

I F 14 ist ein Sonderprofil für den Stahlfachwerksbau.

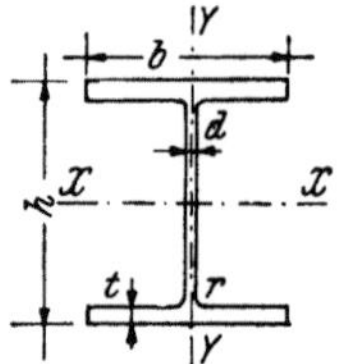

Tafel 26. Breit- und parallelflanschige I P-Träger.

$$u = \frac{W_x}{W_y} = 2{,}74 \text{ bis } 6{,}93.$$

Die Profile IP 15 und 25 sind nicht genormt.

I	h	b	d	t	r	F cm²	G kg/m	J_x cm⁴	W_x cm³	i_x cm	J_y m⁴	W_y cm³	cm i_y
			in mm										
10	100	100	6,5	10	10	26,1	20,5	447	89	4,14	167	33,4	2,53
12	120	120	7	11	11	34,3	26,9	864	144	5,02	317	52,9	3,04
14	140	140	8	12	12	44,1	34,6	1 520	217	5,87	550	78,6	3,53
15	150	150	8	12	12	47,3	37,2	1 900	253	6,33	676	90,1	3,78
16	160	160	9	14	14	58,4	45,8	2 630	329	6,72	958	120	4,05
18	180	180	9	14	14	65,8	51,6	3 830	426	7,63	1 360	151	4,55
20	200	200	10	16	15	82,7	64,9	5 950	595	8,48	2 140	214	5,08
22	220	220	10	16	15	91	71,5	8 050	732	9,37	2 840	258	5,59
24	240	240	11	18	17	111	87,4	11 690	974	10,5	4 150	346	6,11
25	250	250	11	18	17	116	91,1	13 300	1 060	10,7	4 690	375	6,36
26	260	260	11	18	17	121	94,8	15 050	1 160	11,2	5 280	406	6,61
28	280	280	12	20	18	144	113	20 720	1 480	12,0	7 320	523	7,14
30	300	300	12	20	18	154	121	25 760	1 720	12,9	9 010	600	7,65
32	320	300	13	22	20	171	135	32 250	2 020	13,7	9 910	661	7,60
34	340	300	13	22	20	174	137	36 940	2 170	14,5	9 910	661	7,55
36	360	300	14	24	21	192	150	45 120	2 510	15,3	10 810	721	7,51
38	380	300	14	24	21	194	153	50 950	2 680	16,2	10 810	721	7,46
40	400	300	14	26	21	209	164	60 640	3 030	17,0	11 710	781	7,49
42,5	425	300	14	26	21	212	166	69 480	3 270	18,1	11 710	781	7,43
45	450	300	15	28	23	232	182	84 220	3 740	19,0	12 620	841	7,38
47,5	475	300	15	28	23	235	185	95 120	4 010	20,1	12 620	841	7,32
50	500	300	16	30	24	255	200	113 200	4 530	21,0	13 530	902	7,28
55	550	300	16	30	24	263	207	140 300	5 100	23,1	13 530	902	7,17
60	600	300	17	32	26	289	227	180 800	6 030	25,0	14 440	962	7,07
65	650	300	17	32	26	297	234	216 800	6 670	27,0	14 440	962	6,97
70	700	300	18	34	27	324	254	270 300	7 720	28,9	15 350	1 020	6,88
75	750	300	18	34	27	333	261	316 300	8 430	30,8	15 350	1 020	6,79
80	800	300	18	34	27	342	268	366 400	9 160	32,7	15 350	1 020	6,70
85	850	300	19	36	30	372	292	443 900	10 440	34,6	16 270	1 080	6,61
90	900	300	19	36	30	381	299	506 000	11 250	36,4	16 270	1 080	6,53
95	950	300	19	36	30	391	307	573 000	12 060	38,3	16 270	1 080	6,45
100	1000	300	19	36	30	400	314	644 700	12 900	40,1	16 280	1 080	6,37

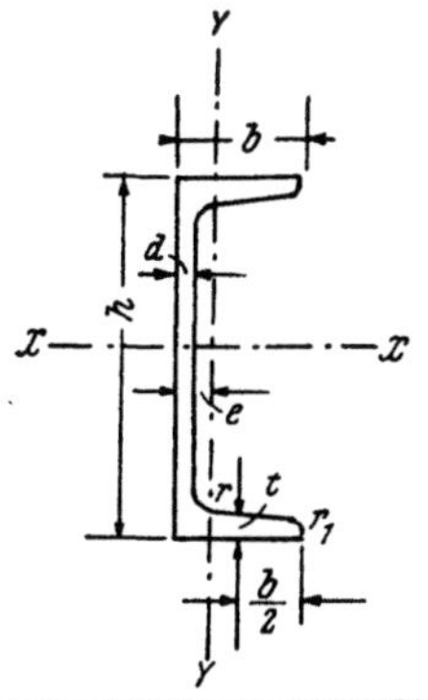

Tafel 27. Stähle (nach DIN 1026).

$J = $ Trägheitsmoment,

$W = $ Widerstandsmoment,

$i = \sqrt{\dfrac{J}{F}} = $ Trägheitshalbmesser,

$k = \dfrac{F^2}{J_y} = $ Knickwert.

Bezeich-nung	Abmessungen in mm					Quer-schnitt F (cm²)	Gewicht G (kg/m)	e cm	k
	h	b	d	$t = r$	r_1				
3	30	33	5	7	3,5	5,44	4,27	1,31	5,55
4	40	35	5	7	3,5	6,21	4,87	1,33	5,77
5	50	38	5	7	3,5	7,12	5,59	1,37	5,56
6,5	65	42	5,5	7,5	4	9,03	7,09	1,42	5,78
8	80	45	6	8	4	11,0	8,64	1,45	6,24
10	100	50	6	8,5	4,5	13,5	10,6	1,55	6,22
12	120	55	7	9	4,5	17,0	13,4	1,60	6,69
14	140	60	7	10	5	20,4	16,0	1,75	6,64
16	160	65	7,5	10,5	5,5	24,0	18,8	1,84	6,75
18	180	70	8	11	5,5	28,0	22,0	1,92	6,88
20	200	75	8,5	11,5	6	32,2	25,3	2,01	7,01
22	220	80	9,0	12,5	6,5	37,4	29,4	2,14	7,10
24	240	85	9,5	13	6,5	42,3	33,2	2,23	7,21
26	260	90	10	14	7	48,3	37,9	2,36	7,36
28	280	95	10	15	7,5	53,3	41,8	2,53	7,12
30	300	100	11	16	8	58,8	46,2	2,70	6,98

Fachwerkbaueisen.

Bezeich-nung	h	b	d	$t = r$	r_1	F (cm²)	G (kg/m)	e cm	k
F 14	140	40	4	6	6	9,9	7,78	1,02	7,85

Bezeichnung	Für die Biegeachse					
	$x - x$			$y - y$		
	J_x, cm⁴	W_x, cm³	i_x, cm	J_y, cm⁴	W_y, cm³	i_y, cm
3	6,39	4,26	1,08	5,33	2,68	0,99
4	14,1	7,05	1,50	6,68	3,08	1,04
5	26,4	10,6	1,92	9,12	3,75	1,13
6,5	57,5	17,7	2,52	14,1	5,07	1,25
8	106	26,5	3,10	19,4	6,36	1,33
10	206	41,2	3,91	29,3	8,49	1,47
12	364	60,7	4,62	43,2	11,1	1,59
14	605	86,4	5,45	62,7	14,8	1,75
16	925	116	6,21	85,3	18,3	1,89
18	1350	150	6,95	114	22,4	2,02
20	1910	191	7,70	148	27,0	2,14
22	2690	245	8,48	197	33,6	2,26
24	3600	300	9,22	248	39,6	2,42
26	4820	371	9,99	317	47,7	2,56
28	6280	448	10,9	399	57,2	2,74
30	8030	535	11,7	4,95	67,8	2,90
F 14	285	40,6	5,36	12,5	4,21	1,02

Tafel 28. Gleichschenkliger Stahl.

$$r_1 = 0,5 \cdot r.$$

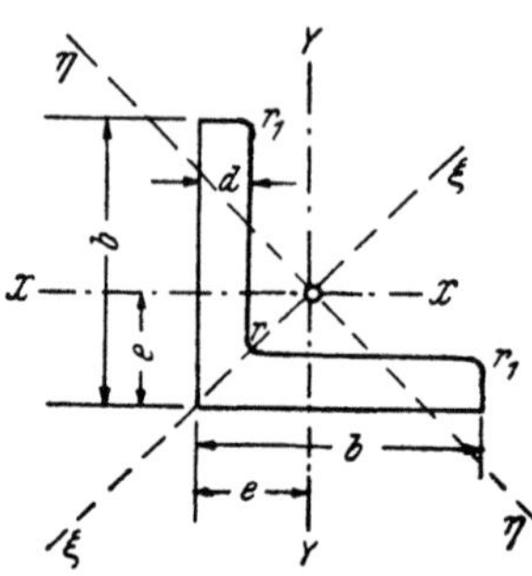

Bezeichnung	b	d	r	F cm²	G kg/m	e cm	$J_y = J_x$ cm⁴	$i_x = i_y$ cm	J_ξ cm⁴	i_ξ cm	J_η cm⁴	i_η cm
		in mm										
15.15.3	15	3	3,5	0,82	0,64	0,48	0,15	0,43	0,24	0,54	0,06	0,27
15.15.4		4		1,05	0,82	0,51	0,19	0,42	0,29	0,53	0,08	0,28
20.20.3	20	3	3,5	1,12	0,88	0,60	0,39	0,59	0,62	0,74	0,15	0,37
20.20.4		4		1,45	1,14	0,64	0,48	0,58	0,77	0,73	0,19	0,36
25.25.3	25	3	3,5	1,42	1,12	0,73	0,79	0,75	1,27	0,95	0,31	0,47
25.25.4		4		1,85	1,45	0,76	1,01	0,74	1,61	0,93	0,40	0,47
25.25.5		5		2,26	1,77	0,80	1,18	0,72	1,87	0,91	0,50	0,47
30.30.3	30	3	5	1,74	1,36	0,84	1,41	0,90	2,24	1,14	0,57	0,57
30.30.4		4		2,27	1,78	0,89	1.81	0,89	2,85	1,12	0,76	0,58
30.30.5		5		2,78	2,18	0,92	2,16	0,88	3,41	1,11	0,91	0,57
35.35.4	35	4	5	2,67	2,10	1,00	2,96	1,05	4,68	1,33	1,24	0,68
35.35.6		6		3,87	3,04	1,08	4,14	1,04	6,50	1,30	1,77	0,68
40.40.4	40	4	6	3,08	2,42	1,12	4,48	1,21	7,09	1,52	1,86	0,78
40.40.5		5		3,79	2,97	1,16	5,43	1,20	8,64	1,51	2,22	0,77
40.40.6		6		4,48	3,52	1,20	6,33	1,19	9,98	1,49	2,67	0,77
45.45.5	45	5	7	4,30	3,38	1,28	7,83	1,35	12,4	1,70	3,25	0,87
45.45.7		7		5,86	4,60	1,36	10,4	1,33	16,4	1,67	4,39	0,87
50.50.5	50	5	7	4,80	3,77	1,40	11,0	1,51	17,4	1,90	4,59	0,98
50.50.6		6		5,69	4,47	1,45	12,8	1,50	20,4	1,89	5,24	0,96
50.50.7		7		6,56	5,15	1,49	14,6	1,49	23,1	1,88	6,02	0,96
50.50.9		9		8,24	6,47	1,56	17,9	1,47	28,1	1,85	7,67	0,97
55.55.6	55	6	8	6,31	4,95	1,56	17,3	1,66	27,4	2,08	7,24	1,07
55.55.8		8		8,23	6,46	1,64	22,1	1,64	34,8	2,06	9,35	1,07
55.55.10		10		10,1	7,90	1,72	26,3	1,62	41,4	2,02	11,3	1,06
60.60.6	60	6	8	6,91	5,42	1,69	22,8	1,82	36,1	2,29	9,43	1,17
60.60.8		8		9,03	7,09	1,77	29,1	1,8	46,1	2,26	12,1	1,16
60.60.10		10		11,1	8,69	1,85	34,9	1,78	55,1	2,23	14,6	1,15
65.65.7	65	7	9	8,70	6,83	1,85	33,4	1,96	53,0	2,47	13,8	1,26
65.65.9		9		11,0	8,62	1,93	41,3	1,94	65,4	2,44	17,2	1,25
65.65.11		11		13,2	10,3	2,00	48,8	1,91	76,8	2,42	20,7	1,25

Fortsetzung der Tafel 28.

Bezeichnung	b	d	r	F cm²	G kg/m	e cm	$J_y = J_x$ cm⁴	$i_x = i_y$ cm	J_ξ cm⁴	i_ξ cm	J_η cm⁴	i_η cm
			in mm									
70.70.7		7		9,40	7,38	1,97	42,4	2,12	67,1	2,67	17,6	1,37
70.70.9	70	9	9	11,9	9,34	2,05	52,6	2,10	83,1	2,64	22,0	1,36
70.70.11		11		14,3	11,2	2,13	61,8	2,08	97,6	2,61	26,0	1,35
75.75.7		7		10,1	7,94	2,09	52,4	2,28	83,6	2,88	21,1	1,45
75.75.8	75	8	10	11,5	9,03	2,13	58,9	2,26	93,3	2,85	24,4	1,46
75.75.10		10		14,1	11,1	2,21	71,4	2,25	113	2,83	29,8	1,45
75.75.12		12		16,7	13,1	2,29	82,4	2,22	130	2,79	34,7	1,44
80.80.8		8		12,3	9,66	2,26	72,3	2,42	115	3,06	29,6	1,55
80.80.10	80	10	10	15,1	11,9	2,34	87,5	2,41	139	3,03	35,9	1,54
80.80.12		12		17,9	14,1	2,41	102	2,39	161	3,00	43,0	1,53
80.80.14		14		20,6	16,1	2,48	115	2,36	181	2,96	48,6	1,54
90.90.9		9		15,5	12,2	2,54	116	2,74	184	3,45	47,8	1,76
90.90.11	90	11	11	18,7	14,7	2,62	138	2,72	218	3,41	57,1	1,75
90.90.13		13		21,8	17,1	2,70	158	2,69	250	3,39	65,9	1,74
90.90.16		16		26,4	20,7	2,81	186	2,66	294	3,34	79,1	1,73
100.100.10		10		19,2	15,1	2,82	177	3,04	280	3,82	73,2	1,95
100.100.12	100	12	12	22,7	17,8	2,90	207	3,02	328	3,80	86,3	1,95
100.100.14		14		26,2	20,6	2,98	235	3,00	372	3,77	98,3	1,94
100.100.20		20		36,2	28,4	3,20	311	2,93	488	3,67	134	1,93
110.110.10		10		21,2	16,6	3,07	239	3,36	379	4,23	98,6	2,16
110.110.12	110	12	12	25,1	19,7	3,15	280	3,34	444	4,21	116,0	2,15
110.110.14		14		29,0	22,8	3,21	319	3,32	505	4,18	133	2,14
120.120.11		11		25,4	19,9	3,36	341	3,66	541	4,62	140	2,35
120.120.13	120	13	13	29,7	23,3	3,44	394	3,64	625	4,59	162	2,34
120.120.15		15		33,9	26,6	3,51	446	3,63	705	4,56	186	2,34
120.120.20		20		44,2	34,7	3,70	562	3,57	887	4,48	236	2,31
140.140.13		13		35,0	27,5	3,92	638	4,27	1010	5,38	262	2,74
140.140.15	140	15	15	40,0	31,4	4,00	723	4,25	1150	5,36	298	2,73
140.140.17		17		45	35,3	4,08	805	4,23	1280	5,33	334	2,72
150.150.14		14		40,3	31,6	4,21	845	4,58	1340	5,77	347	2,94
150.150.16	150	16	16	45,7	35,9	4,29	949	4,56	1510	5,74	391	2,93
150.150.18		18		51	40,1	4,36	1050	4,54	1670	5,70	438	2,93
160.160.15		15		46,1	36,2	4,49	1100	4,88	1750	6,15	453	3,14
160.160.17	160	17	17	51,8	40,7	4,57	1230	4,86	1950	6,13	506	3,13
160.160.19		19		57,5	45,1	4,65	1350	4,84	2140	6,10	558	3,12
180.180.16		16		55,4	43,5	5,02	1680	5,51	2690	6,96	679	3,50
180.180.18	180	18	18	61,9	48,6	5,1	1870	5,49	2970	6,93	757	3,49
180.180.20		20		68,4	53,7	5,18	2040	5,47	3260	6,90	830	3,49
200.200.16		16		61,8	48,5	5,52	2340	6,15	3740	7,78	943	3,91
200.200.18	200	18	18	69,1	54,3	5,60	2600	6,13	4150	7,75	1050	3,90
200.200.20		20		76,4	59,9	5,68	2850	6,11	4540	7,72	1160	3,89

Die ∟ 90.90.16, 100.100.20 und 120.120.20 mm sind Sonderprofile für den Lokomotivbau. Im Hochbau sind diese wie alle ∟-Stähle mit größter Schenkeldicke d für die Verwendung zu Knickstäben nicht zu empfehlen, da die Trägheitsmomente der nächstgrößeren ∟-Stähle mit kleineren Schenkeldicken d annähernd gleiche bzw. höhere Werte bei geringerem Gewicht (Meter) aufweisen.

Tafel 29. Schrauben (Whitworth-Gewinde).
Höhe der Mutter $\approx d$; Höhe des Kopfes $\approx 0,7\,d$.

Gewindedurchmesser $\approx$ Schaftdurchmesser d		Kern		Schlüsselweite des quadratischen oder sechseckigen Kopfes	Unterlagscheibe (roh)		Gewicht für 100 Stück (Flußstahl)				
							Bolzen				
Zoll engl.	mm	Durchmesser d_k	Querschnitt	s	Durchmesser $d_u \approx 1,25\,s$	Dicke t	Schaft 100 mm lg außerhalb des Gewindes	Gewindeteil für 1 Mutter	Köpfe sechseckig	Muttern sechseckig	Unterlagscheiben (roh)
	mm	mm	cm²	mm	mm	mm	kg	kg	kg	kg	kg
1/2″	12,7	9,99	0,784	22	28	3	9,94	2,15	2,91	3,11	1,09
5/8″	15,9	12,92	1,311	27	34	3	15,54	4,09	5,37	5,69	1,57
3/4″	19,1	15,8	1,96	32	40	4	22,38	7,03	8,93	9,37	2,86
7/8″	22,2	18,61	2,72	36	45	4	30,46	10,44	13,90	13,25	3,58
1″	25,4	21,34	3,575	41	52	5	39,78	17,20	20,31	19,50	6,11
1 1/8″	28,6	23,93	4,497	46	58	5	50,35	23,60	28,44	27,51	7,39
1 1/4″	31,8	27,10	5,77	50	62	5	62,16	31,47	36,99	36,25	8,29
1 3/8″	34,9	29,51	6,837	55	68	6	75,21	41,02	48,81	48,13	12,0
1 1/2″	38,1	32,68	8,388	60	75	6	89,50	53,72	65,29	61,70	14,9
1 5/8″	41,3	34,77	9,495	65	80	7	105,05	64,87	85,23	78,73	19,3
1 3/4″	44,5	37,95	11,311	70	85	7	121,83	80,84	105,47	99,91	21,7
2″	50,8	43,57	14,912	80	98	8	159,12	117,84	155,16	144,93	33,0

Tafel 30.
$\sigma_e = 1200 \ \mathrm{kg/cm^2}$.

σ_b kg/cm²	M in kgcm, b und h in cm, F_e in cm²				
	$x = s \cdot h$	$z = k \cdot h$	$h = r \cdot \sqrt{M : b}$	$F_e = t \cdot \sqrt{M \cdot b} = \gamma \cdot b \cdot h$	
	s	k	r	t	γ
70	0,467	0,844	0,269	0,00366	0,01361
69	463	846	272	362	1331
68	459	847	275	358	1302
67	456	848	278	354	1272
66	452	849	281	349	1243
65	448	851	284	345	1213
64	444	852	287	341	1184
63	441	853	291	336	1156
62	437	854	294	332	1128
61	433	856	298	327	1100
60	429	857	301	323	1071
59	424	859	305	318	1034
58	420	860	309	314	1016
57	416	861	313	309	0,00988
56	412	863	317	305	961
55	407	864	321	300	943
54	403	866	326	295	907
53	398	867	330	291	880
52	394	869	335	286	854
51	389	870	340	281	827
50	385	872	345	277	801

Fortsetzung der Tafel 30.

σ_b kg/cm²	M in kgcm, b und h in cm, F_e in cm²				
	$x = s \cdot h$	$z = k \cdot h$	$h = r \cdot \sqrt{M : b}$	$F_e = t \cdot \sqrt{M \cdot b} = \gamma \cdot b \cdot h$	
	s	k	r	t	γ
49	380	873	350	273	776
48	375	875	356	268	750
47	370	877	362	263	725
46	365	878	368	258	700
45	360	880	375	253	675
44	355	882	381	248	651
43	350	883	388	243	626
42	344	885	395	238	602
41	339	887	403	233	579
40	333	889	411	228	556
39	328	891	419	223	533
38	322	893	428	218	510
37	316	895	437	213	488
36	310	897	447	208	466
35	304	899	457	203	444
34	298	901	468	198	423
33	292	903	480	193	402
32	286	905	491	187	381
31	279	907	504	182	361
30	273	909	519	177	341
29	266	911	533	171	321
28	259	914	549	166	302
27	252	916	566	161	284
26	245	918	585	155	266
25	238	921	604	150	248
24	231	923	625	144	231
23	223	926	649	139	214
22	216	928	674	133	198
21	208	931	701	127	182
20	200	933	732	122	167
19	192	936	766	116	152
18	184	939	803	111	138
17	175	942	844	105	124
16	167	944	891	099	111
15	158	947	944	093	0,000987

Tafel 31.

$$\sigma_e = 1400 \text{ kg/cm}^2.$$

σ_b kg/cm²	M in kgcm, b und h in cm, F_e in cm²				
	$x = s \cdot h$	$z = k \cdot h$	$h = r \cdot \sqrt{M : b}$	$F_e = t \cdot \sqrt{M \cdot b} = \gamma \cdot b \cdot h$	
	s	k	r	t	γ
70	0,429	0,857	0,279	0,00299	0,01071
69	425	858	282	295	1047
68	421	860	285	292	1024
67	418	861	288	288	1000
66	414	862	291	284	0,00970
65	411	863	295	281	953

Fortsetzung der Tafel 31.

σ_b kg/cm²	$x = s \cdot h$	$z = k \cdot h$	$h = r \cdot \sqrt{M : b}$	$F_e = t \cdot \sqrt{M \cdot b} = \gamma \cdot b \cdot h$	
	s	k	r	t	γ
64	408	864	298	277	930
63	403	866	302	274	907
62	399	867	305	270	884
61	395	868	309	266	861
60	391	870	313	262	839
59	387	871	317	259	816
58	383	872	321	255	794
57	379	874	325	251	772
56	375	875	330	247	750
55	371	876	335	244	728
54	367	878	339	240	707
53	362	879	344	236	686
52	358	881	349	232	665
51	353	882	355	228	644
50	349	884	360	224	623
49	344	885	366	220	602
48	340	887	372	217	582
47	335	888	378	213	562
46	330	890	385	209	542
45	325	892	391	205	523
44	320	893	399	201	503
43	315	895	406	197	484
42	310	897	414	193	466
41	305	898	422	189	447
40	300	900	430	184	429
39	295	902	439	180	411
38	289	904	449	176	393
37	284	905	459	172	375
36	278	907	469	168	358
35	273	909	480	164	341
34	267	911	492	159	324
33	261	913	504	155	308
32	255	915	517	151	292
31	249	917	531	147	276
30	243	919	546	142	260
29	237	921	562	138	245
28	231	923	579	134	231
27	224	925	597	129	216
26	218	927	617	125	202
25	211	930	638	121	189
24	205	932	661	116	175
23	198	934	686	111	162
22	191	936	713	107	150
21	184	939	743	102	138
20	176	941	776	0,000978	126
19	169	944	812	932	115
18	162	946	852	886	104
17	154	949	897	839	0,000936
16	146	951	948	792	836
15	138	954	1,005	745	742

Tafel 32.
$$\sigma_e = 1500 \text{ kg/cm}^2.$$

σ_b kg/cm²	M in kgcm, b und h in cm, F_e in cm²				
	$x = s \cdot h$	$z = k \cdot h$	$h = r \cdot \sqrt{M : b}$	$F_e = t \cdot \sqrt{M \cdot b} = \gamma \cdot b \cdot h$	
	s	k	r	t	γ
70	0,412	0,863	0,284	0,00272	0,00961
69	408	864	287	269	939
68	405	865	290	266	917
67	401	866	293	263	896
66	398	867	296	259	875
65	394	869	300	256	854
64	390	870	303	253	833
63	387	871	307	249	812
62	383	872	311	246	791
61	379	874	315	242	770
60	375	875	319	239	750
59	371	876	323	236	730
58	367	878	327	232	710
57	363	879	332	229	690
56	359	880	336	225	670
55	355	882	341	222	650
54	351	883	346	218	631
53	346	885	351	215	612
52	342	886	356	211	593
51	338	887	362	208	574
50	333	889	367	204	556
49	329	890	373	200	537
48	324	892	380	197	519
47	320	893	386	193	501
46	315	895	393	190	483
45	310	897	400	186	466
44	306	898	407	182	448
43	301	900	415	179	431
42	296	901	423	175	414
41	291	903	431	171	397
40	286	905	440	167	381
39	281	906	449	164	365
38	275	908	459	160	349
37	270	910	469	156	333
36	265	912	480	152	318
35	259	914	491	149	303
34	254	915	503	145	288
33	248	917	516	141	273
32	242	919	530	137	259
31	237	921	544	133	245
30	231	923	559	129	231
29	225	925	576	125	217
28	219	927	593	121	204
27	213	929	612	117	191
26	206	931	633	113	179
25	200	933	655	109	167
24	194	935	678	105	155
23	187	937	704	101	143
22	180	940	732	097	132
21	174	942	763	093	121
20	167	944	797	089	111

Rechteckquerschnitte für einfache Bewehrungen.

Tafel 33.
$$\sigma_e = 1800 \text{ kg/cm}^2.$$

σ_b kg/cm²	m in kgcm, b und h in cm, F_e in cm²				
	$x = s \cdot h$	$z = k \cdot h$	$h = r \cdot \sqrt{M : b}$	$F_e = t \cdot \sqrt{M \cdot b} = \gamma \cdot b \cdot h$	
	s	k	r	t	γ
80	0,400	0,867	0,269	0,00238	0,00889
79	397	868	272	236	872
78	394	869	274	233	854
77	391	870	276	231	837
76	388	871	279	228	819
75	385	872	283	226	802
74	381	873	286	223	784
73	378	874	288	220	767
72	375	875	292	217	750
71	372	876	295	215	733
70	368	877	298	212	716
69	365	878	302	209	700
68	362	879	305	207	683
67	359	880	309	204	667
66	355	882	313	202	651
65	352	883	316	199	634
64	348	884	319	197	618
63	344	885	323	194	602
62	341	886	327	192	587
61	337	888	331	189	571
60	333	889	335	186	556
59	330	890	340	184	540
58	326	891	345	181	525
57	322	893	349	178	510
56	318	894	354	175	495
55	314	895	360	173	480
54	310	897	365	170	466
53	306	898	370	167	451
52	302	899	376	164	437
51	298	901	382	161	423
50	294	902	388	159	408
49	290	903	395	156	395
48	286	905	401	153	381
47	281	906	408	150	367
46	277	908	416	147	354
45	273	909	423	144	341
44	268	911	431	141	328
43	264	912	440	139	315
42	259	914	448	136	302
41	255	915	458	133	290
40	250	917	467	130	278
39	245	918	477	127	266
38	241	920	488	124	254
37	236	921	499	121	242
36	231	923	511	118	231
35	226	925	523	115	220
34	221	926	536	112	209
33	216	928	550	109	198
32	211	930	565	106	187
31	205	932	581	103	177
30	200	933	598	0996	167

Tafel 34. Tafel zur Bemessung doppelt bewehrter Querschnitte.

$$r = \dfrac{h}{\sqrt{\dfrac{M}{b}}}; \quad F_e = \gamma \cdot b \cdot h; \quad F_e' = \alpha \cdot F_e. \quad x = s \cdot h; \quad \sigma_b = 30 \text{ bis } 75 \text{ kg/cm}^2;$$

$$\sigma_e = 1200 \text{ kg/cm}^2$$

$\sigma_b = 30$			32		36		40		44 kg/cm²	
$s = 0{,}273$			0,286		0,310		0,333		0,355	
α	r	γ	r	γ	r	γ	r	γ	r	γ
0,0	0,519	0,00341	0,492	0,00381	0,477	0,00466	0,411	0,00556	0,381	0,00650
0,1	0,512	350	0,485	391	0,440	480	0,404	575	0,374	675
0,2	0,505	359	0,478	402	0,433	495	0,397	595	0,367	702
0,3	0,498	369	0,472	414	0,426	512	0,390	617	0,360	731
0,4	0,491	379	0,465	426	0,419	529	0,382	641	0,352	762
0 5	0,485	390	0,458	440	0,412	548	0,375	667	0,344	797
0,6	0,478	401	0,451	454	0,405	568	0,367	694	0,337	834
0,7	0,470	414	0,443	468	0,397	589	0,360	725	0,329	875
0,8	0,463	427	0,436	484	0,390	613	0,352	758	0,320	921
0,9	0,456	440	0,429	501	0,382	638	0,344	794	0,312	971
1,0	0,449	455	0,421	519	0,374	665	0,335	833	0,303	1027

$\sigma_b = 45$			48		50		52		55 kg/cm²	
$s = 0{,}360$			0,375		0,385		0,394		0,407	
α	r	γ	r	γ	r	γ	r	γ	r	γ
0,0	0,374	0,00675	0,356	0,00750	0,345	0,00801	0,335	0,00854	0,321	0,00934
0,1	0,367	701	0,349	781	0,338	836	0,328	892	0,314	978
0,2	0,360	730	0,342	815	0,331	874	0,320	935	0,306	1028
0,3	0,353	761	0,334	852	0,323	916	0,313	981	0,298	1082
0,4	0,345	794	0,327	893	0,315	962	0,305	1033	0,290	1143
0,5	0,338	831	0,319	938	0,307	1012	0,297	1090	0,282	1211
0,6	0,330	871	0,311	987	0,299	1068	0,288	1153	0,274	1288
0,7	0,322	915	0,302	1042	0,291	1131	0,280	1225	0,265	1375
0,8	0,313	964	0,294	1103	0,282	1202	0,271	1306	0,256	1474
0,9	0,305	1019	0,285	1172	0,273	1282	0,262	1399	0,246	1589
1,0	0,296	1080	0,276	1250	0,263	1374	0,252	1506	0,237	1724

$\sigma_b = 56$			60		65		70		75 kg/cm²	
$s = 0{,}412$			0,429		0,448		0,467		0,484	
α	r	γ	r	γ	r	γ	r	γ	r	γ
0,0	0,317	0,00961	0,301	0,01071	0,284	0,01214	0,269	0,01361	0,256	0,01512
0,1	0,310	1008	0,294	1128	0,276	1283	0,262	1446	0,248	1614
0,2	0,302	1060	0,286	1190	0,268	1362	0,253	1541	0,240	1729
0,3	0,294	1117	0,278	1260	0,260	1449	0,245	1650	0,231	1862
0,4	0,286	1181	0,269	1339	0,251	1549	0,236	1775	0,222	2020
0,5	0,278	1253	0,261	1429	0,243	1664	0,227	1921	0,213	2200
0,6	0,269	1334	0,252	1531	0,234	1798	0,217	2090	0,203	2420
0,7	0,260	1427	0,243	1648	0,224	1954	0,207	2300	0,192	2690
0,8	0,251	1533	0,233	1786	0,214	2140	0,196	2550	0,181	3030
0,9	0,241	1657	0,223	1948	0,204	2370	0,185	2870	0,170	3460
1,0	0,232	1802	0,213	2143	0,193	2650	0,174	3270	0,157	4040

Beispiel zur Benützung obiger Tabelle: Bestimmung der Eiseneinlagen F_e und F_e'.
Gegeben: $M = -\ 800\,000$ kgcm, $d = 60$ cm, $h = 56$ cm, $b = 20$ cm.

$$r = \dfrac{h}{\sqrt{\dfrac{M}{b}}} = \dfrac{56}{\sqrt{\dfrac{800\,000}{20}}} = 0{,}28,$$

dem entspricht ein $\sigma_b = 66$ kg/cm²; für das negative Stützmoment sind aber nur
50 kg/cm für b zulässig. Bei $\sigma_b = 50$ kg/cm² ist aber $\gamma = 0{,}01202$ (s. Tabelle).
$F_e = \gamma \cdot b \cdot h = 0{,}01202 \cdot 20 \cdot 56 = 13{,}46$; gewählt $3\ \emptyset\ 18 + 2\ \emptyset\ 20 = 13{,}91$ cm².
$\alpha = 0{,}8$, somit $F_e' = \alpha \cdot F_e = 0{,}8 \cdot 13{,}46 = 10{,}768$ cm².

$$x = s \cdot h = 0{,}385 \cdot 56 = 21{,}56 \text{ cm.}$$

Tafel 35. Rechteckquerschnitte für reine Biegung bei $\sigma_e = 1200$ kg/cm^2.

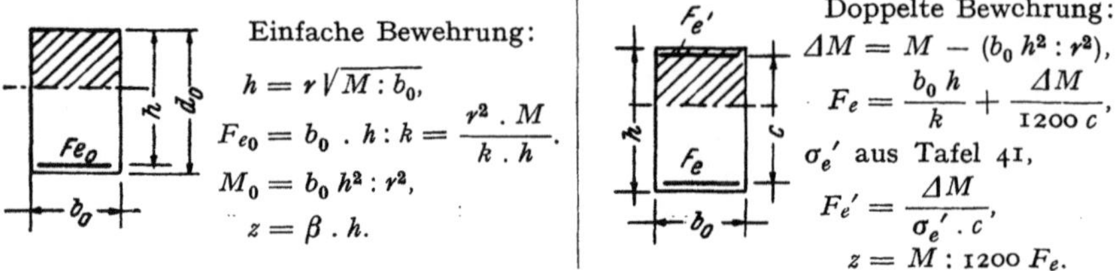

Einfache Bewehrung:

$$h = r\sqrt{M : b_0},$$
$$F_{e0} = b_0 \cdot h : k = \frac{r^2 \cdot M}{k \cdot h}.$$
$$M_0 = b_0\, h^2 : r^2,$$
$$z = \beta \cdot h.$$

Doppelte Bewehrung:

$$\Delta M = M - (b_0\, h^2 : r^2),$$
$$F_e = \frac{b_0\, h}{k} + \frac{\Delta M}{1200\, c},$$
$$\sigma_e' \text{ aus Tafel } 41,$$
$$F_e' = \frac{\Delta M}{\sigma_e' \cdot c},$$
$$z = M : 1200\, F_e.$$

σ_b	β	r	k	r^2	σ_b	β	r	k	r^2
11	0,960	1,252	1805	1,567	51	0,870	0,3403	120,9	0,1158
12	957	1,155	1533	1,335	52	869	3351	117,1	1123
13	953	1,074	1321	1,154	53	867	3303	113,6	1091
14	950	1,004	1151	1,009	54	866	3257	110,3	1061
15	947	0,944	1013	0,891	55	864	3212	107,1	1032
16	0,944	0,891	900,0	0,794	56	0,863	0,3170	104,1	0,1005
17	942	844	805,5	713	57	861	3129	101,2	979
18	939	815	725,9	644	58	860	3089	98,4	954
19	936	766	658,2	586	59	859	3050	95,8	930
20	933	732	600	536	60	857	3012	93,3	907
21	0,931	0,701	549,6	0,492	61	0,856	0,2976	90,9	0,0885
22	928	673	505,8	454	62	855	2940	88,7	865
23	926	649	467,3	421	63	853	2906	86,5	844
24	923	625	433 3	391	64	852	2873	84,4	825
25	921	604	403,2	365	65	851	2840	82,4	807
26	0,918	0,584	376,3	0,341	66	0,849	0,2809	80,4	0,0789
27	916	566	352,2	320	67	848	2779	78,6	772
28	914	549	330,6	301	68	847	2749	76,8	756
29	911	533	311	284	69	846	2721	75,1	740
30	909	518	293,3	269	70	844	2693	73,5	725
31	0,907	0,505	277,2	0,255	71	0,843	0.2665	71,9	0,0710
32	905	492	262,5	242	72	842	2639	70,4	696
33	903	479	249	230	73	841	2613	68,9	683
34	901	468	236,6	219	74	840	2588	67,5	670
35	899	457	225,3	209	75	839	2563	66,1	657
36	0,897	0,447	214,8	0,200	76	0,838	0,2540	64,8	0,0645
37	895	437	205,1	191	77	837	2516	63,6	633
38	893	428	196,1	183	78	836	2493	62,3	621
39	891	419	187,8	176	79	834	2471	61,1	611
40	889	411	180	169	80	833	2449	60,0	600
41	0,887	0,403	172,7	0,162	81	0,832	0,2428	58,9	0,0590
42	885	395	165,9	156	82	831	2407	57,8	580
43	884	388	159,6	150	83	830	2387	56,8	570
44	882	381	153,7	145	84	829	2368	55,8	560
45	880	374	148,1	140	85	828	2348	54,8	551
46	0,878	0,368	142,9	0,135	86	0,827	0,2329	53,9	0,0543
47	877	362	137,9	131	87	826	2311	52,9	534
48	875	356	133,3	127	88	825	2293	52,1	526
49	873	351	128,9	123	89	825	2275	51,2	517
50	872	345	124,8	119	90	824	2258	50,4	510

Längen in cm, Bewehrungen in cm^2, Kräfte in kg, Momente in kgcm, Spannungen in kg/cm^2.

Tafel 36. Rechteckquerschnitte für reine Biegung bei $\sigma_e = 1400\ \text{kg/cm}^2$.

Einfache Bewehrung:

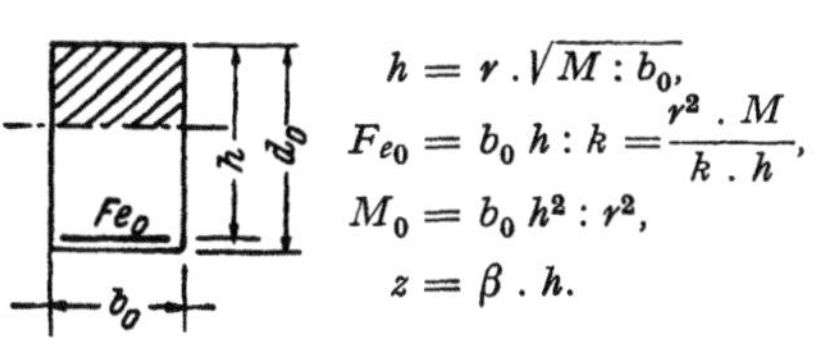

$$h = r . \sqrt{M : b_0},$$
$$F_{e0} = b_0 h : k = \frac{r^2 . M}{k . h},$$
$$M_0 = b_0 h^2 : r^2,$$
$$z = \beta . h.$$

Doppelte Bewehrung:

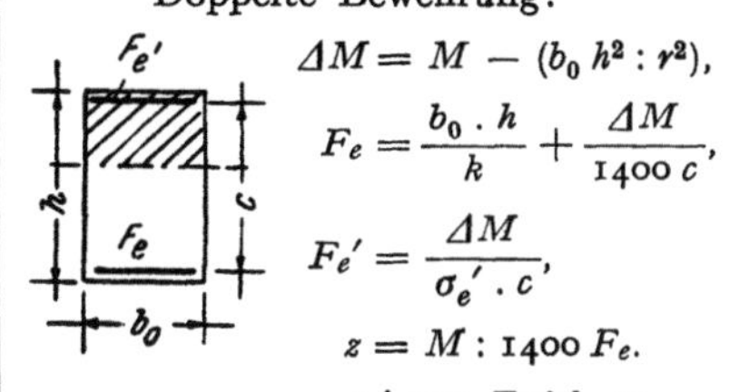

$$\Delta M = M - (b_0 h^2 : r^2),$$
$$F_e = \frac{b_0 . h}{k} + \frac{\Delta M}{1400\, c},$$
$$F_e' = \frac{\Delta M}{\sigma_e' . c},$$
$$z = M : 1400\, F_e.$$

σ_e' aus Tafel 42.

σ_b	β	r	k	r^2	σ_b	β	r	k	r^2
11	0,965	1,337	2414	1,787	51	0,882	0,3547	155,4	0,1258
12	962	1,233	2048	1,521	52	881	3493	150,5	1220
13	959	1,145	1762	1,312	53	879	3442	145,9	1185
14	956	1,070	1533	1,145	54	878	3393	141,5	1151
15	954	1,005	1348	1,009	55	876	3345	137,3	1119
16	0,951	0,948	1196	0,898	56	0,875	0,3299	133,3	0,1088
17	948	897	1069	805	57	874	3254	129,6	1059
18	946	852	962,1	726	58	872	3211	126,0	1031
19	944	812	871,3	659	59	871	3170	122,5	1005
20	941	776	793,3	602	60	870	3130	119,3	980
21	0,939	0,743	725,9	0,552	61	0,868	0,3091	116,1	0,0955
22	937	713	665,2	509	62	867	3053	113,1	932
23	934	686	615,8	471	63	866	3017	110,3	910
24	932	661	569,4	436	64	864	2981	107,6	889
25	930	638	530,1	407	65	863	2947	104,9	868
26	0,927	0,617	494,3	0,381	66	0,862	0,2913	102,4	0,0849
27	925	597	462,2	357	67	861	2881	100,0	830
28	923	579	433,3	335	68	860	2849	97,7	812
29	921	562	407,3	316	69	858	2819	95,5	794
30	919	546	383,7	298	70	857	2789	93,3	778
31	0,917	0,531	362,3	0,282	71	0,856	0,2760	91,3	0,0762
32	915	517	342,7	267	72	855	2732	89,3	746
33	913	504	324,8	254	73	854	2704	87,4	731
34	911	492	308,4	242	74	853	2677	85,6	717
35	909	480	293,3	230	75	852	2651	83,8	703
36	0,907	0,469	279,4	0,220	76	0,850	0,2626	82,1	0,0689
37	905	459	266,6	210	77	849	2601	80,4	676
38	904	449	254,7	201	78	848	2577	78,8	664
39	902	439	243,5	193	79	847	2553	77,3	652
40	900	430	233,3	185	80	846	2530	75,8	640
41	0,898	0,422	223,8	0,178	81	0,845	0,2507	74,4	0,0629
42	897	414	214,8	171	82	844	2486	73,0	618
43	895	406	206,5	165	83	843	2464	71,7	607
44	893	398	198,6	159	84	842	2443	70,4	597
45	892	391	191,3	154	85	841	2423	69,1	587
46	0,890	0,385	184,4	0,148	86	0,840	0,2403	67,9	0,0577
47	888	378	177,9	143	87	839	2383	66,7	568
48	887	372	171,8	138	88	838	2364	65,6	559
49	885	365	166,0	134	89	837	2345	64,4	550
50	884	360	160,5	130	90	836	2326	63,4	541

Tafel 37. Rechteckquerschnitte für reine Biegung bei $\sigma_e = 1800\ \text{kg/cm}^2$.

Einfache Bewehrung:

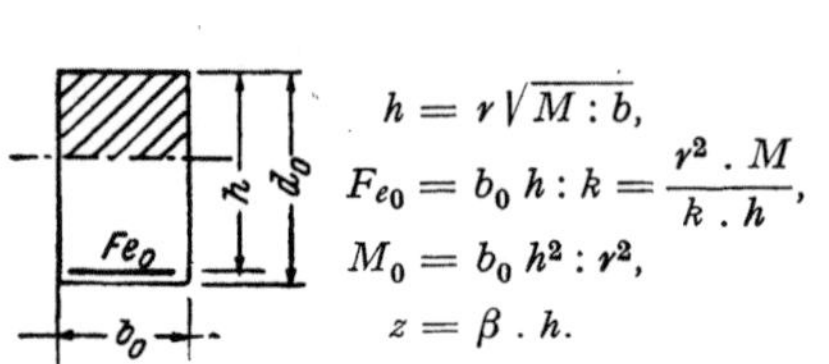

$$h = r\sqrt{M : b},$$
$$F_{e0} = b_0\,h : k = \frac{r^2 \cdot M}{k \cdot h},$$
$$M_0 = b_0\,h^2 : r^2,$$
$$z = \beta \cdot h.$$

Doppelte Bewehrung:

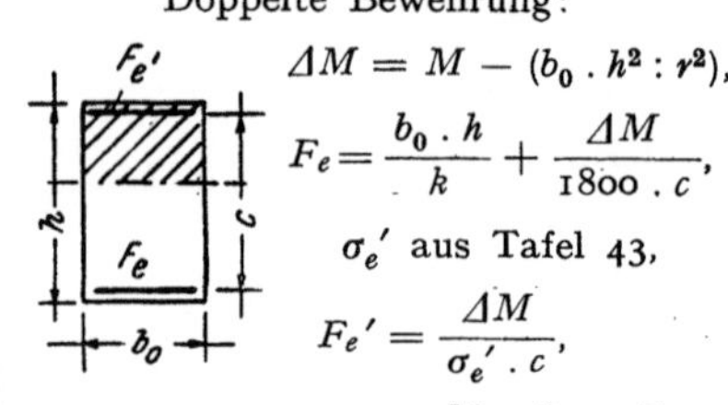

$$\Delta M = M - (b_0 \cdot h^2 : r^2),$$
$$F_e = \frac{b_0 \cdot h}{k} + \frac{\Delta M}{1800 \cdot c},$$

σ_e' aus Tafel 43,

$$F_e' = \frac{\Delta M}{\sigma_e' \cdot c},$$
$$z = M : 1800 \cdot F_e$$

σ_b	β	r	k	r^2	σ_b	β	r	k	r^2
11	0,972	1,493	3897	2,228	51	0,901	0,3821	236,6	0,1460
12	970	1,364	3300	1,891	52	899	3762	228,9	1415
13	968	1,275	2833	1,627	53	898	3704	221,7	1372
14	966	1,190	2461	1,417	54	897	3648	214,8	1331
15	963	1,116	2160	1,246	55	895	3594	208,2	1292
16	0,961	1,052	1912	1,106	56	0,894	0,3544	202,0	0,1256
17	959	0,994	1706	0,989	57	893	3494	196,1	1221
18	957	944	1533	891	58	892	3445	190,4	1187
19	955	898	1386	807	59	890	3399	185,1	1155
20	953	857	1260	735	60	889	3354	180,0	1125
21	0,950	0,820	1151	0,673	61	0,888	0,3311	175,1	0,1096
22	948	787	1056	619	62	887	3268	170,4	1068
23	947	756	973,1	571	63	885	3228	166,0	1042
24	945	728	900,0	529	64	884	3172	161,7	1016
25	943	702	835,2	492	65	883	3149	157,6	992
26	0,941	0,678	777,5	0,459	66	0,882	0,3112	153,7	0,0968
27	939	655	725,9	430	67	881	3076	149,9	946
28	937	635	679,6	403	68	880	3041	146,3	925
29	935	616	637,8	379	69	878	3006	142,9	904
30	933	598	600	357	70	877	2973	139,6	884
31	0,932	0,581	565,6	0,337	71	0,876	0,2941	136,4	0,0865
32	930	565	534,3	319	72	875	2910	133,3	847
33	928	550	505,7	303	73	874	2879	130,3	829
34	927	536	479,5	288	74	873	2849	127,5	812
35	925	523	455,5	274	75	872	2820	124,8	795
36	0,923	0,511	433,3	0,261	76	0,871	0,2792	122,1	0,0779
37	922	499	412,8	249	77	870	2764	119,6	764
38	920	488	393,9	238	78	869	2737	117,1	749
39	918	477	376,3	228	79	868	2711	114,8	735
40	917	467	360,0	218	80	867	2685	112,5	721
41	0,915	0,457	344,8	0,209	81	0,866	0,2661	110,2	0,0708
42	914	448	330,6	201	82	864	2636	108,1	695
43	912	440	317,3	193	83	863	2612	106,0	682
44	911	431	304,9	186	84	862	2589	104,1	670
45	909	423	293,3	179	85	861	2566	102,1	658
46	0,908	0,416	282,4	0,173	86	0,860	0,2544	100,2	0,0647
47	906	409	272,1	167	87	858	2522	98,4	636
48	905	402	262,5	161	88	857	2501	96,7	625
49	903	395	253,3	156	89	856	2480	95,0	615
50	902	388	244,8	151	90	855	2460	93,3	605

Tafel 38. Plattenbalkenquerschnitte für reine Biegung
bei $\sigma_e = 1200$ kg/cm².

Ohne Stegspannungen:

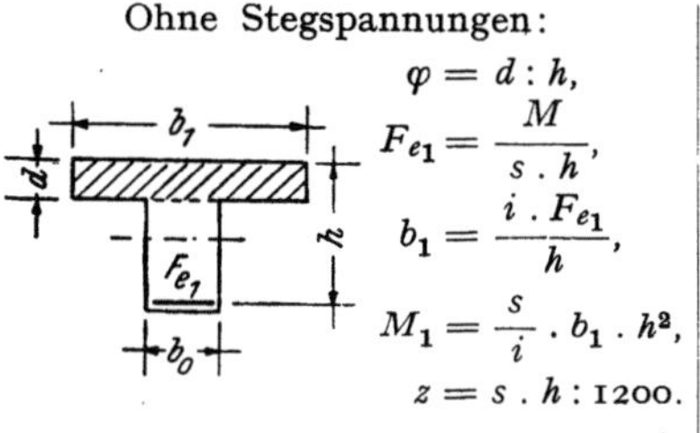

$$\varphi = d : h,$$
$$F_{e1} = \frac{M}{s \cdot h},$$
$$b_1 = \frac{i \cdot F_{e1}}{h},$$
$$M_1 = \frac{s}{i} \cdot b_1 \cdot h^2,$$
$$z = s \cdot h : 1200.$$

Mit Stegspannungen:

$$M_1 = M - (b_0 \, h^2 : r^2),$$
$$b_1 = \frac{i \cdot M_1}{s \cdot h^2}, \quad b = b_1 + b_0,$$
$$F_e = h \left(\frac{b_0}{k} + \frac{b_1}{i} \right),$$
$$M = h^2 \left(\frac{b_0}{r^2} + \frac{s \, b_1}{i} \right),$$
$$z = M : 1200 \, F_e.$$

$\varphi = d : h$	$\sigma_b = 65$ kg/cm²		$\sigma_b = 60$ kg/cm²		$\sigma_b = 50$ kg/cm²		$\sigma_b = 40$ kg/cm²		$\sigma_b = 30$ kg/cm²	
	i	s	i	s	i	s	i	s	i	s
0,08	253	1154	276	1154	335	1154	426	1154	586	1155
09	228	1148	248	1148	302	1148	385	1149	532	1150
10	208	1143	226	1143	276	1143	353	1144	490	1145
11	191	1137	209	1137	255	1138	327	1138	455	1140
12	178	1132	194	1132	237	1132	305	1133	427	1136
0,13	166	1126	181	1127	222	1127	287	1128	404	1130
14	156	1121	171	1122	210	1122	271	1123	384	1126
15	148	1116	162	1116	199	1117	258	1119	368	1121
16	141	1111	154	1111	189	1112	247	1114	354	1117
17	134	1106	147	1106	181	1107	237	1109	342	1113
0,18	128	1101	141	1102	174	1103	228	1105	332	1110
19	123	1096	135	1097	168	1098	221	1101	323	1107
20	119	1091	130	1092	162	1094	214	1097	316	1104
21	115	1087	126	1087	157	1090	209	1094	310	1101
22	111	1082	122	1083	153	1086	204	1090	305	1098
0,23	108	1078	119	1079	149	1082	199	1086	301	1096
24	105	1074	116	1075	145	1078	195	1083	298	1094
25	102	1070	113	1071	142	1074	192	1080	295	1093
26	100	1065	110	1067	139	1071	189	1077	294	1092
27	97,8	1061	108	1063	137	1068	188	1075	293	1091
0,28	95,9	1057	106	1059	135	1066	185	1073		
29	94,1	1054	104	1055	133	1062	183	1071		
30	92,5	1051	102	1052	131	1058	181	1069		
31	91,0	1047	101	1049	130	1056	181	1068		
32	89,7	1043	99,7	1046	128	1054	180	1067		
0,33	88,5	1040	98,5	1043	127	1052	180	1066		
34	87,5	1038	97,5	1040	127	1050				
35	86,5	1035	96,6	1038	126	1048				
36	85,7	1033	95,8	1036	125	1047				
37	85,0	1030	95,1	1034	125	1046				
0,38	84,3	1028	94,5	1032	125	1046				
39	83,8	1027	94,1	1031						
40	83,8	1025	93,8	1030						
41	83,0	1024	93,5	1029						
42	82,7	1022	93,4	1029						

Tafel 39. Plattenbalkenquerschnitte für reine Biegung
bei $\sigma_e = 1400$ kg/cm².

Ohne Stegspannungen:

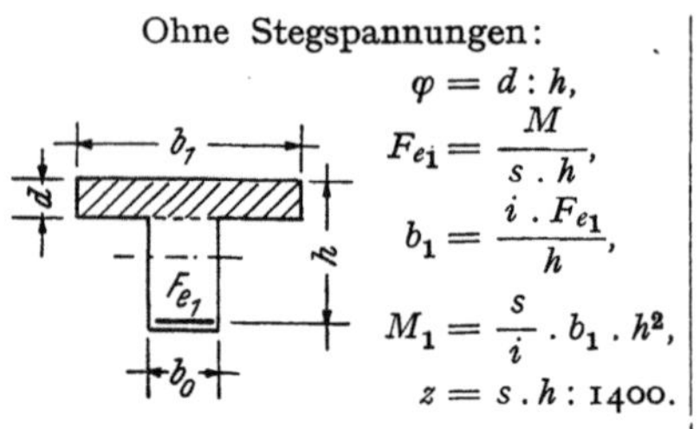

$$\varphi = d : h,$$
$$Fe_1 = \frac{M}{s \cdot h},$$
$$b_1 = \frac{i \cdot Fe_1}{h},$$
$$M_1 = \frac{s}{i} \cdot b_1 \cdot h^2,$$
$$z = s \cdot h : 1400.$$

Mit Stegspannungen:

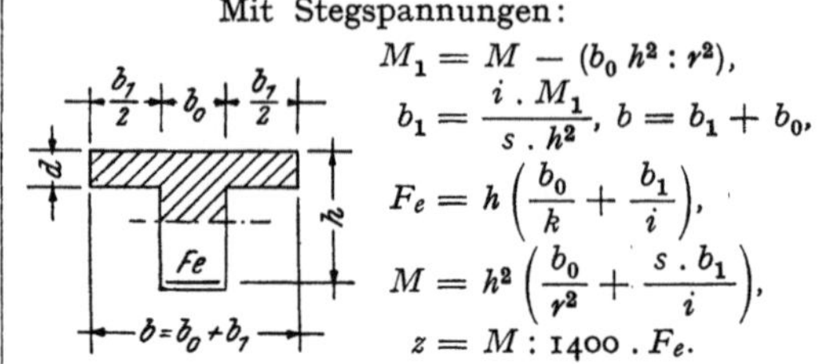

$$M_1 = M - (b_0 \, h^2 : r^2),$$
$$b_1 = \frac{i \cdot M_1}{s \cdot h^2}, \quad b = b_1 + b_0,$$
$$Fe = h \left(\frac{b_0}{k} + \frac{b_1}{i} \right),$$
$$M = h^2 \left(\frac{b_0}{r^2} + \frac{s \cdot b_1}{i} \right),$$
$$z = M : 1400 \cdot Fe.$$

$\varphi = d : h$	$\sigma_b = 65$ kg/cm²		$\sigma_b = 60$ kg/cm²		$\sigma_b = 50$ kg/cm²		$\sigma_b = 40$ kg/cm²		$\sigma_b = 30$ kg/cm²	
	i	s	i	s	i	s	i	s	i	s
0,08	298	1346	322	1346	395	1346	505	1347	698	1348
09	269	1339	293	1339	357	1340	458	1341	636	1342
10	245	1333	268	1333	327	1334	420	1335	587	1336
11	226	1327	247	1327	302	1328	390	1329	548	1330
12	210	1321	230	1321	282	1322	365	1323	516	1325
0,13	197	1315	215	1315	265	1316	344	1317	490	1320
14	186	1309	203	1309	250	1310	326	1312	468	1315
15	176	1303	192	1303	238	1304	311	1306	450	1310
16	167	1297	183	1297	227	1299	298	1301	435	1306
17	160	1291	175	1291	218	1294	287	1296	422	1302
0,18	153	1286	168	1286	210	1289	278	1292	412	1299
19	147	1280	162	1281	202	1284	270	1287	403	1296
20	142	1275	157	1276	196	1279	263	1283	396	1293
21	138	1270	152	1271	191	1274	256	1279	391	1291
22	134	1265	148	1266	186	1270	251	1276	387	1289
0,23	130	1260	144	1261	182	1265	247	1272	385	1288
24	127	1255	140	1257	178	1261	243	1269	384	1287
25	124	1250	137	1252	175	1257	240	1266		
26	121	1246	134	1248	172	1254	238	1264		
27	119	1242	132	1244	169	1251	236	1262		
0,28	117	1238	130	1240	167	1248	234	1261		
29	115	1234	128	1236	165	1245	234	1260		
30	113	1230	126	1233	164	1243	233	1260		
31	112	1227	125	1230	163	1241				
32	110	1224	123	1227	162	1240				
0,33	109	1221	122	1225	161	1239				
34	108	1218	121	1223	161	1238				
35	107	1216	121	1221						
36	107	1214	120	1219						
37	106	1212	120	1218						
0,38	106	1210	119	1217						
39	105	1210	119	1217						
40	105	1209								
41	105	1208								

Tafel 40. Plattenbalkenquerschnitte für reine Biegung
bei $\sigma_e = 1800$ kg/cm².

Ohne Stegspannungen:

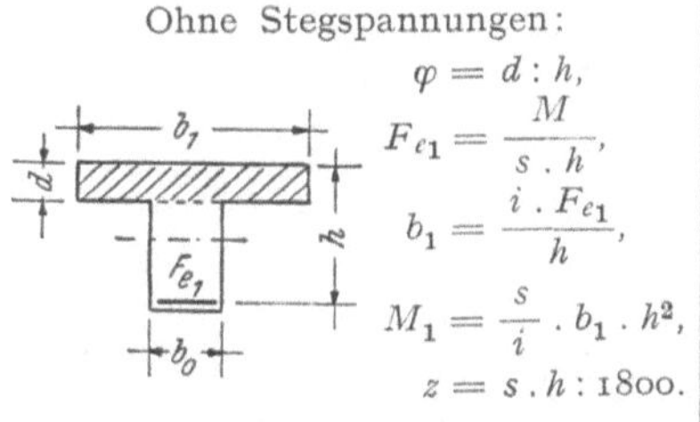

$$\varphi = d : h,$$
$$F_{e1} = \frac{M}{s \cdot h},$$
$$b_1 = \frac{i \cdot F_{e1}}{h},$$
$$M_1 = \frac{s}{i} \cdot b_1 \cdot h^2,$$
$$z = s \cdot h : 1800.$$

Mit Stegspannungen:

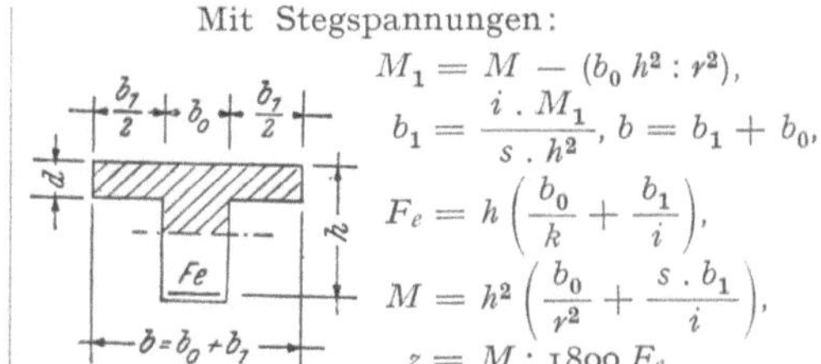

$$M_1 = M - (b_0 \, h^2 : r^2),$$
$$b_1 = \frac{i \cdot M_1}{s \cdot h^2}, \quad b = b_1 + b_0,$$
$$F_e = h \left(\frac{b_0}{k} + \frac{b_1}{i} \right),$$
$$M = h^2 \left(\frac{b_0}{r^2} + \frac{s \cdot b_1}{i} \right),$$
$$z = M : 1800 \, F_e.$$

$\varphi = d:h$	$\sigma_b = 65$ kg/cm²		$\sigma_b = 60$ kg/cm²		$\sigma_b = 50$ kg/cm²		$\sigma_b = 40$ kg/cm²		$\sigma_b = 30$ kg/cm²	
	i	s	i	s	i	s	i	s	i	s
0,08	391	1731	426	1732	521	1732	670	1733	937	1734
09	353	1723	385	1724	472	1724	610	1725	860	1727
10	323	1715	353	1716	434	1716	562	1717	800	1720
11	298	1707	327	1709	402	1708	524	1710	752	1713
12	279	1700	305	1701	377	1701	493	1704	714	1707
0,13	261	1692	287	1694	355	1694	468	1697	684	1702
14	247	1685	271	1687	337	1687	446	1690	659	1697
15	235	1677	258	1679	322	1680	428	1684	640	1692
16	224	1670	247	1671	309	1674	414	1679	625	1688
17	215	1663	237	1664	298	1667	401	1673	614	1685
0,18	207	1656	228	1658	288	1661	391	1668	606	1682
19	200	1650	221	1652	280	1656	382	1664	601	1681
20	193	1644	214	1646	273	1651	375	1660	600	1680
21	188	1638	208	1640	267	1646	369	1657		
22	183	1632	203	1634	261	1641	365	1654		
0,23	179	1627	199	1629	257	1637	362	1652		
24	175	1621	195	1625	253	1634	360	1651		
25	172	1616	192	1620	250	1631	360	1650		
26	169	1612	189	1616	248	1628				
27	166	1608	187	1612	246	1626				
0,28	164	1604	185	1609	245	1624				
29	163	1600	183	1606	245	1624				
30	161	1597	182	1604						
31	160	1594	181	1602						
32	159	1592	180	1600						
0,33	158	1591	180	1600						
34	158	1590								
35	158	1589								

Tafel 41. Eisendruckspannung $\sigma_{e'}$.

$c:h$	$\sigma_{e'}$	$c:h$	$\sigma_{e'}$	$c:h$	$\sigma_{e'}$	$c:h$	$\sigma_{e'}$
0,86	$12{,}9\,\sigma_b - 168$	0,89	$13{,}35\,\sigma_b - 132$	0,92	$13{,}80\,\sigma_b - 96$	0,95	$14{,}25\,\sigma_b - 60$
0,87	$13{,}05\,\sigma_b - 156$	0,90	$13{,}50\,\sigma_b - 120$	0,93	$13{,}95\,\sigma_b - 84$	0,96	$14{,}40\,\sigma_b - 48$
0,88	$13{,}20\,\sigma_b - 144$	0,91	$13{,}65\,\sigma_b - 108$	0,94	$14{,}10\,\sigma_b - 72$	0,97	$14{,}55\,\sigma_b - 36$

Tafel 42. Eisendruckspannung $\sigma_{e'}$.

$c : h$	$\sigma_{e'}$	$c : h$	$\sigma_{e'}$	$c : h$	$\sigma_{e'}$
0,86	$12,90\,\sigma_b - 196$	0,90	$13,50\,\sigma_b - 140$	0,94	$14,10\,\sigma_b - 84$
0,87	$13,05\,\sigma_b - 182$	0,91	$13,65\,\sigma_b - 126$	0,95	$14,25\,\sigma_b - 70$
0,88	$13,20\,\sigma_b - 168$	0,92	$13,80\,\sigma_b - 112$	0,96	$14,40\,\sigma_b - 56$
0,89	$13,35\,\sigma_b - 154$	0,93	$13,95\,\sigma_b - 98$	0,97	$14,55\,\sigma_b - 42$

Tafel 43. Eisendruckspannung $\sigma_{e'}$.

$c : h$	$\sigma_{e'}$	$c : h$	$\sigma_{e'}$	$c : h$	$\sigma_{e'}$
0,86	$12,90\,\sigma_b - 252$	0,90	$13,50\,\sigma_b - 180$	0,94	$14,10\,\sigma_b - 108$
0,87	$13,05\,\sigma_b - 234$	0,91	$13,65\,\sigma_b - 162$	0,95	$14,25\,\sigma_b - 90$
0,88	$13,20\,\sigma_b - 216$	0,92	$13,80\,\sigma_b - 144$	0,96	$14,40\,\sigma_b - 72$
0,89	$13,35\,\sigma_b - 198$	0,93	$13,95\,\sigma_b - 126$	0,97	$14,55\,\sigma_b - 54$

Einheiten in den Tafeln 35 bis 43: Längen in cm, Bewehrung in cm², Kräfte in kg, Momente in kgcm, Spannungen in kg/cm².

Tafel 44. Kreuzweise bewehrte Platten.

$$\varepsilon = l_y : l_x, \qquad M_{x\,\mathrm{max}} = \frac{q\,l_x^2}{m_x}, \qquad M_{y\,\mathrm{max}} = \frac{q\,l_y^2}{m_y}, \qquad q_x = x_x \cdot q.$$

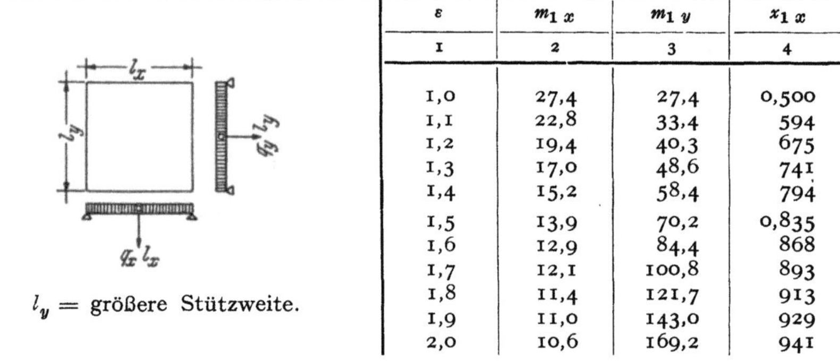

$l_y =$ größere Stützweite.

ε	$m_{1\,x}$	$m_{1\,y}$	$x_{1\,x}$
1	2	3	4
1,0	27,4	27,4	0,500
1,1	22,8	33,4	594
1,2	19,4	40,3	675
1,3	17,0	48,6	741
1,4	15,2	58,4	794
1,5	13,9	70,2	0,835
1,6	12,9	84,4	868
1,7	12,1	100,8	893
1,8	11,4	121,7	913
1,9	11,0	143,0	929
2,0	10,6	169,2	941

Tafel 45. Kreuzweise bewehrte Platten.

$$\varepsilon = l_y : l_x, \qquad M_{x\,\mathrm{max}} = \frac{q \cdot l_x^2}{m_x}, \qquad M_{y\,\mathrm{max}} = \frac{q \cdot l_y^2}{m_y}, \qquad q_x = x_x \cdot q.$$

$l_y =$ größere Stützweite.

ε	$m_{1\,x}$	$m_{1\,y}$	$x_{1\,x}$
1	2	3	4
1,00	55,7	55,7	0,500
1,10	46,8	68,5	594
1,20	40,9	84,8	675
1,30	36,9	105,4	741
1,40	34,1	130,9	0,794
1,50	32,0	162,2	835
1,60	30,5	200,1	868
1,70	29,4	245,5	893
1,80	28,5	299,4	0,913
1,90	27,7	362,7	929
2,00	27,3	436,5	941

Tafel 46. Träger über zwei bis fünf gleich weiten Öffnungen mit gleichmäßig verteilter Vollast oder ungünstigster Streckenlast. (Winklersche Zahlen.)

$$\max M = (a\,g + b\,p)\cdot l^2, \qquad \min M = (a\,g + c\,p)\cdot l^2,$$
$$\max Q = (\alpha\,g + \beta\,p)\cdot l, \qquad \min Q = (\alpha\,g + \gamma\,p)\cdot l.$$

1. Träger über zwei gleichen Öffnungen.

Schnitt in $\dfrac{x}{l}$	Biegungsmomente			Querkräfte[1]		
	Einfluß von g	Einfluß von p		Einfluß von g	Einfluß von p	
	a	b	c	α	β	γ
0	0	0	0	+ 0,3750	+ 0,4375	− 0,0625
0,1	+ 0,0325	+ 0,0388	− 0,0067	+ 0,2750	+ 0,3437	− 0,0687
0,2	+ 0,0550	+ 0,0675	− 0,0125	+ 0,1750	+ 0,2624	− 0,0874
0,3	+ 0,0675	+ 0,0863	− 0,0188	+ 0,0750	+ 0,1932	− 0,1182
0,4	+ 0,0700	+ 0,0950	− 0,0250	− 0,0250	+ 0,1359	− 0,1609
0,5	+ 0,0625	+ 0,0937	− 0,0313	− 0,1250	+ 0,0898	− 0,2148
0,6	+ 0,0450	+ 0,0825	− 0,0375	− 0,2250	+ 0,0544	− 0,2794
0,7	+ 0,0175	+ 0,0613	− 0,0438	− 0,3250	+ 0,0287	− 0,3537
0,75	0	+ 0,0469	− 0,0469	− 0,3750	+ 0,0193	− 0,3943
0,8	− 0,0200	+ 0,0300	− 0,0500	− 0,4250	+ 0,0119	− 0,4369
0,85	− 0,0425	+ 0,0152	− 0,0577	− 0,4750	+ 0,0064	− 0,4814
0,9	− 0,0675	+ 0,0061	− 0,0736	− 0,5250	+ 0,0027	− 0,5277
0,95	− 0,0950	+ 0,0014	− 0,0964	− 0,5750	+ 0,0027	− 0,5757
1,0	− 0,1250	0	− 0,1250	− 0,6250	0	− 0,6250
	$g\cdot l^2$	$p\cdot l^2$	$p\cdot l^2$	$g\cdot l$	$p\cdot l$	$p\cdot l$

$$\max A = 0{,}375\cdot g\,l + 0{,}4375\cdot p\,l; \qquad \max B = 1{,}25\,(g+p)\cdot l.$$

2. Träger über drei gleichen Öffnungen.

Endfelder

Schnitt in $\dfrac{x}{l}$	a	b	c	α	β	γ
0	0	0	0	+ 0,4000	+ 0,4500	− 0,0500
0,1	+ 0,0350	+ 0,0400	− 0,0050	+ 0,3000	+ 0,3560	− 0,0563
0,2	+ 0,0600	+ 0,0700	− 0,0100	+ 0,2000	+ 0,2752	− 0,0752
0,3	+ 0,0750	+ 0,0900	− 0,0150	+ 0,1000	+ 0,2065	− 0,1065
0,4	+ 0,0800	+ 0,1000	− 0,0200	0	+ 0,1496	− 0,1496
0,5	+ 0,0750	+ 0,1000	− 0,0250	− 0,1000	+ 0,1042	− 0,2042
0,6	+ 0,0600	+ 0,0900	− 0,0300	− 0,2000	+ 0,0694	− 0,2694
0,7	+ 0,0350	+ 0,0700	− 0,0350	− 0,3000	+ 0,0443	− 0,3443
0,8	0	+ 0,0402	− 0,0402	− 0,4000	+ 0,0280	− 0,4280
0,85	− 0,0213	+ 0,0277	− 0,0490			
0,9	− 0,0450	+ 0,0204	− 0,0654	− 0,5000	+ 0,0193	− 0,5191
0,95	− 0,0713	+ 0,0171	− 0,0883			
1,0	− 0,1000	+ 0,0167	− 0,1167	− 0,6000	+ 0,0167	− 0,6167

Mittelfeld

Schnitt in $\dfrac{x}{l}$	a	b	c	α	β	γ
0	− 0,1000	+ 0,0167	− 0,1167	+ 0,5000	+ 0,5833	− 0,0833
0,05	− 0,0763	+ 0,0141	− 0,0903			
0,1	− 0,0550	+ 0,0151	− 0,0701	+ 0,4000	+ 0,4870	− 0,0870
0,15	− 0,0363	+ 0,0205	− 0,0568			
0,2	− 0,0200	+ 0,0300	− 0,0500	+ 0,3000	+ 0,3991	− 0,0991
0,3	+ 0,0050	+ 0,0550	− 0,0500	+ 0,2000	+ 0,3210	− 0,1210
0,4	+ 0,0200	+ 0,0700	− 0,0500	+ 0,1000	+ 0,2537	− 0,1537
0,5	+ 0,0250	+ 0,0750	− 0,0500	+ 0,0	+ 0,1979	− 0,1979
	$g\cdot l^2$	$p\cdot l^2$	$p\cdot l^2$	$g\cdot l$	$p\cdot l$	$p\cdot l$

$$\max A = 0{,}4\,g\,l + 0{,}45\,p\,l; \qquad \max B = 1{,}1\,g\,l - 1{,}2\,p\,l.$$

[1] Sollen die Querkräfte gemäß „Deutsche Best. 1932" § 18, 2 für Vollbelastung aller Felder ermittelt werden, so ist $Q = \alpha\,(g+p)\cdot l$.

3. Träger über vier gleichen Öffnungen.

Schnitt in $\dfrac{x}{l}$	Biegungsmomente			Querkräfte[1]		
	Einfluß von g	Einfluß von p		Einfluß von g	Einfluß von p	
	a	b	c	α	β	γ
	Endfelder			Endfelder		
0	0	0	0	+ 0,3929	+ 0,4464	− 0,0535
0,1	+ 0,0343	+ 0,0396	− 0,0054	+ 0,2929	+ 0,3528	− 0,0599
0,2	+ 0,0586	+ 0,0693	− 0,0107	+ 0,1929	+ 0,2715	− 0,0788
0,3	+ 0,0729	+ 0,0889	− 0,0161	+ 0,0929	+ 0,2029	− 0,1101
0,4	+ 0,0771	+ 0,0986	− 0,0214	− 0,0071	+ 0,1461	− 0,1533
0,5	+ 0,0714	+ 0,0982	− 0,0268	− 0,1071	+ 0,1007	− 0,2079
0,6	+ 0,0557	+ 0,0879	− 0,0321	− 0,2071	+ 0,0660	− 0,2731
0,7	+ 0,0300	+ 0,0675	− 0,0375	− 0,3071	+ 0,0410	− 0,3481
0,8	− 0,0057	+ 0,0374	− 0,0431	− 0,4071	+ 0,0247	− 0,4319
0,85	− 0,0273	+ 0,0248	− 0,0522			
0,9	− 0,0514	+ 0,0163	− 0,0677	− 0,5071	+ 0,0160	− 0,5231
0,95	− 0,0780	+ 0,0139	− 0,0920			
1,0	− 0,1071	+ 0,0134	− 0,1205	− 0,6071	+ 0,0134	− 0,6205
	Mittelfelder			Mittelfelder		
0	− 0,1071	+ 0,0134	− 0,1205	+ 0,5357	+ 0,6027	− 0,0670
0,05	− 0,0816	+ 0,0116	− 0,0932			
0,1	− 0,0586	+ 0,0146	− 0,0721	+ 0,4357	+ 0,5064	− 0,0707
0,15	− 0,0380	+ 0,0198	− 0,0578			
0,2	− 0,0200	+ 0,0300	− 0,0500	+ 0,3357	+ 0,4187	− 0,0830
0,3	+ 0,0086	+ 0,0568	− 0,0482	+ 0,2357	+ 0,3410	− 0,1153
0,4	+ 0,0271	+ 0,0736	− 0,0464	+ 0,1357	+ 0,2742	− 0,1385
0,5	+ 0,0357	+ 0,0804	− 0,0446	+ 0,0357	+ 0,2190	− 0,1833
0,6	+ 0,0343	+ 0,0772	− 0,0429	− 0,0643	+ 0,1755	− 0,2398
0,7	+ 0,0229	+ 0,0639	− 0,0411	− 0,1643	+ 0,1435	− 0,3078
0,8	+ 0,0014	+ 0,0417	− 0,0403	− 0,2643	+ 0,1222	− 0,3865
0,85	− 0,0130	+ 0,0345	− 0,0475			
0,9	− 0,0300	+ 0,0311	− 0,0611	− 0,3643	+ 0,1106	− 0,4749
0,95	− 0,0495	+ 0,0317	− 0,0812			
1,0	− 0,0714	+ 0,0357	− 0,1071	− 0,4643	+ 0,1071	− 0,5714
	$g\,l^2$	$p\,l^2$	$p\,l^2$	$g\,l$	$p\,l$	$p\,l$

$$\max A = 0,3929\,g\,l + 0,4364\,p\,l; \quad \max B = 1,1428\,g\,l + 1,2232\,pl;$$
$$\max C = 0,9286\,g\,l + 1,1428\,p\,l.$$

4. Träger über fünf gleichen Öffnungen.

Schnitt in $\dfrac{x}{l}$	Endfelder			Endfelder		
	a	b	c	α	β	γ
0	0	0	0	+ 0,3947	+ 0,4474	− 0,0526
0,1	+ 0,0345	+ 0,0397	− 0,0053	+ 0,2947	+ 0,3537	− 0,0590
0,2	+ 0,0589	+ 0,0695	− 0,0105	+ 0,1947	+ 0,2726	− 0,0779
0,3	+ 0,0734	+ 0,0892	− 0,0158	+ 0,0947	+ 0,2039	− 0,1091
0,4	+ 0,0779	+ 0,0989	− 0,0211	− 0,0053	+ 0,1471	− 0,1524
0,5	+ 0,0724	+ 0,0897	− 0,0263	− 0,1053	+ 0,1017	− 0,2069
0,6	+ 0,0568	+ 0,0884	− 0,0316	− 0,2053	+ 0,0669	− 0,2722
0,7	+ 0,0313	+ 0,0682	− 0,0368	− 0,3053	+ 0,0419	− 0,3472
0,8	− 0,0042	+ 0,0381	− 0,0423	− 0,4053	+ 0,0257	− 0,4309
0,9	− 0,0497	+ 0,0183	− 0,0680	− 0,5053	+ 0,0169	− 0,5222
1,0	− 0,1053	+ 0,0144	− 0,1196	− 0,6053	+ 0,0144	− 0,6196

[1] Siehe Fußnote 1, S. 205.

Schnitt in $\frac{x}{l}$	Biegungsmomente			Querkräfte[1]		
	Einfluß von g	Einfluß von p		Einfluß von g	Einfluß von p	
	a	b	c	α	β	γ
	Erstes Innenfeld			Erstes Innenfeld		
0	− 0,1053	+ 0,0144	− 0,1196	+ 0,5263	+ 0,5981	− 0,0718
0,1	− 0,0576	+ 0,0140	− 0,0717	+ 0,4263	+ 0,5018	− 0,0755
0,2	− 0,0200	+ 0,0300	− 0,0500	+ 0,3263	+ 0,4141	− 0,0878
0,3	+ 0,0076	+ 0,0563	− 0,0487	+ 0,2263	+ 0,3364	− 0,1101
0,4	+ 0,0253	+ 0,0726	− 0,0474	+ 0,1263	+ 0,2697	− 0,1434
0,5	+ 0,0329	+ 0,0789	− 0,0461	+ 0,0263	+ 0,2146	− 0,1882
0,6	+ 0,0305	+ 0,0753	− 0,0447	− 0,0737	+ 0,1711	− 0,2448
0,7	+ 0,0182	+ 0,0616	− 0,0434	− 0,1737	+ 0,1391	− 0,3182
0,8	− 0,0042	+ 0,0389	− 0,0432	− 0,2737	+ 0,1179	− 0,3916
0,9	− 0,0366	+ 0,0280	− 0,0646	− 0,3737	+ 0,1063	− 0,4800
1,0	− 0,0789	+ 0,0323	− 0,1112	− 0,4737	+ 0,1029	− 0,5766
	Mittelfeld			Mittelfeld		
0	− 0,0789	+ 0,0323	− 0,1112	+ 0.5000	+ 0,5909	− 0,0909
0,1	− 0,0339	+ 0,0293	− 0,0633	+ 0,4000	+ 0,4944	− 0,0944
0,2	+ 0,0011	+ 0,0416	− 0,0405	+ 0,3000	+ 0,4063	− 0,1063
0,3	+ 0,0261	+ 0,0655	− 0,0395	+ 0,2000	+ 0,3279	− 0,1279
0,4	+ 0,0411	+ 0,0805	− 0,0395	+ 0,1000	+ 0,2604	− 0,1604
0,5	+ 0,0461	+ 0,0855	− 0,0395	+ 0,0	+ 0,2045	− 0,2045
	$g\,l^2$	$p\,l^2$	$p\,l^2$	$g\,l$	$p\,l$	$p\,l$

$$\max A = 0{,}3947\,g\,l + 0{,}4474\,p\,l; \quad \max B = 1{,}1316\,g\,l + 1{,}2174\,p\,l;$$

$$\max C = 0{,}9737\,g\,l + 1{,}1675\,p\,l.$$

Tafel 47. Tafel für durchlaufende Träger mit Einzellasten P in gleichen Abständen.

Größtwerte für Stützenmoment M_C immer nach dem ersten Belastungsfall, somit:

Fall 1. $M_C = -0{,}188 \, (G + P) \, l$,
Fall 2. $M_C = -0{,}333 \, (G + P) \, l$,
Fall 3. $M_C = -0{,}469 \, (G + P) \, l$.

Belastungsfälle	Feldmomente		Stützen-momente	Fak-toren	Stützendrücke		Fak-toren
	M_1	M_2	M_C		A	C	
	0,156	0,156	−0,188	$G \cdot l$	0,312	1,376	G
	0,203	−0,047	−0,094	$P \cdot l$	0,406	0,688	P
	0,222	0,222	−0,333	$G \cdot l$	0,667	2,667	G
	0,278	−0,056	−0,167	$P \cdot l$	0,833	1,334	P
	0,266	0,266	−0,469	$G \cdot l$	1,042	3,916	G
	0,383	−0,117	−0,234	$P \cdot l$	1,266	1,968	P
	0,175	0,100	−0,150	$G \cdot l$	0,35	1,15	G
	0,213	−0,075	−0,075	$P \cdot l$	0,425	0,575	P
	0,038	0,175	−0,075	$P \cdot l$	−0,075	0,575	P
			−0,175	$P \cdot l$	0,025	1,3	P
	0,244	0,067	−0,267	$G \cdot l$	0,733	2,267	G
	0,289	−0,133	−0,133	$P \cdot l$	0,866	1,133	P
	−0,044	0,200	−0,133	$P \cdot l$	−0,133	1,133	P
			−0,311	$P \cdot l$	0,689	2,533	P
	0,313	0,125	−0,375	$G \cdot l$	1,125	3,375	G
	0,406	−0,188	−0,188	$P \cdot l$	1,313	1,688	P
	−0,094	−0,313	−0,188	$P \cdot l$	−0,188	1,688	P
			−0,437	$P \cdot l$	1,063	3,75	P

Tafel 48. Das griechische Alphabet.

$A \, \alpha$	$B \, \beta$	$\Gamma \, \gamma$	$\Delta \, \delta$	$E \, \varepsilon$	$Z \, \zeta$	$H \, \eta$	$\Theta \, \vartheta$	$I \, \iota$	$K \, \varkappa$	$\Lambda \, \lambda$
Alpha	Beta	Gamma	Delta	Epsilon	Zeta	Eta	Theta	Jota	Kappa	Lambda

$M \, \mu$	$N \, \nu$	$\Xi \, \xi$	$O \, o$	$\Pi \, \pi$	$P \, \varrho$	$\Sigma \, \sigma$	$T \, \tau$	$Y \, \upsilon$	$\Phi \, \varphi$	$X \, \chi$	$\Psi \, \psi$	$\Omega \, \omega$
My	Ny	Xi	Omikron	Pi	Rho	Sigma	Tau	Ypsilon	Phi	Chi	Psi	Omega

Manzsche Buchdruckerei, Wien IX.